W0264328

Die Fortschritte der chemischen Forschung

erscheinen zwanglos in einzeln berechneten Heften, die zu Bänden vereinigt werden. Ihre Aufgabe liegt in der Darbietung monographischer Fortschrittsberichte über aktuelle Themen aus allen Gebieten der chemischen Wissenschaft. Die „Fortschritte" wenden sich an jeden interessierten Chemiker, der sich über die Entwicklung auf den Nachbargebieten zu unterrichten wünscht.

In der Regel werden nur angeforderte Beiträge veröffentlicht, doch sind die Herausgeber für Anregungen hinsichtlich geeigneter Themen jederzeit dankbar. Beiträge können in deutscher, englischer oder französischer Sprache veröffentlicht werden.

Es ist ohne ausdrückliche Genehmigung des Verlages nicht gestattet, photographische Vervielfältigungen, Mikrofilme, Mikrophoto u. ä. von den Heften, von einzelnen Beiträgen oder von Teilen daraus herzustellen.

Anschriften:

Prof. Dr. E. Heilbronner, Zürich 6, Universitätsstraße 6 (Organische Chemie).
Prof. Dr. U. Hofmann, 69 Heidelberg, Tiergartenstraße (Anorganische Chemie).
Prof. Dr. Kl. Schäfer, 69 Heidelberg, Tiergartenstraße (Physikalische Chemie).
Prof. Dr. G. Wittig, 69 Heidelberg, Tiergartenstraße (Organische Chemie).
Dipl. Chem. F. Boschke, 69 Heidelberg, Neuenheimer Landstraße 28–30 (Springer-Verlag)

Springer-Verlag

Inhaltsverzeichnis

Fortschr. chem. Forsch. 5, Heft 2, S. 213—346 (1965)

Die Chemie der Edelgase

Prof. Dr. rer. nat. R. Hoppe

Institut für Anorganische und Analytische Chemie der Universität Gießen

Inhaltsübersicht

R. Hoppe

I. Vorwort

Vor fast genau fünfzig Jahren hat *W. Kossel* seine weittragende, auch heute noch nicht wesentlich eingeschränkte Idee von der besonderen Stabilität abgeschlossener Elektronenkonfigurationen überzeugend dargelegt. Der vielfältige Erfolg des Konzeptes der „Edelgaselektronenkonfiguration" hat, verbunden mit dem Mißerfolg vieler experimenteller Versuche, Edelgasverbindungen darzustellen, weite Kreise überzeugt, daß es echte Verbindungen der Edelgase nicht geben könne. Da auch eine (in den Grundannahmen freilich nicht ganz zutreffende) Berechnung der Bildungswärme von NeCl die thermodynamische Instabilität dieser Verbindung belegte, ging die angebliche Nichtexistenz stabiler Edelgasverbindungen in bekannte Lehrbücher ein.

Seit dem Sommer 1962 weiß man, daß es echte Verbindungen der Edelgase gibt. In Vancouver wurde im Mai 1962, von einer Zufallsbeobachtung inspiriert, eine Substanz dargestellt, deren Zusammensetzung (ursprünglich zu $XePtF_6$ angenommen) nach neueren Untersuchungen der Formel $Xe(PtF_6)_n$ mit n = 1–2 entspricht. In Münster erhielt man Anfang Juli 1962, von der thermodynamischen Stabilität von XeF_4 und XeF_2 seit langem überzeugt, nach Überwindung für Deutschland typischer Schwierigkeiten (Vgl. S. 226) als erste binäre Verbindung eines Edelgases Xenondifluorid, XeF_2. In Argonne (USA) schließlich löste die

Publikation über „XePtF$_6$" Versuche aus, bei denen in den ersten Augusttagen 1962 Xenontetrafluorid, XeF$_4$, erhalten wurde. Dort in Argonne wurde dann nach der Entdeckung des XeF$_4$ eine bewundernswerte Reihe von Untersuchungen durchgeführt und der größte Teil der jetzigen Kenntnisse über Edelgasverbindungen erarbeitet.

Nach den ersten Publikationen dieser drei Arbeitskreise begann man sogleich auch anderen Orts, sich mit Edelgasverbindungen zu beschäftigen, und publizierte mit Eifer. Es ist bemerkenswert, daß sich einige experimentell wohlausgerüstete und in der anorganischen Fluorchemie erfahrene Arbeitsgruppen taktvoll zurückhielten.

Der „erste Goldrausch" auf dem Gebiete der Edelgasverbindungen ist vorbei. Noch unbekannte Verbindungen dürften weit schwieriger darzustellen sein als die zuerst erhaltenen. Über nicht analysierte Stoffe wird hoffentlich nicht mehr publiziert.

II. Einige Vorbemerkungen

1. Die Edelgase im Periodensystem

Die Edelgase sind seit langem bekannt. Das Vorkommen des Heliums auf der Sonne wurde bereits 1868 bemerkt (*J1, G1*). In den Jahren 1892 bis 1898 haben dann *Ramsay* und Mitarbeiter das Argon, Krypton, Neon und Xenon entdeckt (*G1*). Für die Erforschung der verschiedenen Emanationen waren Untersuchungen von *Rutherford*, *Ramsay* und *Soddy* (*G1*) besonders wertvoll. Seither haben zahlreiche Forscher versucht, Verbindungen dieser Elemente darzustellen.

Solche älteren Versuche, beispielsweise Helium etwa mit Sauerstoff, Schwefel, Selen, mit Phosphor, Kohlenstoffverbindungen oder Oxydationsmitteln wie Kaliumnitrat zur Reaktion zu bringen, zeigten, daß chemische Verbindungen der Edelgase so offenbar nicht zu erhalten sind.

Über die Frage, ob die Edelgase dementsprechend in eine nullte Gruppe des Periodensystems oder wegen ihrer von den Halogenen zu den Alkalimetallen überleitenden Stellung im Periodensystem der Elemente in die 8. Gruppe einzuordnen wären, ist mehrfach diskutiert worden (*G1*). So hat beispielsweise *Paneth* (*P1*) ausdrücklich gegen die Einreihung der Edelgase in die 8. Gruppe plädiert, da ihre Sonderstellung als nullwertige Elemente zu den sichersten experimentellen Ergebnissen gehöre. Andererseits hat *v. Antropoff* (*A1*) immer an der ursprünglichen Einreihung der Edelgase in die 8. Gruppe, wie es auch ihrer Elektronenkonfiguration entspricht, festgehalten. Die seit 1962 neu dargestellten Verbindungen vorzüglich des Xenons bestätigen die Zweckmäßigkeit seiner Auffassung.

Kossel (*K1*), zeigte daß zahlreiche Elemente besonders beständige, meist auch leicht darstellbare Verbindungen bilden, wenn sie in diesen eine edelgasähnliche Elektronenkonfiguration besitzen. Dieses Konzept der besonderen Stabilität der abgeschlossenen Elektronenkonfiguration hat sich in der Chemie seither vielfältig und auf das beste bewährt. Es ist auch heute, nach der Entdeckung der Edelgasverbindungen, weiterhin wichtig und im allgemeinen gültig. Es sei nur daran erinnert, daß sich nicht nur einfache, aus Ionen aufgebaute Verbindungen, sondern beispielsweise auch viele Carbonyl- und Nitrosylverbindungen und zahlreiche Komplexe der Übergangselemente weitgehend in Zusammensetzung und Eigenschaften diesem Konzept unterordnen.

2. „Edelgasverbindungen" im weitesten Sinne

Schon seit längerem sind durch Versuche, echte chemische Verbindungen der Edelgase herzustellen, Stoffe bekannt geworden, die teils nur vorübergehend als Verbindungen aufgefaßt wurden, teils auch heute noch als „Edelgasverbindungen" im weitesten Sinne des Wortes angesehen werden können. Von diesen sollen hier drei Gruppen erwähnt werden:

a) „Metallverbindungen" der Edelgase („Helide"* etc.).* Zerstäubt man bestimmte Metalle (beispielsweise Platin) durch Funkenentladungen in einer Edelgasatmosphäre (fast ausschließlich wurde Helium, zweckmäßig unter erhöhtem Druck, verwendet), so entstehen dunkel aussehende, feste Stoffe wie „WHe_2" (*B1*) und „$Pt_{3,3}He$" (*D1*), die zeitweise von manchen Autoren als Verbindungen angesehen wurden. Offensichtlich ist hier jedoch das Edelgas nur am dispersen Metall adsorbiert. Typisch ist z.B. der Befund, daß das Debyeogramm von „$Pt_{3,3}He$" dem des kolloiden Platins weitgehend entspricht (*D1, S1*). Man wird diese seinerzeit vielfach diskutierten Stoffe daher nicht zu den Verbindungen der Edelgase im weiteren Sinne des Wortes zu rechnen haben.

b) Molekeln, die Edelgasatome enthalten. Es gibt eine Reihe von diatomaren Molekeln, die Edelgasatome enthalten (*H1*). Diese kennt man jedoch nur im Gaszustand, und alle ungeladenen Teilchen dieser Art sind im Grundzustand thermodynamisch instabil gegen einen Zerfall in andere Stoffe. Hier seien als Beispiel genannt:

Die Molekel He_2 ist, wie auch theoretisch begründet wurde (*C1*), im Grundzustand instabil gegen den Zerfall gemäß

$$He_2 \rightarrow 2\,He; \tag{1}$$

jedoch sind zahlreiche angeregte Zustände, die keinem Abstoßungsterm entsprechen, spektroskopisch wohlbekannt (*L1*).

Instabil ist auch die Molekel HHe; sie zerfällt nicht nur, was man auf jeden Fall erwarten würde, nach

$$2\,HHe \rightarrow H_2 + 2\,He \tag{2a}$$

in die Elemente, sondern auch nach

$$HHe \rightarrow H + He \tag{2b}$$

in die Komponenten, da nach *Wigner-Witmer* gemäß

$$He\,(^1S) + H\,(^2S) = HHe\,(^2\Sigma) \tag{3}$$

nur ein einziger Zustand, $^2\Sigma$, für HHe als Grundzustand folgt, der nach *Heitler* und *London* einem Abstoßungsterm entspricht (*H1*). Dagegen ist das Molekülion HHe$^+$ — wie man aus der Analogie zur H_2-Molekel bereits qualitativ folgern kann — stabil gegen den Zerfall nach

$$HHe^+ = H^+ + He \quad\text{oder}\quad H + He^+; \tag{4}$$

die Dissoziationsenergie wurde zu $D_0 = 2{,}02$ eV $= 46{,}59$ kcal/Mol berechnet (*B2*), vgl. bezügl. anderer Arbeiten auch (*H1*). Es ist auffällig, daß das mit dem gegen Zerfall instabilen HHe isoelektronische Molekülion He_2^+ thermodynamisch s t a b i l ist gegen einen Zerfall gemäß

$$He_2^+ = He + He^+.$$

Die Dissoziationsenergie von He_2^+ beträgt $71{,}5$ kcal/Mol $= 3{,}1$ eV; der Normalwert der freien Enthalpie des Zerfalls ist also stark positiv, vgl. z.B. (*L1*). Dieser Unterschied zwischen He_2^+ und HHe hängt offenbar mit der höheren Symmetrie von He_2^+ im Vergleich zu HHe zusammen.

Schließlich ist auch über Molekeln wie HgHe (*M1*) berichtet worden, wie sie bei der Funkenentladung im Edelgas (praktisch immer He_2^+) in Gegenwart bestimmter Metalle spektroskopisch beobachtet wurden.

Aber in allen Fällen wurden keine definierten Festkörper isoliert, und die thermodynamischen Zustandsgrößen solcher Partikel wie He_2^+ etc. schließen auch aus, daß feste Verbindungen entsprechender Zusammensetzung zu erwarten sind. Im chemischen Sinne liegen also hier, wie bei so manchen anderen Gasmolekeln, keine Verbindungen vor.

c) Einschlußverbindungen der Edelgase. Am ehesten sind vom Standpunkte des experimentell arbeitenden Chemikers aus gesehen noch jene Stoffe als Verbindungen der Edelgase im weiteren Sinne des Wortes anzusehen, die man als Clathrate (vgl. die gute Übersicht bei (*M2*)) oder Einschlußverbindungen bezeichnet. Ihre am längsten bekannten und wohl bemerkenswertesten Vertreter sind die „Edelgashydrate", die bereits seit 1896 bekannt sind (*V1, F1*).

Ihre Zusammensetzung, ursprünglich als $E \cdot 6\,H_2O$ angenommen (E = Ar, Kr, Xe, Rn, aber nicht: He, Ne), ist komplizierter als dieser einfachen

R. Hoppe

Formel entspricht. Sie kann offenbar auch in gewissen Grenzen von Probe zu Probe variieren. Das hängt mit der Kristallstruktur zusammen, vgl. Abb. 1.

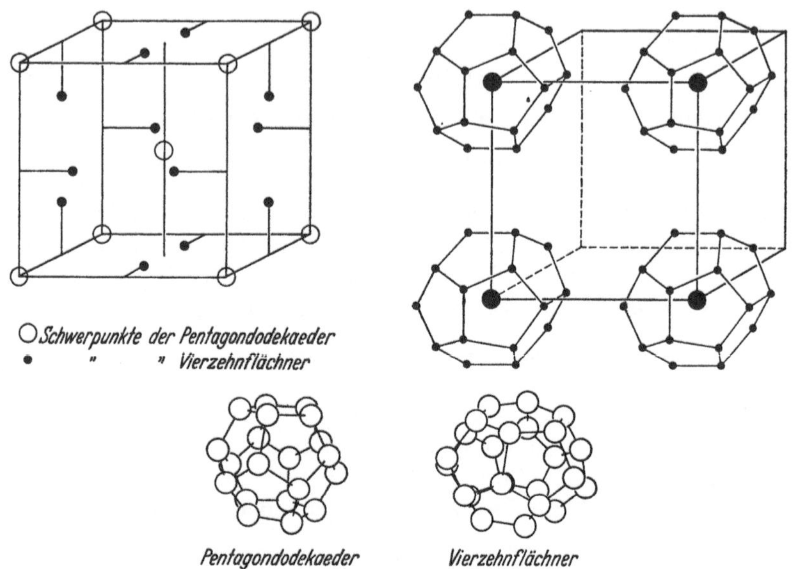

Abb. 1. Zur Kristallstruktur der Edelgashydrate

Nach den röntgenographischen Untersuchungen *v. Stackelbergs* (*St 1*) liegt, wie auch *Claussen* (*C 2*) vorschlug, eine große kubische Zelle (Raumgruppe O_h^3 – Pm3n) vor, in der, um 0,0,0 und $\frac{1}{2}$, $\frac{1}{2}$, $\frac{1}{2}$ als Zentrum, jeweils zwanzig H_2O-Molekeln ein Pentagondodekaeder aufspannen, wobei jedes Sauerstoff-Teilchen O der H_2O-Molekel im Idealfall drei gleich weit entfernte O-Nachbarn des gleichen Polyeders besitzt (Abstand O–O = 2,8 Å). In der Elementarzelle sind zusätzlich zu den erwähnten vierzig H_2O-Molekeln sechs weitere H_2O-Molekeln vorhanden, durch welche die Pentagondodekaeder charakteristisch miteinander verknüpft werden; jedes O-Teilchen der Pentagondodekaeder erhält so einen vierten O-Nachbarn und ist damit fast regulär-tetraedrisch von insgesamt vier O umgeben. Jedes der verknüpfenden O-Teilchen hat seinerseits vier O-Nachbarn aus Pentagondodekaedern (Abstand O–O = 2,8 Å) in ebenfalls tetraedrischer Anordnung.

Der charakteristische Unterschied zwischen dieser Strukturvariante des H_2O, die durch den Einbau der Edelgasatome „stabilisiert" wird, und der Struktur von Eis I bzw. von „kubischem Eis" liegt also nicht in der Koordinationszahl der H_2O-Molekeln. Er ist auch nicht allein durch die kleinere Raumerfüllung begründet. Man erkennt aus der Tab. 1, daß es nicht nur eine unterschiedliche Packungsdichte der H_2O-Teilchen ist, die den Einbau der relativ großen Edelgasatome (Abstände nächster Nachbarn im festen Edelgas: Ne–Ne: 3,20 Å; Ar–Ar: 3,84 Å; Kr–Kr: 4,02 Å; Xe–Xe: 4,41 Å) gestattet. Vielmehr ist die Packung der H_2O im Edelgashydrat so, daß bei etwas schlechterer Raumerfüllung statt vieler kleiner nun weniger, aber dafür große Lücken (pro H_2O-Molekel) vorhanden sind. Es ist dabei wohl nicht von prinzipieller Bedeutung, daß es im Edelgashydrat zwei Sorten etwas verschieden großer Lücken gibt. Immerhin ist dieser Unterschied aber doch dafür verantwortlich, daß nicht alle Gashydrate, die zu diesem Typ gehören, genau der Zusammensetzung $8E \cdot 46 H_2O$, also $E \cdot 5,75 H_2O$, entsprechen, sondern (wie im Falle der Hydrate von Cl_2, H_2S oder Br_2) wasserreicher sind: die größeren Molekeln, die hier statt der Edelgasatome eingebaut sind, besetzen vorzugsweise die größeren Lücken (entsprechend $6E \cdot 46 H_2O = E \cdot 7–8$ H_2O). Auch bei den Edelgashydraten selbst kann man sich vorstellen, daß bei nicht sorgfältig hergestellten Proben die kleineren Lücken u. U. nur partiell besetzt sind.

Der Aufbau der Doppelhydrate mit der auf Grund ihrer Kristallstruktur zu erwartenden idealen Zusammensetzung $R \cdot 2E \cdot 17 H_2O$ (R = CH_3COOH, CH_2Cl_2, $CHCl_3$, CCl_4 und E = Ar, Kr bzw. Xe) ist ähnlich, vgl. hierzu (*St1*).

Nicht nur durch ihre Kristallstruktur, sondern auch durch ihre sonstigen Eigenschaften weisen sich diese Edelgashydrate als „Verbindun-

Tabelle 1. *Zur Packungsdichte von H_2O in Eis und in den Edelgashydraten*[1]

	„kubisches" Eis	Eis I	Edelgashydrat
Elementarzelle	kubisch $\approx$ Hoch-Cristobalit	hexagonal $\approx$ Tridymit	kubisch
Gitterkonstanten	a = 6,350 Å bei −130 °C	a = 4,527 Å c = 7,367 Å bei 0 °C	a = 12,00 Å
Zahl der O-Teilchen/ Zelle	8	4	46
kürzester Abstand O–O	2,75 Å	2,76 Å	2,8 Å (angenommen)
Zellvolumen	256,0 Å³	130,6 Å³	1728 Å³
von H_2O „erfüllter Raum"	87,1 Å³	44,0 Å³	551,7 Å³
Raumerfüllung	34,0 %	33,7 %	31,9 %
⌀ der Hohlräume (Zahl/Zelle)	2,75 Å (8 ×)	3,14 Å (4 ×)	5,2 Å 5,9 Å (2 ×) (6 ×)
H_2O/Hohlräume	$\frac{8}{8} = 1$	$\frac{4}{2} = 2$	$\frac{46}{8} = 5,75$

[1] Berechnet (*H2*) nach Zahlenangaben (bzgl. der H_2O-Modifikation) bei *Wyckoff* (*W1*) bzw. (bzgl. der Edelgashydrate) von *v. Stackelberg* (*St1*).

gen" aus, deren Bauzusammenhalt nur durch van der Waalssche Kräfte bewirkt wird, in denen also unverändert Edelgasatome vorliegen.

Es ist bekannt, daß die interatomaren Kräfte in festen und flüssigen Edelgasen stark mit steigender Entfernung der in Wechselwirkung befindlichen Atome abnehmen; hier liegen typische Beispiele für die van der

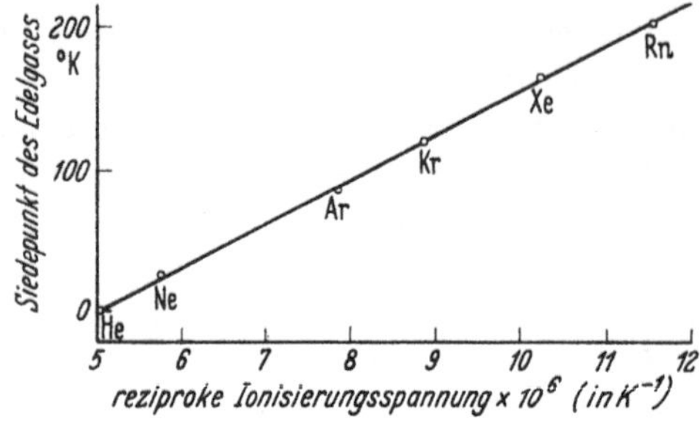

Abb. 2. Zusammenhang zwischen reziproker Ionisierungsspannung und Siedepunkt bei den Edelgasen (nach *Bagge* und *Harteck* 1946)

Waalsschen Kräfte vor. Damit hängt z. B. zusammen, daß, wie die Abb. 2 zeigt, nach *Bagge* und *Harteck* (*B3*) die kritische Temperatur der Edelgase eine lineare Funktion der reziproken ersten Ionisierungsspannung ist. Ferner ist (*H2*) der Siedepunkt der Edelgase eine einfache Funktion der Polarisierbarkeit bzw. der Molekularrefraktion, vgl. Abb. 3. Erwähnt sei schließlich in diesem Zusammenhang noch, daß wegen solcher Beziehungen z. B. auch ein einfacher linearer Zusammenhang zwischen den Siedepunkten der Edelgase und der Halogene besteht (*H2*), vgl. Abb. 4.

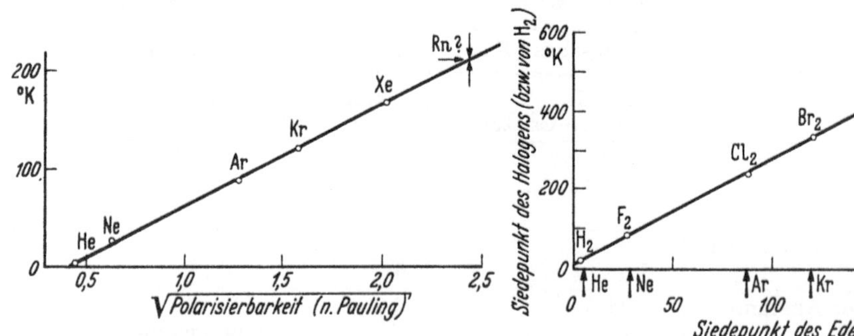

Abb. 3. Zusammenhang zwischen Siedepunkt und Polarisierbarkeit der Edelgase

Abb. 4. Zusammenhang zwischen den Siedepunkten bei Halogenen und Edelgasen

Die Abb. 5 läßt nun erkennen, daß die Zersetzungstemperaturen der Edelgashydrate (bei p = 1 atm) in einfacher Beziehung zu den Siedepunkten der Edelgase stehen (*H2*). Man wird durch solche und andere Argumente in der bereits durch die Kristallstruktur der Edelgashydrate belegten Aussage bestätigt, daß hier nur „zwischenmolekulare" Kräfte den Zusammenhalt vermitteln.

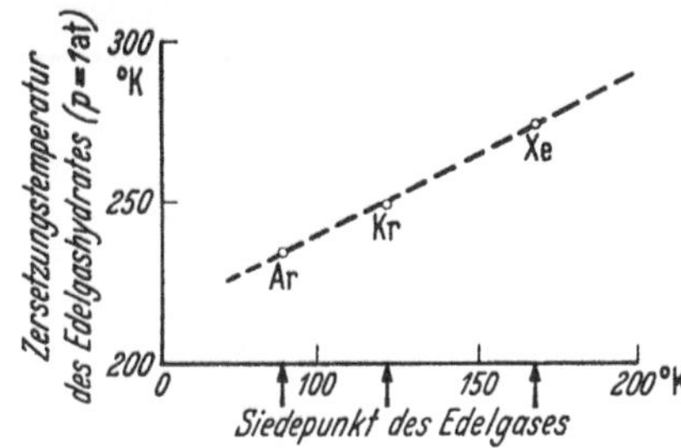

Abb. 5. Zusammenhang zwischen den Siedepunkten der Edelgase und den Zersetzungstemperaturen der Hydrate (p = 1 atm)

Auf gleiche Weise kommt auch die Bildung anderer Clathrate der Edelgase zustande, von denen an dieser Stelle besonders die Einschlußverbindungen des Hydrochinons, $E \cdot 3C_6H_4(OH)_2$ ($P2$), die zumeist etwas weniger Edelgas (E = Ar, Kr, Xe) enthalten als der angegebenen Formel entspricht, und die Phenolderivate $C_6H_5OH \cdot E$ (E = Kr, Xe) ($N1$) genannt sein sollen. Verwiesen sei auch auf die sogenannten Doppelhydrate $R \cdot 2E \cdot 17H_2O$ ($G2$, $N1$, $W2$).

Additionsverbindungen zwischen Argon und Bortrifluorid, $Ar \cdot n\,BF_3$ (mit n = 1, 2, 3, 6, 8 und 16), sollen bei etwa −130 °C auftreten ($B4$); jedoch sind die ihnen zugeordneten Schmelzpunkte nur wenig voneinander verschieden, und alle liegen in der Nähe des Schmelzpunktes von BF_3 ($W3$). Es ist daher vermutet worden, daß diese Verbindungen nicht existieren; offenbar wurde nur der Schmelzpunkt von BF_3, das in flüssigem Argon praktisch unlöslich ist ($E1$), beobachtet.

3. Ältere Versuche

Es wurde bereits darauf hingewiesen, daß oft versucht worden ist, Edelgasverbindungen darzustellen ($G1$). Auch wurde bereits relativ früh ($K1$, $S26$) von Physikern ihre mögliche Existenz erwogen.

Ernst zu nehmen sind jene Versuche, bei denen Halogenide der Edelgase hätten entstehen können: Nachdem JCl und JCl_3 als erste Interhalogenverbindungen 1813 von *Davy* ($D2$) und 1814 von *Gay-Lussac* ($G3$) dargestellt waren und zuerst *Gore* 1871 das JF_5 ($G4$) beobachtet hatte, entwickelte sich die Chemie der Interhalogenverbindungen, insbesondere durch die Untersuchungen *H. Moissans* um die Jahrhundertwende und *O. Ruffs* um 1930, aufsehenerregend und jeweils relativ schnell. 1930 lag, wie die Tab. 2 erkennen läßt, bezüglich der Halogenfluoride schon ein praktisch abgeschlossenes Bild darüber vor, was hier an Verbindungen möglich ist.

Nicht nur nimmt die Anzahl der binären Fluoride, wie man bereits damals deutlich sehen konnte, vom Chlor zum Jod zu, sondern ebenso die diesbezügliche Maximalvalenz des Halogens. Zudem zeigte der Ver-

R. Hoppe

Tabelle 2. *Zur Kenntnis der Halogenfluoride (mit Jahreszahl der Erstdarstellung)*

ClF　　　1928 *Ruff + Ascher* (*R1*)	ClF_3　　　1930 *Ruff + Krug* (*R2*)	ClF_5　　　1963 *Smith* (*S2*)	
BrF　　　1933 *Ruff + Braida* (*R3*)	BrF_3　　　1905 *Lebeau/Prideaux* (*L2, P3*)	BrF_5　　　1931 *Ruff + Menzel* (*R4*)	
JF　　　1951 *Durie* (*D3*)	JF_3　　　1960 *Schmeisser +* *Scharf* (*Sch1*)	JF_5　　　1871 *Gore* (*G4*)	JF_7　　　1930 *Ruff + Keim* (*R5*)

gleich mit den Fluoriden der vorangehenden Elemente, wie man aus der Tab. 3 erkennt, daß dem gleichmäßigen Abfall der in den binären Fluoriden beobachteten höchsten Wertigkeit vom CF_4 über NF_3 und OF_2 zum FF in der ersten kurzen Periode ein ebenfalls gleichmäßiger Anstieg am Ende der zweiten langen Periode gegenübersteht, der vom SnF_4 bis zum JF_7 führt. Hier zeichnete sich also deutlich ab, daß allenfalls Fluoride der Edelgase zu erwarten sind, kennt man doch an analogen Chlorverbindungen nur BrCl, JCl und (im Gas gemäß

$$JCl_3 \rightleftarrows JCl + Cl_2$$

bereits weitgehend dissoziiert) JCl_3. Man sah ferner, daß die Aussichten, solche Stoffe je darzustellen, bei den schweren Edelgasen, also Radon oder auch noch Xenon und allenfalls Krypton, offenkundig günstiger waren als bei den leichteren Edelgasen.

Tabelle 3. *Binäre Fluoride (maximaler Valenz) der Gruppen IVa–VIIIa (mit Jahreszahl der Erstdarstellung)*

CF_4　　　1926 *Lebeau* und *Damiens* (*L3*)	NF_3　　　1928 *Ruff, Fischer* und *Luft* (*R7*)	OF_2　　　1929 *Lebeau* und *Damiens* (*L4*)	FF　　　1886 *Moissan* (*M7*)
SiF_4　　　1891 *Moissan* (*M3*)	PF_5　　　1875 *Thorpe* (*T1*)	SF_6　　　1900 *Moissan* und *Lebeau* (*M5*)	ClF_3[1]　　　1930 *Ruff und* *Krug* (*R2*)
GeF_4　　　1927 *Dennis* und *Laubengayer* (*D4*)	AsF_5　　　1906 *Ruff* und *Graf* (*R8, M4*)	SeF_6　　　1905 *Moissan* und *Lebeau* (*P4, K2*)	BrF_5　　　1931 *Ruff* und *Menzel* (*R4*)
SnF_4　　　1891 *Moissan* (*M3, R6*)	SbF_5　　　1824 *Berzelius* (*B5*)	TeF_6　　　1905 *Prideaux* (*P4*)	JF_7　　　1930 *Ruff + Keim* (*R5*)

[1] Bezgl. ClF_5 vgl. Tab. 2.

Diese Verhältnisse hängen, wie schon damals wohlbekannt, mit den Bildungsenthalpien, also über den Born-Haberschen Kreisprozeß mit den Ionisierungsenergien der hier in Frage kommenden Edelgase zusammen.

Abb. 6 zeigt, daß diese Ionisierungsspannung in jeder Periode mit steigender Ordnungszahl zunimmt, läßt aber darüber hinaus deutlich erkennen, daß die Edelgase zwar in jeder Sequenz die dem Werte nach höchste erste Ionisierungsenergie besitzen, sich aber im Gang den vorangehenden Elementen auf das beste anschließen und keine besondere Ausnahmestellung einnehmen. Sie sind vielmehr Endglied einer Reihe einander folgender Elemente. Die Abb. 7 zeigt ferner, daß ähnliches auch bezüglich der höheren Ionisierungsspannungen in der Sequenz Ge–Kr gilt, und Abb. 8 stellt die diesbezüglichen Verhältnisse in der Reihe Sn–Xe dar.

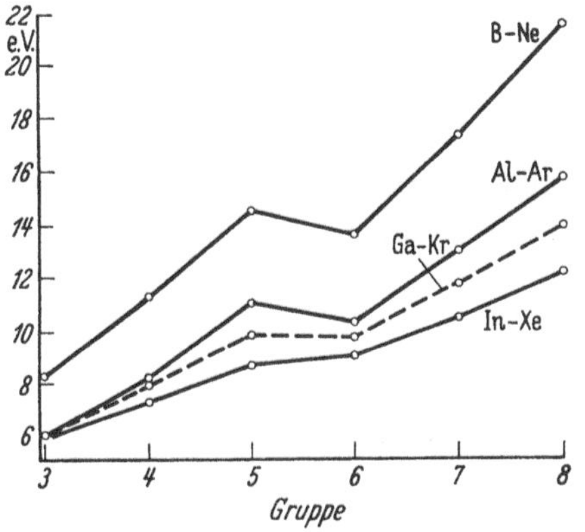

Abb. 6. Verlauf der ersten Ionisierungsenergie der Elemente der 3. bis 8. Hauptgruppe

Abb. 7. Verlauf der Ionisierungsenergien I.E. (I), I.E. (II), I.E. (III) bei den Elementen Ge–Kr

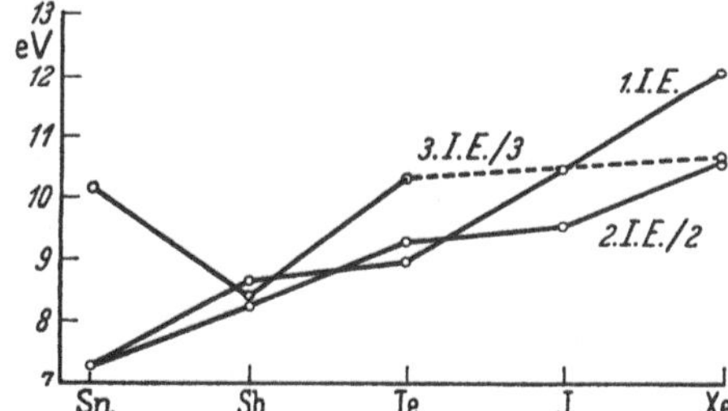

Abb. 8. Verlauf der Ionisierungsenergien I.E. (I), I.E. (II), I.E. (III) bei den Elementen Sn–Xe

Es ist so gesehen nicht verwunderlich, daß alle diese ernster zu nehmenden Versuche unmittelbar an die Abrundung unserer Kenntnisse der Halogenfluoride durch *Otto Ruff*, also in die Zeit um 1930, fallen. *Ruff* erhielt bei Versuchen, Krypton unter dem Einfluß elektrischer Funkenentladungen mit Fluor oder Chlor zu vereinigen, keinen Hinweis auf die Bildung einer Verbindung (*R9*). *Yost* konnte bei ähnlichen Versuchen mit Xenon und Fluor sowie Chlor ebenfalls kein Reaktionsprodukt nachweisen (*Y1*). Berichte über die Darstellung von Chlor- bzw. Bromverbindungen des Kryptons (*A2*), vgl. auch (*A13*), konnten nicht bestätigt werden.

Offenbar unter dem Eindruck ähnlicher theoretischer Überlegungen, wie sie eingangs dieses Abschnittes angeführt wurden, weist denn auch *Yost* trotz seines Mißerfolges ausdrücklich darauf hin, daß damit die Nonexistenz von Xenonfluoriden keineswegs als gesichert gelten könne.

Es ist verwunderlich, daß nur gelegentliche und stets nicht ganz treffende Versuche bekannt geworden sind, die Bildungsenthalpien solcher Edelgasverbindungen abzuschätzen: So ist vor den entscheidenden Jahren 1930/32 z. B. von *Grimm* und *Herzfeld* versucht worden, die Bildungsenthalpie eines Neonchlorids NeCl mit Hilfe des Born-Haberschen Kreisprozesses (*G5, E2*) zu bestimmen. Man hatte dabei jedoch angenommen, daß dieses gemäß Ne^+Cl^- aus Ionen aufgebaut sei und im NaCl-Typ kristallisiere, während (vgl. Tab. 3) allenfalls ein $NeCl_2$ zu erwarten ist, das (wie z. B. SCl_2) ein Molekelgitter bilden sollte. Die thermodynamische Instabilität dieses angenommenen Ne^+Cl^- gegen den Zerfall in Ne und Cl_2, die nach dieser Berechnung sicherlich vorliegt, sagt also nichts über die vermutlichen Eigenschaften von Verbindungen der schweren Edelgase wie KrF_2 oder XeF_2 aus. Daß dann nach 1932 solche Berechnungen nicht unter angemesseneren Annahmen wiederholt wurden, hat vermutlich mehrere Ursachen:

Einmal stand man wohl unter dem Eindruck der vergeblichen experimentellen Versuche von *Ruff* sowie *Yost*. Zum anderen spielte sicher auch der starke Eindruck des bewährten Konzeptes der „abgeschlossenen Elektronenkonfiguration der Edelgase" von *Kossel* (*K1*) eine erhebliche Rolle. Es kommt schließlich hinzu, daß sich die Bildungswärmen der Fluoride oder Chloride der schweren Edelgase Xenon und Radon (aber auch noch Krypton) mit Hilfe des Born-Haberschen Kreisprozesses ohne empirische Korrekturen (vgl. S. 318) kaum sicher genug berechnen ließen, um zuverlässige Anhaltspunkte für oder gegen ihre Existenz finden zu können. Die Gründe hierfür sind mannigfaltig und nicht allein darin zu suchen, daß dieser Kreisprozeß seiner Anlage nach besonders für Rechnungen an aus Ionen aufgebauten Verbindungen gedacht ist. So hatte *Klemm* (*K3*) kurz vor den Versuchen von *Ruff* und *Yost* gezeigt, daß man auf diesem Wege auch Bildungsenthalpien solcher Halogenide leichter Elemente (wie z. B. CF_4 oder CCl_4) berechnen kann, die als typische Verbindungen mit Atombindungen angesehen werden. Man muß nur, geht man vom hier nicht gut zutreffenden Bilde einer aus Ionen aufgebauten Verbindung aus, hinreichende Korrekturen wie z. B. Berücksichtigung von Polarisation sowie induzierter Dipolmomente etc. anbringen. Erwähnt sei ferner, daß bis heute von Krypton und Xenon nur die ersten drei, vom Radon gar nur die beiden ersten Ionisierungsenergien bekannt sind, also Rechnungen zur Existenz von Tetrafluoriden oder Verbindungen noch höherer Wertigkeit auch jetzt noch nur mit geschätzten Ionisierungsspannungen (und schon hierdurch begrenzter

Genauigkeit) möglich sind. Weitere Gründe, auf die hier nicht näher eingegangen werden soll, kommen hinzu.

4. Entdeckung der ersten Verbindungen des Xenons

Es bleibt das Verdienst *Bartlett*s (*B6*), die erste echte Edelgasverbindung dargestellt und hierdurch die große Zahl der US-amerikanischen Untersuchungen ausgelöst zu haben:

Er hatte bei Versuchen zur Darstellung von PtF_5 ein Nebenprodukt erhalten, das zunächst als $PtOF_4$ (*B7*) angesehen wurde. Es zeigte sich dann bald, daß tatsächlich eine Komplexverbindung vom Strukturtyp des $K[SbF_6]$ (*B8*) vorliegen müsse, nämlich $O_2^+[PtF_6]$ (*B9*). Hier liegt ein besonderes Verdienst *Bartlett*s: Er sah sofort, von einer Zufallsentdeckung ausgehend, daß wegen der ähnlichen ersten Ionisierungsspannungen von O_2 (12,2 eV) und Xe (12,13 eV) die Darstellung einer entsprechenden Xenonverbindung $Xe[PtF_6]$ möglich sein könne, die er dann auch im Juni 1962 erhalten zu haben glaubte (*B6*). Erst durch seine Publikation wurden die dann später so weitreichenden Untersuchungen in den Argonne National Laboratories ausgelöst.

Als erstes binäres Edelgasfluorid wurde XeF_2 Anfang Juli 1962 in Münster dargestellt (*H3*); in der letzten Juliwoche war man auf Grund der chemischen Analysen sicher, XeF_2 in Händen zu haben.

Diese Ergebnisse wurden erst am 8. Oktober 1962 publiziert, weil die Arbeitsgruppe zur Sicherung ihrer Ergebnisse noch massenspektroskopische Untersuchungen abwarten wollte (für deren Durchführung sich trotz aller Bemühungen erst viel später eine Möglichkeit bot)[1].

Die Arbeitsgruppe des Verfassers in Münster hatte — unabhängig von den in USA ausgeführten Untersuchungen — bereits seit 1949/50 (*H4*) mehrfach die Bildungsmöglichkeiten und vermutlichen Eigenschaften von Xenonfluoriden diskutiert. Seit 1951 war man sicher, daß XeF_2 und XeF_4 bei Normalbedingungen gegen einen Zerfall in die Elemente thermodynamisch stabil sein dürften:

Die hierfür entscheidende experimentelle Untersuchung stammt aus dem Arbeitskreis von *Eméleus*; dort hatte *Woolf* (*W4*) die Bildungsenthalpie von JF_5 bestimmt. Mit diesem und dem bereits von *Yost* bestimmten Wert für die Bildungsenthalpie von TeF_6 (*Y2*) konnte, wie die Tab. 4 zeigt, die „mittlere thermochemische Bindungsenergie" Te—F (im TeF_6) bzw. J—F (im JF_5) berechnet werden. Durch einfache Extrapolation war hieraus zwar nur grob, aber, wie man sieht, recht sicher abzuschätzen, daß der Wert der „mittleren thermochemischen Bindungs-

---

[1] Die amerikanischen Autoren (die z.B. derartige Messungen im eigenen Laboratorium ausführen konnten), haben die Darstellung von XeF_4 bereits am 20. August 1962 mitgeteilt (*C3–C5*).

R. Hoppe

Tabelle 4. *Zur Bildungswärme von* XeF_4

	TeF_6	JF_5	XeF_4
Bildungswärme (kcal/Mol)	315[1]	205[2]	120 > B.W. > 0
„bond energy" (kcal/Val)	79	64	50 > b.e. > 20

[1] *Yost* u. *Claussen* 1933 (*Y 2*).   [2] *Woolf* 1951 (*W 4*).

energie" (b.e.) im XeF_4 (und damit nach bewährten Regeln der Thermochemie auch die entsprechende Bindungsenergie im XeF_2) größer als
20 kcal/Val ist. Da die Edelgase einatomig sind und gemäß

$$Xe + 2F_2 = XeF_4 \quad bzw. \quad Xe + F_2 = XeF_2$$

thermochemisch „belastend" in die Reaktion pro F-Atom, also pro Bindung Xe—F nur die halbe Dissoziationsenergie (≈ 18 kcal) der F_2-
Molekel eingeht, erschien damit die thermodynamische Stabilität von
XeF_2 und XeF_4 gegen einen Zerfall in die Komponenten unter Normalbedingungen gesichert (vgl. (*H 5*)).

Bei den Versuchen des Arbeitskreises von *R. Hoppe* ergaben sich techni-
sche Schwierigkeiten. So war Anfang der fünfziger Jahre die Beschaffung von
Xenon ausreichender Reinheit nicht möglich. Ferner schienen nach den sicher
sorgfältigen Versuchen von *Ruff* und *Yost* weder elektrische Funken noch
UV-Bestrahlung zur Anregung der − dann vermutlich „exothermen" − Reaktion zwischen Xenon und Fluor ausreichend und nur eine „Drucksynthese" schien erfolgversprechend.

Es sei in diesem Zusammenhang auf Versuche verwiesen, andere Verbindungen mit außergewöhnlichen Wertigkeiten darzustellen; es zeigte
sich jedoch, daß $K_2[Au^{IV}F_6]$ (*H 6−H 8*) oder $K_2[AgF_6]$ (*H 8*) und z.B.
$K[Hg^{III}F_4]$ (*H 9, H 10*), zwar unter Normalbedingungen wohl thermodynamisch stabil gegen den Zerfall in die Elemente, nicht erhalten wurden.
Offensichtlich ist der Zerfall in $KF + KAuF_4$ oder $KF + KAgF_4$ bzw. in
$KHgF_3$ (unter Freiwerden von je $^1/_2F_2$ pro Umsatz) stark „exotherm". Hiermit hängt vermutlich zusammen, daß $Cs^{III}F_3$ bislang nicht erhalten wurde
(früher als Derivate von CsF_3 und RbF_3 angesehene Präparate (*B 10, B 34*)
erwiesen sich im wesentlichen als aus $CsClF_4$ bzw. $RbClF_4$ (*A 6, B 35*) be-
stehend). Man kann abschätzen (*H 11*), daß CsF_3 unter Normalbedingungen
stabil gegen einen Zerfall in die Elemente, aber instabil gegen den Zerfall in
das stark exotherme CsF und in F_2 ist, die Bildungsenthalpie von CsF_3 dürfte
etwa $\Delta H^\circ_{298} \approx - 20$ kcal/Mol betragen, vgl. S. 337

III. Darstellung von Edelgasverbindungen

Bei den bislang beschriebenen Möglichkeiten zur Darstellung von Edelgasverbindungen kann man unterscheiden:

A. die direkte Synthese aus den Elementen, und zwar

    1. die „thermische" Synthese, die meist unter erhöhtem Druck, z.T.
      aber auch bei Normaldruck ausgeführt wurde,

2. andere direkte Synthesen aus den Elementen, wobei die Anregungsenergie durch
   a) UV-Bestrahlung
   b) Bestrahlung mit γ- oder Elektronenstrahlen
   c) elektrische Funkenentladung
   zugeführt wird

B. die indirekten Synthesen, bislang meist zur Darstellung Sauerstoffhaltiger Xenonverbindungen verwendet.

3. Hier geht man von vorgebildeten Xenonverbindungen aus und erhält z.B. durch Hydrolyse neue Stoffe, also Oxidfluoride oder Oxoxenate.

Durch direkte Synthese aus den Elementen sind die gegen einen Zerfall in die Komponenten thermodynamisch stabilen Xenonfluoride erhalten worden. Auch $XeOF_2$ (vgl. S. 284) kann sich anscheinend so bilden; ferner sind hierbei unter Normalbedingungen gegen Disproportionierung oder Zerfall instabile Fluoride wie das noch unbekannte Xe_2F_{10}, vgl. S. 268, oder das einzige sicher bekannte Kryptonfluorid KrF_2 zu erwarten bzw. zu erhalten.

1. „Thermische Synthese"

Über den Reaktionsmechanismus bei der thermisch angeregten Vereinigung von Xenon und Fluor, die vorteilhaft unter erhöhtem Druck stattfindet, ist Genaueres noch nicht bekannt. Man nimmt an, daß die binären Fluoride des Xenons hierbei schrittweise gebildet werden:

$$Xe \ \ + F_2 = XeF_2$$
$$XeF_2 + F_2 = XeF_4$$
$$XeF_4 + F_2 = XeF_6$$

So hat man Xenon und Fluor im Kreislauf durch eine heiße Zone gepumpt und die Art und Menge der Reaktionsprodukte IR-spektroskopisch untersucht ($A\,3$). Es zeigte sich dabei, daß zunächst nur XeF_2 gebildet wird, das in einer Kühlfalle abgeschieden werden kann. Die Menge des gebildeten XeF_2 nimmt mit steigendem Partialdruck des Xenons wie auch des Fluors zu. XeF_4 entsteht praktisch nur dann, wenn das zunächst gebildete XeF_2 im Gaskreislauf verbleibt: Dann nimmt die XeF_4-Ausbeute mit steigendem Partialdruck an F_2 wie auch an XeF_2-Gas zu. Mit steigender Temperatur erhöht sich die Reaktionsgeschwindigkeit, wie die steigenden Ausbeuten zeigen. Unterhalb 270 °C wurde bei normalem Druck bislang meist keine merkliche Reaktion zwischen Xenon und Fluor beobachtet. Man hat jedoch den Eindruck, daß die Temperatur, bei der beim einfachen Erhitzen solcher Xenon-Fluor-Mischungen die Fluorierung beginnt, etwas von den Versuchsbedingungen abhängt. So wurde andererseits berichtet ($D5$), daß derartige Gasmischungen sich beim Erhitzen in vorfluorierten Ni-Gefäßen bis 390 °K zunächst wie ein ideales Gas verhielten. Erst ab 390 °K trat dann ein deutlicher Druckabfall ein, der die Bildung von XeF_4 (bzw. unter höheren Drucken und bei großem Überschuß an F_2 Bildung von überwiegend XeF_6) anzeigte. Schließlich soll nach einer weiteren Angabe die äquimolare Mischung $Xe + F_2$ bei einem Gesamtdruck von $p = 30$ atm bereits bei Zimmertemperatur unter Bildung von XeF_2 reagieren ($K4$).

Nach *Baker* ($B11$) wird diese thermisch angeregte Fluorierung von Xenon durch die Gegenwart von Nickelmetall katalytisch beeinflußt:

In einem Glasgefäß, dessen Wände (auf −78 °C oder auch 0 °C) gekühlt wurden, befand sich die Gasmischung, $F_2 : Xe = 0{,}8 : 1$ bis $2{,}0 : 1$. Erhitzte man im Reaktionsgefäß dünne ($\varnothing$ 0,002 cm) Metalldrähte elektrisch, so trat bei mäßigen Temperaturen (ab 180 °C) nur bei Verwendung von Nickeldraht Bildung von kristallinen Xenonfluoriden (Bruttozusammensetzung „$XeF_{2{,}4}$") ein.

Erhitzen der gleichen Mischungen durch Erwärmen des Reaktionsgefäßes bei Abwesenheit von Nickel-Draht führte (bis 400 °C) zu *keiner* Reaktion. Erhitzte man andererseits den Ni-Draht im gleichen Reaktionsgefäß in reinem Fluor, so wurde ebenfalls keine Reaktion beobachtet. Erhitzte man schließlich unter gleichen Bedingungen Drähte aus Kupfer, Aluminium oder Platin in der Xe/F_2-Mischung, so trat wiederum bis 400 °C keine Fluorierung, oberhalb dieser Temperatur jedoch Reaktion in der Gasmischung ein. Vergleichbare Reaktionsgeschwindigkeiten der Umsetzung zwischen Xenon und Fluor (verglichen mit derjenigen in Gegenwart von Ni bei 200 °C) werden erst bei 430 °C (Aluminium) bzw. 550 °C (Kupfer) erreicht. Beim Erhitzen des Platindrahtes trat ab 510 °C starke Reaktion unter Bildung eines Pt-haltigen Reaktionsproduktes (Bruttozusammensetzung „Xe_2PtF_{12}") ein.

Die durch Ni katalysierte Reaktion von Xe mit F_2 im Quarzkolben verläuft bei Kühlung der Gefäßwand auf −78 °C im einzelnen wie folgt:

Unabhängig von der Temperatur des Ni-Drahtes (180−400 °C) ist die Zahl der reagierenden Gasmolekeln zunächst eine lineare Funktion der Reaktionszeit, und dies um so längere Zeit, je niedriger die Drahttemperatur liegt. Die Reaktion verläuft hierbei nach der 0. Ordnung.

Die Aktivierungsenergie wurde zu 10,4 kcal/Mol bestimmt, der Zahlenfaktor vor dem Exponentialausdruck der Arrhenius-Gleichung entsprach praktisch der Trefferfrequenz der Xe-Atome auf den Ni-Draht. Die Reaktion erfolgte langsamer, nachdem etwa die Hälfte, und hörte praktisch auf, wenn etwa Zweidrittel des eingesetzten Gasgemisches abreagiert hatte.

Wurde die Gefäßwandung nur auf 0 °C gekühlt, so reagierte offensichtlich das zunächst gebildete Reaktionsprodukt XeF_2 in der Gasphase erneut, und der Reaktionsverlauf wurde unübersichtlicher: Die Gesamtausbeute sank, und der Zeitraum, innerhalb dessen die Reaktion anfänglich nach der 0. Ordnung ablief, war merklich kürzer als bei Kühlung auf $-78\,°C$.

Inzwischen liegt auch eine erste Angabe über die Gleichgewichtskonstanten für das System Xe/F_2 vor ($W5$, $W6$), vgl. Tab. 34, S. 322.

Diese Zahlen zeigen deutlich, daß man im allgemeinen durch einfaches Erhitzen einer Mischung von Fluor und Xenon keine reinen binären Fluoride erhalten kann. Anfangs wurde diese Komplikation nicht immer voll erkannt. Nicht zuverlässig sind daher im allgemeinen Angaben über die physikalischen Eigenschaften von Xenonfluoriden, die nach der Darstellung nicht besonders gereinigt wurden.

2. Darstellung unter Anregung durch Strahlen oder Funkenentladung

Der Reaktionsmechanismus bei der durch Bestrahlung oder durch elektrische Funkenentladung angeregten Fluorierung von Xenon ist noch unbekannt, obwohl die photochemisch angeregte Reaktion zwischen Xe und F_2 zur Bildung von XeF_2 ($W7$) bereits näher untersucht wurde ($W8$). Man wußte bereits ($W9$), daß Fluor eine Absorptionsbande bei 3000 Å besitzt, also bei Absorption von Licht dieser Wellenlänge gemäß $F_2 \rightarrow 2F$ eine Dissoziation der Molekel eintreten kann. Man stellte fest:

Bei konstantem Xe-Partialdruck (p_{Xe}) sinkt die Quantenausbeute mit steigendem F_2-Partialdruck (p_{F2}).

Die Quantenausbeute steigt etwas mit zunehmendem p_{Xe}, wenn p_{F_2} *konstant* und *groß* ist; sie sinkt mit zunehmendem p_{Xe}, wenn p_{F_2} *konstant* und *klein* ist.

Schließlich sinkt die Quantenausbeute mit steigendem Gesamtdruck der Gasmischung ($F_2:Xe = 1:1$), erreicht für $p = 1000$ mm Hg einen Grenzwert und ist hier von der Intensität der Einstrahlung unabhängig.

Offenbar ist der Reaktionsmechanismus sehr kompliziert. Was die Anregung durch elektrische Entladungen betrifft, so liegen hier noch keine systematischen Untersuchungen vor. Ob schließlich auch stille Entladungen zur Darstellung von Edelgasfluoriden angewendet werden können, ist noch ganz unbekannt.

IV. Xenondifluorid, XeF_2

Diese Verbindung wurde erstmals im Juli 1962 von *R. Hoppe* und Mitarbeitern in Münster durch Einwirkung elektrischer Funkenentladungen auf Xe/F_2-Mischungen erhalten ($H3$). Unabhängig hiervon ist ihre Existenz auf Grund massenspektroskopischer Untersuchungen am XeF_4 ($C4$, $St2$) im August 1962 vermutet worden.

R. Hoppe

1. Darstellung von XeF_2

Xenondifluorid kann aus den Elementen, also durch direkte Fluorierung des Xenons, erhalten werden. Die Bildung ist aber auch bei der indirekten Fluorierung (mit Hilfe geeigneter Verbindungen des Fluors) beobachtet worden. Die Darstellung reiner Proben ist nicht einfach und nicht nach allen angegebenen Methoden möglich.

a) Die thermische Anregung des Xenon-Fluor-Gasgemisches erfolgt durch Erhitzen, z.B. in Ni-Gefäßen. So bildet sich XeF_2, wenn man die Gasmischung im Kreislauf durch ein bis auf 400°C erhitztes Ni-Rohr schickt und das Reaktionsprodukt in einer dahinter befindlichen Kühlfalle (−50°C) ausfriert (*S3*). Mit einiger Sorgfalt wurde so recht reines XeF_2 erhalten (*A3*). Im einzelnen wurde festgestellt, daß zunächst mit steigender Temperatur der heißen Zone die Ausbeute steigt. Ab 600°C macht sich dann bemerkbar, daß XeF_2, und zwar mit steigender Temperatur in steigendem Maße, mit der Ni-Wand reagiert. Die Ausbeute dürfte bei weiter steigender Temperatur, also oberhalb 650°C, stark abnehmen (*S4*).

Ferner wurde XeF_2 nach einer Strömungsmethode erhalten. Hierbei (*E3*) passieren Xenon und Fluor, mit Sauerstoff als Trägergas, langsam eine auf 250−400°C erhitzte Ni-Röhre. Die Ausbeute an XeF_2 beträgt, auf die Menge des eingesetzten Xenons bezogen, 60−70 %. Nebenher entstand etwas XeF_4, sowie in geringer Menge $XeOF_2$.

b) Zur photochemischen Darstellung von XeF_2 wurden die Gasgemische (F_2:Xe = 5,2:1 bis 0,9:1) in einer Ni-Apparatur durch Saphirfenster mit UV-Licht bestrahlt (λ = 2500−3500 Å). Erwärmen der einen Seite der Apparatur (+90°C) und Kühlen an anderer Stelle (−80°C) führte zum Umwälzen des Gasinhaltes durch Konvektion. Die Ni-Wand des eigentlichen „Bestrahlungsraumes" wurde von außen mit fließendem Wasser gekühlt (*W7*). Bei geeigneter Größe der Apparatur wurden jeweils bis zu 10 g XeF_2 erhalten (*M11*). Der Reaktionsmechanismus ist kompliziert und noch nicht bekannt.

c) Durch Einwirken von γ*-Strahlen* (^{60}Co) hoher Intensität (6,5× 10^6 r/h) auf Xenon-Fluor-Mischungen erhielt man (*M8*) Proben, deren Zusammensetzung von den besonderen Bedingungen abhing; vermutlich bestanden sie aus einer Mischung von XeF_2 und XeF_4. Je niedriger die Temperatur der Gefäßwandung hierbei war, um so mehr näherte sich das Verhältnis F:Xe dem Werte 2:1. Man darf annehmen, daß auch hier im ersten Schritt überwiegend XeF_2 gebildet wird, das nur dann zu XeF_4 weiter reagiert, wenn die Temperatur und damit der Dampfdruck p_{XeF_2} nicht zu niedrig ist. Im übrigen muß berücksichtigt werden, daß bei durch ionisierende Strahlen angeregten Reaktionen zahlreiche Primärprozesse möglich sind, also komplizierte Verhältnisse auftreten können (*M9*).

d) Bei Anregung mit Elektronenstrahlen (1,6 meV) erhielt man wiederum eine Mischung von XeF_2 und XeF_4 (*L5*); gearbeitet wurde in einem Gefäß aus rostfreiem Stahl. Andererseits erhielt man (1,5 meV, $F_2:Xe = 2,08:1$; Gesamtdruck 1242 mm Hg vor der Bestrahlung, 1217 mm Hg nach der Bestrahlung von 90 min Dauer) praktisch *reines* XeF_2, wenn die Gefäßwand g e k ü h l t wurde (unterhalb 0 °C), während oberhalb 0 °C daneben auch XeF_4 gebildet wurde (*M9*).

Schließlich wurde die Bildung von XeF_2 bei Tieftemperaturbestrahlungen (20 °K) von Xe/F_2-Mischungen nach der sogenannten M a t r i x - I s o l i e r u n g s t e c h n i k nachgewiesen (*T2*): Diese ist schon in anderen Fällen, z.B. zum Nachweis instabiler oder sonst empfindlicher Molekeln verwendet worden. Man erhielt durch Photolyse bei tiefer Temperatur aus CH_3NO_2 z.B. als Reaktionsprodukt HNO (*B17*), aus der festen Mischung HJ/CO z.B. HCO (*E4*) und aus N_2O zunächst O und hieraus durch Reaktion mit C_2H_2 Keten (*H13*). — In diesem besonderen Fall wurde nun die Xe/F_2-Mischung (bei 20 °K) schnell auf ein CsJ-Fenster kondensiert, auf das man vorher (zur Vermeidung einer möglichen Reaktion des F_2 mit CsJ) eine dünne Schicht festen Argons ausgefroren hatte. Nach Aufnahme des IR-Spektrums wurde mit UV-Licht bestrahlt (Hg-Mitteldruck-Lampe) und die nun eintretenden Änderungen im IR-Spektrum als Indiz für die Bildung bestimmter Verbindungen angesehen.

Man beobachtete die Schwingungen $\nu_1 \approx 510$ cm^{-1} (im XeF_2-Gas: 515 cm^{-1}) und $\nu_3 = 547$ cm^{-1} (im XeF_2-Gas: 555 cm^{-1}), nicht aber ν_2 (im XeF_2-Gas: 213 cm^{-1}; vgl. hierzu (*A3*)).

e) Die Anregung durch elektrische Funkenentladungen wurde bei der *ersten* Darstellung von XeF_2 (*H3—H5*) angewendet:

In einer Quarzapparatur, vgl. Abb. 9, befand sich die Ausgangsmischung ($F_2:Xe = 1:1$ bis $3:1$, meist $2:1$) unter einem Gesamtdruck von 700—800 mm Hg (bei Raumtemperatur). Zwischen den in den Reaktionsraum hineinragenden Quarzfingern S, in denen sich die Elektroden befanden, wurde ein Kühlfinger K auf —78 °C gehalten. — XeF_2 scheidet sich sogleich nach Beginn der Funkenentladungen in farblosen, blitzenden Einkristallen, die langsam wachsen, am Kühlfinger ab.

Es handelt sich hier um eine Variante jenes Verfahrens, das schon *Yost* benutzt hatte (*Y1*). Daß aber hier im Gegensatz zu *Yost*s Experimenten schon beim ersten derartigen Versuch XeF_2 in größeren Mengen und in reiner Form erhalten wurde, während *Yost* keine Anzeichen für die Bildung der Verbindung fand, hängt vermutlich damit zusammen, daß *Yost* während der durch die Funkenentladungen in Gang gesetzten Reaktion nicht, und nach der Reaktion nicht an der richtigen Stelle, vor allem aber wohl zu spät, gekühlt hatte.

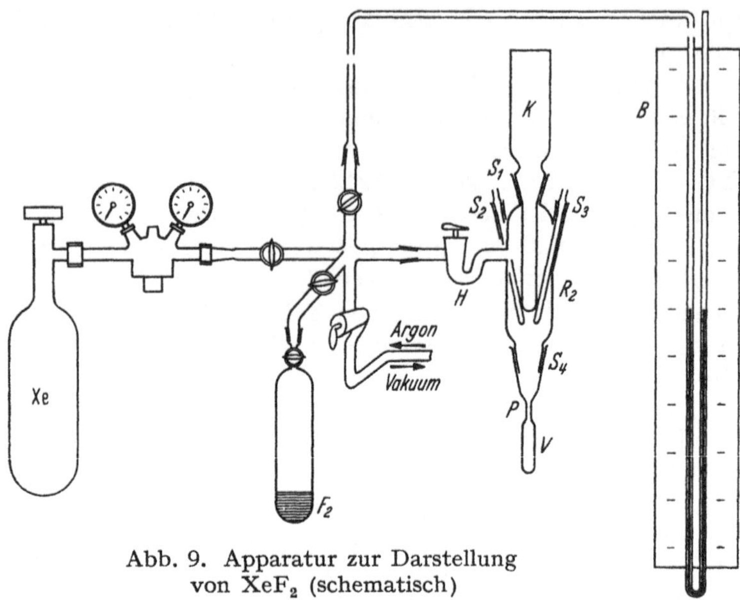

Abb. 9. Apparatur zur Darstellung
von XeF_2 (schematisch)

Wird nicht gekühlt oder durch die Versuchsanordnung nicht dafür
gesorgt, daß das gebildete XeF_2 in unmittelbarer Nähe des Kühlfingers
entsteht, so sinkt die XeF_2-Ausbeute stark, und die Reaktion wird komplizierter; es entstehen Nebenprodukte (*H 14*), wahrscheinlich auch die
bei Zimmertemperatur unbeständige Verbindung „Xe_2SiF_6" (*C 6*), deren
Zusammensetzung wohl eher der Formel $XeSiF_6$ entsprechen dürfte.

f) Die indirekte Fluorierung von Xenon, also eine Umsetzung von
elementarem Xenon mit geeigneten Fluorverbindungen unter Bildung
von XeF_2, ist ebenfalls möglich:

Mischungen von Xe und CF_4 ließ man unter Normaldruck ein Reaktionsgefäß aus Pyrexglas passieren, in dem Funkenentladungen (6000 V
bei 120 mA) erfolgten. Die Wände des Reaktionsgefäßes wurden auf
−78 °C gekühlt, die Reaktionspartner Xe und CF_4 kondensierten dabei
nicht. Es bildete sich ein farbloses Reaktionsprodukt, das außer einem
nicht flüchtigen, weißen Rückstand organischer Verbindungen flüchtige,
bei −78 °C kondensierbare Stoffe enthielt, die nach dem Umsublimieren
als farblose Kristalle anfielen (50—150 mg pro Versuch). Daß sich hierbei XeF_2 bildete, wurde massenspektroskopisch und IR-spektroskopisch
nachgewiesen (*M 10*).

Ferner soll sich Xenondifluorid bei der Reaktion von Xenon mit
starken Fluorierungsmitteln wie CF_3OF und FSO_2OF bilden:

Beim Erhitzen solcher Mischungen unter Druck (2,2 CF_3OF + Xe;
250 atm, 500 °K bzw. 2,2 FSO_2OF + Xe; 150 atm, 450 °K) will man neben

den Umwandlungsprodukten der Fluorierungsmittel ($CF_3 \cdot OO \cdot CF_3$ bzw. $S_2O_6F_2$) XeF_2, bei der Fluorierung mit FSO_2OF auch etwas XeF_4 (*G6*) erhalten haben.

g) Zur Darstellung reiner XeF$_2$-Proben ist die direkte Fluorierung von Xenon bei erhöhter Temperatur nach *Smith* (*S3*) und die photochemisch angeregte Fluorierung nach *Weeks* (*W7*) empfohlen worden (*M11*). Auch hierbei muß sorgfältig darauf geachtet werden, daß bereits gebildetes XeF_2 nicht mit überschüssigem Fluor unter Bildung von XeF_4 reagiert. Daher erscheint, wenn XeF_2 in Gramm-Mengen dargestellt werden soll, die Methode von Hoppe (*H3, H4, H5*) in gleicher Weise empfehlenswert. Günstig dürfte, was noch nicht im einzelnen untersucht wurde, auch der Umsatz von Fluor oder XeF_4 mit überschüssigem Xenon bei erhöhter Temperatur sein; da die Gleichgewichtskonstanten (Tab. 34, S. 322) bekannt sind, kann man hier jetzt zweckmäßige Versuchsbedingungen wählen, vgl. hierzu auch (*M11*).

2. Physikalische Eigenschaften von XeF$_2$

Xenondifluorid ist unter Normalbedingungen eine feste, farblose, thermodynamisch stabile Verbindung. Es weist sich durch einen charakteristischen, durchdringenden Geruch aus. Der Dampfdruck über festem XeF_2 (*A3*) ist bei Zimmertemperatur merklich:

Gleichgewichtsdruck XeF_2(fest) $\rightleftharpoons$ XeF_2(gas)

$t = (°C)$	$p_{XeF_2} = $ (mm Hg)
25	3,8
100	318

Man erhält daher durch Umsublimieren leicht große, durchsichtige, prächtig glänzende, tetragonale Kristalle. Auch der Dampf ist farblos. XeF_2 schmilzt bei 140 °C, beim Abkühlen kann die Schmelze bis 90 °C unterkühlt werden. Nach den vorliegenden Dampfdruckangaben sublimiert XeF_2 bei etwa 120 °C unter Normaldruck.

a) Eigenschaften der Molekel XeF$_2$. Die Gasmolekel XeF_2 ist linear, von der Symmetrie $D_{\infty h}$ (*S3*). Der Abstand Xe—F, ursprünglich zu 1,7 Å angegeben, beträgt $\approx 1,9$ Å (*S5*). Eine ausführliche Untersuchung (*G13*) über die Ursachen der „großen Diskrepanz" zwischen dem Xe—F-Abstand im Kristall ($1,98_3$ Å) und in der Gasmolekel (inzwischen 1,9 Å statt 1,7 Å!) dürfte damit, wohl im Prinzip richtig, in der Substanz überholt sein.

IR-Spektrum XeF_2(gas)

ν_2	213,2	(cm^{-1})	sst
ν_3	555	R: 566 P: 550	sst
$\nu_1 + \nu_3$	1070		schw

Die Auswertung des IR-Spektrums (*A 3*, *S 3*) ergab folgende Werte für die Kraftkonstanten:

Substanz	k	k_{rr}	k_δ/l^2
		(Angaben in mdyn/Å)	
XeF_2	2,85	0,11	0,19
Schwingung H–F C–F C–Br	 9,67 5,6 2,8	 (in HF) (in CH_3F) (in CH_3Br)	 Zum Vergleich nach (*W 10*)

Die Kraftkonstante der Xe–F-Bindung im XeF_2 ist also etwa von gleicher Größe wie die der C–Br-Bindung im CH_3Br.

Die Kraftkonstante der Deformationsschwingung, k_δ/l^2, ist erwartungsgemäß klein gegen k. Die Konstante k_{rr} berücksichtigt die Wechselwirkung zwischen den beiden Xe–F-Bindungen des XeF_2. Sie kann angegeben werden, weil die drei Grundschwingungen des linearen XeF_2-Moleküls die Berechnung aller drei Kraftkonstanten zulassen, die für die Potentialfunktion des allgemeinen Valenzkraftfeldes bei dieser Atomanordnung gefordert werden. Wie man erwarten kann, ist k_{rr} klein gegen k.

Die UV-Absorption von gasförmigem XeF_2 wurde gleichfalls näher untersucht (*J 2*, *W 10*, *I 6*). Einer schwachen Bande (λ_{max} = 2300 Å, Halbwertsbreite $\Delta\nu$ 8249 cm^{-1}) folgt eine starke (1580 Å; $\Delta\nu$ = 8060 cm^{-1}), der zu kürzeren Wellenlängen eine Reihe recht scharfer Banden (1425 bzw. 1335 bzw. 1215 bzw. 1145 Å; $\Delta\nu$ = 1000 bzw. 1290 bzw. 2070 bzw. 2730 cm^{-1}) folgt. Eine Schwingungsfeinstruktur wurde nicht beobachtet.

Beschreibt man die Bindungen im linearen XeF_2 durch Linearkombinationen von Xe $5p\sigma$ und F $2p\sigma$ (in Form delokalisierter Molekülorbitale, vgl. S. 330), so erhält man ein bindendes, $\sigma_u^- \equiv \psi(a_{2u})$ (doppelt besetzt), ein nicht bindendes, $\sigma_g \equiv \psi(a_{1g})$ (doppelt besetzt), und ein lockerndes, $\sigma_u^+ \equiv \psi(a_{2u})$ Orbital. Dem ersten erlaubten Singulett-Singulett-Übergang $\sigma_g \to \sigma_u^+$ wird die starke Bande bei 1580 Å zugeschrieben. Die schwache Bande bei 2300 Å wird einem anderen Singulett-Singulett-Übergang (z.B. $\pi_u \to \sigma_u^+$) zugeordnet. Die schärferen Banden schließlich mit $\lambda_{max} <$ 1580 Å gehören zu zwei Rydberg-Serien ν_1 und ν_2, deren Energiedifferenz (0,7 eV) recht gut der Spin-Bahn-Kopplung im Xe-Atom (0,75 eV) (*W 10*) entspricht:

$$\nu_1 = 92\,000 - \frac{Ry}{(n + 0,2)^2} \text{ bzw.}$$

$$\nu_2 = 98\,000 - \frac{Ry}{(n + 0,2)^2} \text{ cm}^{-1}$$

mit n = 1, 2. Man erhält hieraus für die erste Ionisierungsspannung des XeF_2 (11,5 ± 0,2 eV) einen Wert, der im Vergleich zur ersten Ionisierungsenergie des Xenons (12,12 eV) anzeigt, daß zusätzlich noch π-Bindungen eine Rolle spielen.

b) Weitere Eigenschaften von festem XeF_2. Der *Raman-Effekt* am festen Xenondifluorid wurde mehrfach untersucht (*A 3*), ebenso das IR-Spektrum (ν_1 bei 510 cm^{-1} schwach beobachtet, obwohl verboten, ν_3 bei 547 cm^{-1} beobachtet) bei 20 °K (*T 2, M 10, S 3, W 7*).

Xenondifluorid ist *diamagnetisch*, die gefundene Susceptibilität (*H 5*) ist nur geringfügig kleiner als man erwarten sollte ($-\chi_{Mol}$ = 40–50× 10^{-6}) (erwartet = $-\chi_{Mol} \approx$ 60–70× 10^{-6}).

Bezüglich der Löslichkeit in H_2O und HF vgl. unter Chemische Eigenschaften des XeF_2, S. 242.

3. Die Kristallchemie des XeF_2

Xenondifluorid kristallisiert tetragonal-raumzentriert in der Raumgruppe D_{4h}^{17}– I4/mmm mit 2 Formeleinheiten pro Elementarzelle ($d_{rö}$ = 4,32 g·cm^{-3}; d_{pyk}: noch nicht bestimmt). Die Gitterkonstanten, das Molvolumen und die besetzten Punktlagen, der Parameter z der F-Teilchen sowie die Abstände zwischen benachbarten Teilchen sind in der Tab. 5 zusammengestellt.

Tabelle 5: Zur Kristallstruktur von XeF_2

a = 4,315 Å   c = 6,990 Å

Raumgruppe: D_{4h}^{17} – I4/mmm

Besetzte Punktlagen

2 Xe in 2(a); 4 F in 4(e) mit z_F = 0,283$_7$; Abstand Xe–F = 1,98$_3$ Å

Abstände zwischen benachbarten Teilchen[1]

(in Å)

Xe–F:	1,983	(2×)	F–Xe:	1,983	(1×)
	3,405	(8×)		3,405	(4×)
	4,749	(8×)	Xe–Xe:	4,639	(8×)
F–F:	3,024	(1×)			
	3,087	(4×)			
	3,966	(1×)			
	4,315	(4×)			

[1] Alle Abstände wurden ohne Berücksichtigung thermischer Bewegungen oder Schwingungen berechnet.

R. Hoppe

Die angegebenen Daten sind der Neutronenbeugungsuntersuchung am XeF_2 (*L6, L7*) entnommen. Die naturgemäß hier etwas ungenaueren Untersuchungen mit Hilfe röntgenographischer Methoden (*S6, S7*) werden im folgenden nicht berücksichtigt. Der tatsächliche Abstand Xe—F im festen XeF_2 dürfte wegen der möglichen Präzession der starr gedachten XeF_2-Hantel bzw. wegen möglicher Schwingungen senkrecht zur Molekelachse etwas größer sein und etwa Xe—F = 2,00 ± 0,01 Å betragen.

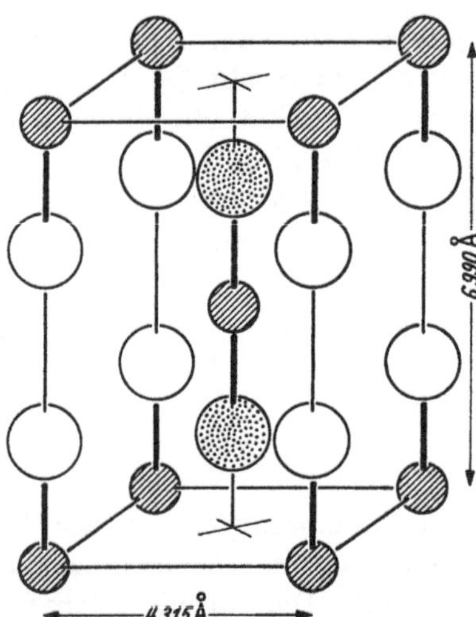

Abb. 10. Zur Kristallstruktur von XeF_2: Modell I; bzgl. Einzelheiten vgl. Text (Modell II: analog)

Es liegt eine typische Molekelstruktur vor. Zwanglos sind, wie die Teilchenabstände in Tab. 5 anzeigen und die Abb. 10 deutlich erkennen läßt, im Kristallverband isolierte lineare Baugruppen F—Xe—F zu erkennen. Der Abstand Xe—F innerhalb der Molekel (1,98$_3$ Å nach Neutronenbeugung bzw. 2,00 Å unter Berücksichtigung thermischer Schwingungen) erscheint gleichfalls plausibel. Er entspricht dem, was man nach den Abmessungen der [JCl_2]-Baugruppe (Abstand J—Cl = 2,36 Å) bei Berücksichtigung der Verschiedenheit von Cl und F, aber auch nach den Abständen J—F im JF_7 (*B12*) erwarten sollte (*S3*). (Die Bindungsverhältnisse im XeF_2 sind freilich doch nicht ganz mit denen in der [JCl_2]-Gruppe zu vergleichen (*S3*), vgl. S. 329). Auch die Abstände zwischen nächstbenachbarten Fluorteilchen verschiedener Molekeln (3,02$_4$ bzw. 3,08$_7$ Å; gewogenes Mittel: 3,07 Å) sind von plausibler Größe. So betragen z. B. im festen SiF_4, das ebenfalls ein typisches Molekelgitter bildet (*N2, A5*), die kürzesten Abstände zwischen F-Teilchen benachbarter Molekeln 3,00 Å.

Es ist nicht ganz verständlich, warum die Packung der linearen XeF_2-Molekeln nicht noch etwas „dichter" ist, als der gefundenen Kristallstruktur entspricht. In der Tab. 6 sind mehrere mögliche Strukturmodelle für XeF_2 angeführt. Modell I entspricht der gefundenen Kristallstruktur (wobei wiederum bezüglich der interatomaren Abstände irgendwelche thermischen Einflüsse nicht berücksichtigt wurden). Modell II ist der gefundenen Kristallstruktur eng verwandt und unterscheidet sich von ihr nur dadurch, daß die fünf nächsten F—F-Abstände zwischen F-Teilchen verschiedener Molekeln gleich groß sind. Allein, diese dem Augenschein nach ausgeglichenere Kristallstruktur, bei der außerdem der erwähnte kürzeste intermolekulare Abstand F—F (3,073 Å) praktisch dem „gewogenen Mittel" der Abstände der Realstruktur des XeF_2 (3,074 Å) entspricht, ist doch, was den Madelungfaktor[+] angeht, etwas ungünstiger als die Realstruktur. Dieser zunächst auffällige Befund entspricht jedoch vorliegenden Erfahrungen (*H 16, H 17*) bei anderen Kristallstrukturen.

Die in Tab. 6 angegebenen Werte für den Madelungfaktor beziehen sich alle auf den kürzesten Abstand $Xe—F = 1,98_3$ Å als Einheitsentfernung; sie sind daher nicht nur untereinander vergleichbar, sondern repräsentieren nach Größe und Gang zugleich auch den sogenannten

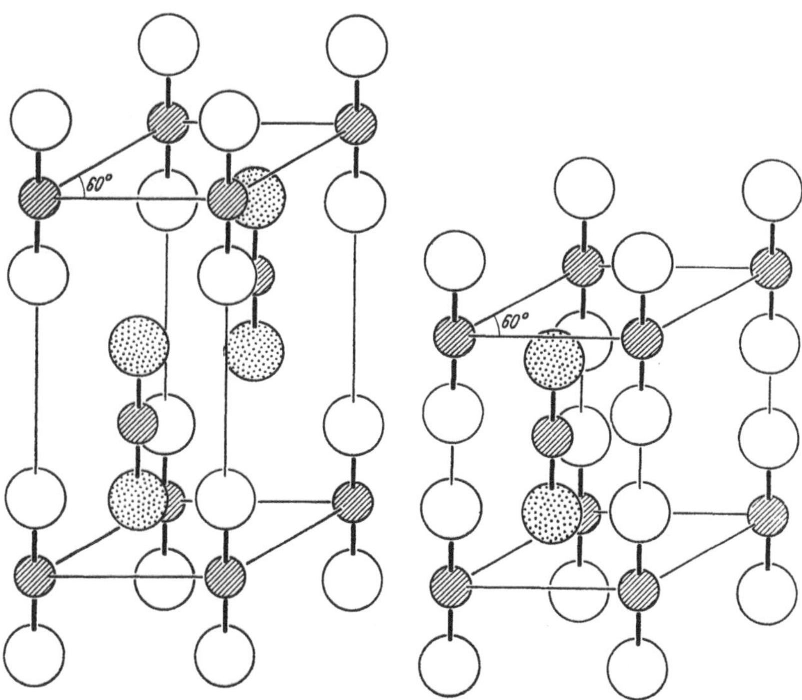

Abb. 11. Zur Kristallstruktur von XeF_2: Modell III; bzgl. Einzelheiten vgl. Text

Abb. 12. Zur Kristallstruktur von XeF_2: Modell IV; bzgl. Einzelheiten vgl. Text

Tabelle 6. *Verschiedene Strukturmodelle für XeF₂ nach (H 18)*

	Modell I	Modell II	Modell III	Modell IVa	Modell IVb	Modell IVc
	Realfall	tetragonal „Idealfall"	hexagonal kub. dichteste Abfolge der XeF_2-Hanteln	hexagonal hexagonal-dichteste Abfolge der XeF_2-Hanteln		
$a =$ $c =$	4,315 Å 6,990 Å	4,300 Å 7,039 Å	4,717 Å 10,130 Å	4,717 Å 6,753 Å	4,903 Å 6,848 Å	5,266 Å 7,039 Å
Mol.Vol. (M.V.)	39,2 cm³	39,2 cm³*	39,2 cm³ *	39,2 cm³*	42,9 cm³	50,9 cm³
z_F	0,2837	0,2817	0,1958	0,2936	0,2896	0,2817
P.M.F.(Xe^{2+})	2,4494	2,4486	2,5249	2,5288	2,4872	2,4164
P.M.F.(F^-)	0,6749	0,6745	0,7032	0,6794	0,6774	0,6760
M.F.(XeF_2)	3,799₃	3,797₅	3,931₂	3,887₅	3,841₉	3,768₃
Xe–F-Abstand (in Å)	1,98₃	1,98₃ *	1,98₃ *	1,98₃*	1,98₃*	1,98₃*
F–F-Abstand (in Å)	3,02₄ (1 ×) 3,08₇ (4 ×)	3,07₃ (5 ×) (gewogenes Mittel von I)	2,78₇ (4 ×)	2,78₇ (4 ×)	2,88₂ (5 ×)	3,07₃ (5 ×)
Kristallstruktur	tetragonal 2 Xe: 0, 0, 0 ½, ½, ½ 4 F: ±(0, 0, z) ±(0, 0, ½ + z)	tetragonal 2 Xe: 0, 0, 0 ½, ½, ½ 4 F: ±(0, 0, z) ±(0, 0, ½ + z)	hexagonal 3 Xe: 0, 0, 0 ⅓, ⅔, ⅓ ⅔, ⅓, ⅔ 6 F: ±(0, 0, z) ±(⅓, ⅔, ⅓ + z) ±(⅔, ⅓, ⅔ + z)	hexagonal 2 Xe: 0, 0, 0 ⅓, ⅔, ⅓ 4 F: ±(0, 0, z) ±(⅓, ⅔, ½ + z)	z_F entsprechend ⅔ × M.V. = const. (39,2 cm³) ⅓ × F–F = const. (3,073 Å)	Punktlagen von IVb und IVc wie Modell IVa

* Vorgegeben.

„Madelunganteil der Gitterenergie"[2], der freilich, wenn die Molekel *nicht aus Ionen aufgebaut* ist, noch mit dem Produkt der *effektiven Ladung* der Bausteine (hier also gemäß $Xe^{\varepsilon+}(F^{\varepsilon/2-})_2$ mit ε^2) zu multiplizieren ist.

Um das Verständnis für die XeF_2-Struktur zu vertiefen, wurden weitere Strukturmodelle diskutiert (*H 18*), die in der Packungsdichte linearer und längs [001] geordneter XeF_2-Molekeln (mit $Xe-F = 1,98_3$ Å) der gefundenen Struktur entsprechen. Modell III, vgl. Abb. 11, der Tab. 6 entspricht z. B. nicht der gefundenen raumzentrierten, sondern einer hexagonalen Anordnung von XeF_2-Hanteln, deren Schwerpunkte der Abfolge einer kubisch-dichtesten Kugelpackung in hexagonaler Aufstellung entsprechen, und Modell IVa (wie auch IVb und IVc) entsprechen einer analogen Strukturvariante, wobei freilich bezüglich der Xe-Atome die Abfolge einer *hexagonal-dichtesten Kugelpackung*, vgl. Abb. 12, angenommen wurde.

Hier ergibt sich eine prinzipielle Schwierigkeit. Diskutiert man verschiedene an sich mögliche, aber nicht verifizierte Strukturvarianten ein und derselben Verbindung, so gibt es zwei verschiedene, in praxi sich widersprechende Grundannahmen: Entweder nimmt man nach *Biltz* (*B 13*) an, daß das Molvolumen konstant ist, oder man hält auf Grund des Konzeptes „konstanter Radien" die Abstände zwischen bestimmten Teilchen (hier die intermolekularen F–F-Abstände) konstant:

---

[2] Da im folgenden einige Betrachtungen mit Hilfe von Madelungfaktoren durchgeführt werden sollen, ist es vielleicht zweckmäßig, kurz an folgenden Sachverhalt zu erinnern: Nach

$$E_G = -z_1 \cdot z_2 \cdot e^2 \cdot Const \cdot \frac{M.F.}{d_{K-A}} + Z \tag{1}$$

ist der Madelungfaktor also jene, nur durch die Geometrie der jeweiligen Kristallstruktur bedingte Größe, welche die Gitterenergie für den Fall angibt, daß starre, punktförmige Ionen vorliegen. Bei ternären Verbindungen ist es immer notwendig, bei binären Verbindungen zuweilen zweckmäßig, den „Wertigkeitsfaktor" ($z_1 \cdot z_2$) in den Madelungfaktor mit einzubeziehen.

Der Madelungfaktor, im folgenden kurz M.F. genannt, ist eindeutig nur dann anzugeben, wenn man die Bezugsentfernung (d_{K-A}) angibt. In diesem Referat wird immer der kürzeste Abstand zwischen Teilchen verschiedener Ladung als Bezugsentfernung gewählt.

Der M.F. setzt sich additiv aus einzelnen Beiträgen der in der Elementarzelle vorhandenen Ionen zusammen. Diese sollen hier Partielle Madelungfaktoren genannt werden (P.M.F.). Es ist also

$$M.F. = \Sigma i \, (P.M.F.)_i. \qquad (H\,38) \tag{2}$$

In Z (siehe (1)) sind alle jene Größen zusammengefaßt, die berücksichtigt werden müssen, will man nach (1) den realen Wert der Gitterenergie berechnen, also z. B. Ion-Dipolwechselwirkungen, Bornsche Abstoßung, Einfluß stark kovalenter Bindungen etc.

Bei Modell IVa wurde das Molvolumen von der Realstruktur übernommen; als Konsequenz ergeben sich infolge der hier „dichteren" Packung der Molekeln XeF_2 kürzere intermolekulare Abstände F—F benachbarter XeF_2-Teilchen. In Modell IVc wurde dagegen neben dem innermolekularen Abstand Xe—F = $1{,}98_3$ Å auch der kürzeste intermolekulare F—F-Abstand ($3{,}07_3$ Å entspricht dem gewogenen Mittel der entsprechenden Abstände von Modell III) vom gefundenen Strukturmodell übernommen. Schließlich vermittelt Modell IVb zwischen beiden Anschauungen: Im allgemeinen trifft bei aus Ionen aufgebauten Verbindungen weder das Konzept der Konstanz des Molvolumens noch das der Konstanz der Abstände streng zu; vielmehr sind die realen Strukturen oft so, daß sie zwischen beiden Grenzfällen liegen.

Man hat den Eindruck, daß bei Molekelgittern das Konzept der Konstanz inner- wie auch intermolekularer Abstände im wesentlichen zutrifft. Denn Modell IVc besitzt, wie man auf Grund der Beobachtung, daß Modell I beobachtet wurde, auch verlangen sollte, als einziges der hier diskutierten Modelle IV bzw. III einen kleineren Madelungfaktor als die tatsächlich gefundene Struktur. Träfen die Voraussetzungen für Modell III, IVa oder IVb zu, wären mithin die kürzesten F—F-Abstände zwischen benachbarten XeF_2-Molekeln ni ch t als praktisch konstant anzusehen, so sollte eine dieser Möglichkeiten, nicht aber Modell I, realisiert sein.

Hieran ändert in erster Näherung nichts, daß die XeF_2-Molekel nur partiell als aus Ionen aufgebaut betrachtet werden kann (die effektive Ladung der Teilchen dürfte zwischen den Grenzformeln $Xe^+(F^{0,5-})_2$ und $Xe^{1,4+}(F^{0,7-})_2$ liegen ($H\,19$), vgl. auch S. 331.

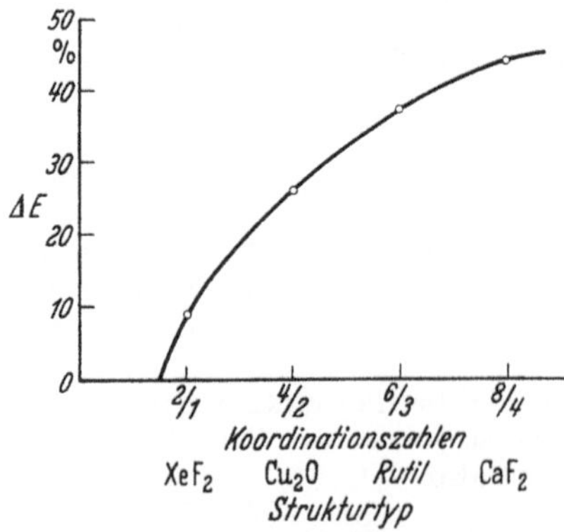

Abb. 13. Gewinn ΔE_G am Madelunganteil der Gitterenergie beim Übergang der linearen Molekel $B^-\,A^{2+}\,B^-$ (mit A—B = const = 1) zum Festkörper bei verschiedenen AB_2-Typen in Abhängigkeit von der Koordinationszahl

Schließlich sei bemerkt, daß mit dem Madelungfaktor der XeF_2-Struktur wohl der erste Madelungfaktor einer aus Molekeln aufgebauten AB_2-Struktur bekannt ist. Man kann, wie von *Hoppe* ($H\,20$) vorgeschlagen, als Bezugsgröße für Madelung-Faktoren den Madelunganteil der

Molekelenergie hypothetischer (hier linearer B—A—B) Molekeln, deren Teilchenabstand A—B bereits dem in der verifizierten Kristallstruktur gefundenen kürzesten Teilchenabstand A—B entspricht, wählen. Dann fügt sich XeF_2 mit den „Koordinationszahlen" 2 (für Xe) und 1 (für F) der Reihe CaF_2-Typ (8 bzw. 4), Rutil-Typ (6 bzw. 3) und Cu_2O-Typ (4 bzw. 2) ganz gut ein und liegt im Zahlenwert des Madelungfaktors nur wenig tiefer, als man nach einer groben Extrapolation, so wie dies in Abb. 13 angegeben ist, erwarten würde. Mit der Kenntnis dieses Madelungfaktors bestätigt sich ferner, was *Jortner* (*J2*) bereits auf ähnlichem Wege feststellte: Nach seinen Rechnungen sind von der auffallend hohen Sublimationsenthalpie des XeF_2, $\Delta H^\circ_{Sub} = 12{,}3$ kcal/Mol, (*J3*), nur etwa 2 kcal/Mol (hier geschätzt: 4—5 kcal/Mol) auf Dispersionskräfte zurückzuführen, der Differenzbetrag von etwa 10 kcal/Mol (bzw. ≈ 7 bis 8 kcal/Mol) ist durch elektrostatische Wechselwirkungen zwischen benachbarten Molekeln, die eine erhebliche Polarität besitzen, bedingt. Die effektive Ladung des Xenon-Teilchens dürfte $+1{,}0$ bis $+1{,}4$ betragen (*H19*, *S3*).

Die bemerkenswerte Sublimationsenthalpie des Xenondifluorids ist freilich nur auf den ersten Blick unerwartet hoch. Vergleicht man, wie dies in Tab. 7 geschieht, die Verdampfungs- bzw. Sublimationsenthalpien analoger Fluoride der im Periodensystem den Edelgasen voran-

Tabelle 7. *Sublimations-*[2] *und Verdampfungsenthalpien*[1] *(in kcal/Mol). Werte nach (S10) bzw. (P5)*

CF_4 3,01 $\Delta H^\circ_V(T_K)$	NF_3 2,9 $\Delta H^\circ_V(T_K)$	OF_2 2,65 $\Delta H^\circ_V(T_K)$	F_2 1,5 $\Delta H^\circ_V(T_K)$
SiF_4 6,15 $\Delta H^\circ_S(T_S)$	PF_5 4,1 $\Delta H^\circ_V(T_K)$	SF_6 5,5 $\Delta H^\circ_S(T_S)$	ClF_3 6,6 $\Delta H^\circ_V(T_K)$
	PF_3 3,4 $\Delta H^\circ_V(T_K)$	SF_4 5,2 $\Delta H^\circ_V(T_K)$	ClF 5,3 $\Delta H^\circ_S(T_S)$
GeF_4 7,8 $\Delta H^\circ_S(T_S)$	AsF_5 5,0 $\Delta H^\circ_V(T_K)$	SeF_6 6,3 $\Delta H^\circ_S(T_S)$	BrF_5 7,4 $\Delta H^\circ_V(T_K)$
	AsF_3 8,6 ΔH°_V (p = 143 mm)	SeF_4 11,2 $\Delta H^\circ_V(T_S)$	BrF_3 10,2 $\Delta H^\circ_V(T_K)$
SnF_4 ?	SbF_5 10,7 $\Delta H^\circ_V(T_K\,?)$	TeF_6 6,5 $\Delta H^\circ_S(T_S)$	JF_7 7,4 $\Delta H^\circ_V(T_K)$
	SbF_3 —	TeF_4 14,6 $\Delta H_S(T_S)$	JF_5 10,1 ΔH_V (p = 10 mm)

[1] $\Delta H^\circ_V(T_K)$ Verdampfungsenthalpie beim Siedepunkt.

[2] $\Delta H^\circ_S(T_S)$ Sublimationsenthalpie beim Sublimationspunkt unter Normaldruck.

R. Hoppe

gehenden Elemente, so sieht man, daß für Molekeln dieser Art mit typischer kovalenter Bindung bis zu 3 oder 4 kcal/Mol an Sublimationsenthalpie zu erwarten ist. Gerade die mit XeF_2 vergleichbaren Verbindungen der Halogene besitzen aber, offenbar durch eine gewisse Polarität der Bindung bedingt (und durch die räumliche Asymmetrie der Molekel unterstützt), durchweg höhere Verdampfungs- bzw. Sublimationsenthalpien. Xenondifluorid schließt sich also auch in dieser Beziehung den Fluoriden der Chalkogene und Halogene an.

4. Thermodynamische Daten für XeF_2

Die Bildungsenthalpie des Xenondifluorids ist von zwei Seiten angegeben worden:

Unter Berücksichtigung der aus spektroskopischen Daten bekannten Entropie des XeF_2 (*W5*) erhielt man aus der Gleichgewichtskonstanten der Reaktion $Xe + F_2 = XeF_2$ (*W6*)

$$\Delta H°_{523}(XeF_2, gas) = -26,0 \ kcal/Mol;$$
$$\Delta H°_{298 \cdot 15}(XeF_2, gas) = -25,9 \ kcal/Mol.$$

Aus den „Auftrittsenergien", die man von massenspektroskopischen Untersuchungen kennt (XeF_2^+: $12,6 \pm 0,1$ eV; XeF^+: $13,3 \pm 0,1$ eV; Xe^+: $12,0 \pm 0,1$ eV nach (*S8*)), wurde andererseits

$$\Delta H°_{423}(XeF_2, gas) = -37 \pm 10 \ kcal/Mol$$

abgeleitet (*S8*).

Die Diskussion dieser Werte und der sogenannten „mittleren thermochemischen Bindungsenergie" Xe–F im XeF_2 erfolgt im Abschnitt *Thermochemie der Edelgasverbindungen*, vgl. S. 311.

5. Chemisches Verhalten von XeF_2

Über die chemischen Eigenschaften von XeF_2 ist noch nicht viel bekannt. Die Verbindung wirkt im allgemeinen als nicht allzu heftig fluorierende Substanz. So findet mit Wasser, verdünnter Natronlauge und mit verdünnter Schwefelsäure bei Zimmertemperatur langsam (mit Petroleum etwas schneller) Reaktion statt, die Umsetzung mit Methanol ist jedoch heftig. Aus angesäuerter KJ-Lösung wird J_2 freigemacht (*H5*). Die Hydrolyse mit 1molarer NaOH-Lösung führt bei 0 °C zur Bildung einer gelben Lösung; oberhalb 0 °C findet vollständige Zersetzung nach

$$XeF_2 + H_2O = Xe + {}^1/_2 O_2 + 2HF$$

statt, die Lösung wird farblos ($M\,12$). Angesäuerte wäßrige XeF_2-Lösungen sind deutlich beständiger, vgl. S. 285.

Wasserstoff reagiert bei 400 °C mit XeF_2:

$$XeF_2 + H_2 = Xe + 2\,HF;$$

diese Reaktion kann zur Analyse benutzt werden ($W\,7$). Xenondifluorid wirkt auf SO_3 fluorierend; bei 300 °C bildet sich unter Reduktion des Xenons neben O_2 die Verbindung $S_2O_3F_2$ ($G\,6$). Mit SbF_5 und TaF_5 bilden sich Doppelfluoride, z. B. $XeF_2 \cdot 2\,SbF_5$ ($E\,3$); vgl. den Abschnitt Doppelfluoride S. 272.

Schließlich bildet sich aus XeF_2 bei der weiteren Einwirkung von Fluor unter geeigneten Bedingungen Xenontetrafluorid, XeF_4 ($A\,3$, $W\,5$, $W\,6$). Die gebildete XeF_4-Menge nimmt mit steigendem Druck der XeF_2/F_2-Mischung und anfänglich auch mit steigender Reaktionstemperatur zu. Bezüglich der Gleichgewichtskonstanten der Reaktion $XeF_2 + F_2 = XeF_4$, vgl. die Angaben auf S. 322.

V. Xenontetrafluorid, XeF_4

XeF_4 wurde zuerst Anfang August 1962, angeregt durch die Untersuchungen *Bartletts* am $Xe(PtF_6)_n$ ($B\,6$), von *Claassen*, *Selig* und *Malm* in den Argonne National Laboratories in USA durch einfache Drucksynthese aus den Elementen erhalten.

1. Darstellung von XeF_4

Bei der ersten Darstellung von XeF_4 ($C\,4$) wurden Mischungen von Fluor und Xenon im Verhältnis $F_2 : Xe = 5 : 1$ in einem geschlossenen Ni-Gefäß (400 °C, 6 atm) erhitzt. Die Ausbeute war praktisch quantitativ. Man erhielt so Mengen von 0,5 g XeF_4, doch können bei geeigneter Dimensionierung der Versuchsapparatur auch größere Mengen an XeF_4 dargestellt werden.

Ferner wurde XeF_4 auch unter Benutzung von Strömungsmethoden dargestellt. So ließ man z. B. 500 ml Xenon innerhalb von 24 Stunden im HF-freien F_2-Strom (6 l/h) durch eine lange Ni-Röhre strömen, die mit Ni-Blech gefüllt war und auf Rotglut erhitzt wurde. Man erhielt XeF_4 so (bezogen auf das eingesetzte Xenon) in einer Ausbeute von 30–50 % ($H\,21$). Andere erhielten praktisch quantitative Ausbeuten an XeF_4, wenn die Gasmischung ($F_2 : Xe = 4 : 1$) langsam durch ein auf 300 °C erhitztes Ni-Rohr wanderte (Verweilzeit der Gasmischung im Reaktionsraum: 1 Minute) ($T\,3$). Wieder andere Autoren arbeiteten bei nur unwesentlich geänderten Bedingungen in Monel-Metall ($F_2 : Xe = 3 : 1$; p =

R. Hoppe

9 atm bei Beginn) und erhielten XeF_4 ebenfalls in quantitativer Ausbeute. Bei einer weiteren Darstellung von XeF_4 auf thermischem Wege wurden die Xe/F_2-Mischungen im Kreislauf durch einen Ni-Ofen bei 560 °C geführt und die Reaktionsprodukte (97 % Ausbeute, bis zu 11 g Reaktionsprodukt pro Stunde) in einer Kühlfalle (0 °C) zurückgehalten (*Sch2*). Da keine Analysen angegeben werden, ist nicht sicher, ob auch reines XeF_4 entstand. Die von den Autoren angegebenen Reaktionen lassen ebenfalls nicht deutlich entscheiden, ob reines XeF_4 oder ein Gemisch mit XeF_2 vorlag.

Xenontetrafluorid entsteht auch bei Anregung der Xe/F_2-Mischungen ($F_2 : Xe = 2:1$) mit Hilfe elektrischer Funkenentladungen (1100 bis 2800 V, 31—12 mA) bei —78 °C (*K5*); man ließ bei p = 2—15 mm Hg Gesamtdruck nach Maßgabe der XeF_4-Bildung neue Mischung nachströmen. Die Ausbeute soll praktisch quantitativ (z.B. 1,5 g XeF_4 in 3,5 Stunden) sein. Im Hinblick darauf, daß im ersten Schritt auch hier mit der Bildung von XeF_2 zu rechnen ist (*H3, H4, H5*), erscheint die hohe Ausbeute an XeF_4 erstaunlich. Auch hat man den Eindruck, daß diese Methode den zuvor erwähnten nicht unbedingt vorzuziehen ist.

Schließlich wurde die Bildung von XeF_4 in unwägbarer Menge auch bei längerer UV-Bestrahlung fester Mischungen Xe/F_2 bei 20 °K IR-spektroskopisch nachgewiesen (*T2*).

Neben diesen Möglichkeiten, Xenontetrafluorid aus den Elementen durch direkte Fluorierung des Xenons zu erhalten, ist auch die Darstellung durch indirekte Fluorierung (*G6*), bei der freilich nebenher Xenondifluorid entsteht, möglich: Xenon reagiert mit FSO_3F bei erhöhter Temperatur und hohem Druck (450 °CK, 150 atm) unter Bildung von XeF_4 (neben XeF_2).

2. Physikalische Eigenschaften von XeF_4

Xenontetrafluorid ist unter Normalbedingungen fest und bildet farblose, monokline Kristalle. Bezüglich Einzelheiten der Kristallstruktur vgl. die Ausführungen im Abschnitt Kristallchemie S. 248.

Der Dampfdruck von XeF_4 beträgt p = 3 mm Hg bei Zimmertemperatur (*C4*). Man erhält durch Umsublimieren leicht große, durchsichtige Kristalle. Der Schmelzpunkt liegt bei etwa 114 °C (*C7*). Die Temperatur, bei der XeF_4 sublimiert (bzw. bei p $>$ 760 mm Hg siedet), ist noch nicht genau bekannt. Sie dürfte bei 100—120 °C liegen. Auch im Gaszustand ist XeF_4 farblos.

Die Dichte von XeF_4, noch nicht direkt bestimmt, wurde aus röntgenographischen Bestimmungen der Metrik der Elementarzelle zu $d_{rö} =$ 4,10 (*I1*) bzw. $d_{rö} = 4,04$ g·cm^{-3} (*S6, T3*) berechnet. XeF_4 hat also ein

Molvolumen von 50,4 cm³. Wie die Tab. 8 erkennen läßt, schließt sich hiermit XeF_4 wiederum den Fluoriden der Halogene, soweit hier die Dichten im festen Zustand (bei praktisch vergleichbarer Bezugstemperatur) durch röntgenographische Messungen gesichert sind, auf das beste an.

Durch die Untersuchungen von *Burbank* (bzgl. der Literatur vgl. die Tab. 8) ist man hier in der glücklichen Lage, nähere Angaben über die

Tabelle 8. *Molvolumina von Halogenfluoriden*

ClF₃ (*B 14*)	a = 6,09 Å b = 8,825 Å c = 4,52 Å (−120 °C) Z = 4 M.V. = 36,58 cm³		
BrF₃ (*B 15*)	a = 6,61 Å b = 7,351 Å c = 5,34 Å (−125 °C) Z = 4 M.V. = 39,07 cm³	*BrF₅* (*B 15*)	a = 6,61 Å b = 7,846 Å c = 6,422 Å (−120 °C) Z = 4 M.V. = 54.97 cm³
JF₅ (*B 15*)	a = 18,20 Å b = 6,86 Å c = 15,16 Å β = 93 °14′ (−120 °C) Z = 20 M.V. = 57,00 cm³	*JF₇* (*B 16*)	a = 8,74 Å b = 8,87 Å c = 6,14 Å (−145 °C) Z = 4 M.V. = 71,67 cm³ Geordnete Phase
		JF₇ (*B 16*)	a = 6,28 Å (−110 °C) Z = 2 Ungeordnete Phase M.V. = 74,59 cm³

Molvolumina solcher Verbindungen mit recht niedrigem Schmelz- und Siedepunkt zu besitzen. Die Tab. 8 läßt erkennen, daß sich — immer auf den festen Zustand bei etwa −120 °C bezogen — BrF_3 bzgl. des Molvolumens an ClF_3 in gleicher Weise anschließt wie JF_5 an BrF_5. Ferner ist die Differenz der Molvolumina von JF_7 und JF_5 etwa gleich der entsprechenden Differenz zwischen BrF_5 und BrF_3. Unter Berücksichtigung der von *Biltz* (*B 13*) aufgestellten Regeln der Raumchemie wird man aus diesen Molvolumina schließen dürfen, daß XeF_4 einem hypothetischen „JF_4" entspricht, das Molvolumen also etwa 50 cm³ betragen sollte. Der gefundene Wert (50,4 cm³) stimmt hiermit ausgezeichnet überein und zeigt, daß sich die binären Fluoride der Edelgase bezüglich der Molvolumina

R. Hoppe

(also auch der Packungsdichte ihrer Kristallstruktur nach und damit bezüglich der intermolekularen Wechselwirkungen) auf das natürlichste den Fluoriden der Halogene anschließen. Für XeF_2, dessen Molvolumen (39,0 cm³) aus den röntgenographisch ermittelten Gitterkonstanten bekannt ist, kann man freilich aus verschiedenen Gründen nur folgern, daß sein Molvolumen größer als etwa 34 cm³ sein sollte, was ja auch zutrifft[3]. Es sei an dieser Stelle erwähnt, daß die Dichte von XeF_6 noch nicht bekannt ist. Man wird aus den Molvolumina von JF_7 und JF_5 unter Berücksichtigung der Tatsache, daß XeF_6 seinem Siedepunkt nach nicht zu den „umhüllten Verbindungen" im engeren Sinne zu rechnen ist (vgl. S. 259ff), für das Molvolumen 62—64 cm³, also eine Dichte von etwa d = 3,8—3,9 g·cm⁻³ im festen Zustand erwarten können.

a) Eigenschaften der Molekel XeF_4. Nicht nur im Kristallverband (vgl. S. 249), sondern auch im Gas liegt eine ebene Molekel XeF_4 der Symmetrie D_{4h} vor (*B14, C8*). Der Abstand Xe—F beträgt

a) Xe—F = 1,85 ± 0,02 Å (aus dem IR-Spektrum nach (*C8*))

b) Xe—F = 1,94 ± 0,01 Å (Elektronenbeugung nach (*B43*)).

Der Unterschied zwischen beiden Angaben ist beträchtlich.

b) IR-Spektrum von XeF_4(gas). Mit den im IR-Spektrum, (*C8*), Abb. 14, beobachteten Banden wurden die Kraftkonstanten des XeF_4 unter Verwendung einer Potentialfunktion, die schon früher bei Hexafluoriden (*C9*)

aus		cm⁻¹	Symmetrie	
Raman	ν_1	543	a_{1g}	
IR	ν_2	291	a_{2u}	
Raman	ν_3	235	b_{1g}	
inaktiv	ν_4	(221?)	b_{1u}	
Raman	ν_5	502	b_{2g}	
IR	ν_6	586	e_u	
(IR)	ν_7	(123)	e_u	

Abb. 14. XeF_4, Grundschwingungen

Tabelle 9. *Zum IR-Spektrum von XeF_4(gas)*

ν_6	586	R: 591 P: 581	cm⁻¹	sst
ν_2	291			st
ν_7	(123)	(HF-Verunreinigung ?)		schw
$\nu_5 + \nu_6$	1105			schw
$\nu_1 + \nu_6$	1136			schw

[3] Hier spielt das Volumeninkrement von Xe^{2+} eine bereits merkliche Rolle; andere Effekte kommen hinzu.

benutzt wurde, berechnet. Man erhält so die Kraftkonstante von zwei benachbarten Xe–F-Bindungen. Die Wechselwirkungskonstante von zwei gegenüberliegenden Xe–F-Bindungen wurde abgeschätzt.

Tabelle 10. *Vergleich der Kraftkonstanten von XeF_4 und PuF_6*

Substanz	k	k_{rr}	k'_{rr}
	(Angaben in mdyn/Å)		
XeF_4	3,00	0,12	0,06
PuF_6	3,59	0,22	−0,08 nach (*C9*)

Erwartungsgemäß ist k etwas größer als im XeF_2, vgl. Tab. 11. Der Vergleich mit anderen Fluoriden wie z.B. PuF_6 (Abstand Pu–F = $1,97_2$ Å) zeigt ebenfalls, daß sich die Werte für XeF_4 gut einordnen.

Nimmt man IR- (*T2*) und Raman-Spektrum des festen (*C8*) bzw. des in HF gelösten (*H15*) XeF_4 hinzu, so ergibt sich folgende Übersicht:

Tabelle 11. *Zum Vergleich der Valenzkraftkonstanten der Xe–F-Bindung und Deformationskraftkonstanten der F–Xe–F-Bindungswinkel beim XeF_2 und XeF_4 mit anderen Verbindungen nach (S5)*

Substanz	k_r (mdyn/Å)	k_{rr} (mdyn/Å)	
		⊰90°	⊰180°
XeF_2	2,82		0,15
$[JCl_2]^-$	1,0		0,36
ClJ_3	2,89		0,23
SF_4	2,08	0,43	1,13
SF_6	4,99	0,30	0,54
XeF_4	3,02	0,12	0,04

Die UV-Absorption von gasförmigem XeF_4 wurde untersucht und im Zusammenhang mit den Bindungsverhältnissen diskutiert (*J4, J2*) (vgl. auch (*M11*)).

Das Absorptionsspektrum ist charakterisiert durch eine schwache Bande bei 2265 Å (geschätzter Extinktionskoeffizient ε = 440 1/Mol·cm²)[4], der zwei *starke* Banden bei 1840 Å (ε = $4,75 \times 10^3$ 1/Mol·cm²) bzw. bei 1325 Å (ε = $1,5 \times 10^4$ 1/Mol·cm²) zu kürzeren Wellenlängen folgen. Bezgl. der Einzelheiten sei auf die Literatur verwiesen.

---

[4] Nach anderen Angaben durch 2 schwache Banden bei 2280 Å (ε = 398 1/Mol/cm²) bzw. 2580 Å (ε = 160 1/Mol/cm²; vgl. (*M11*)).

R. Hoppe

Von diesen wird die schwache Bande bei 2265 Å dem an sich verbotenen Übergang $a_{2u} \to e_u^+$, der durch Kopplung mit den Normalschwingungen ν_{5a} und ν_{5b} der ebenen RX_4-Molekel (vgl. $(H\,22)$) induziert wird, zugeschrieben. Verwendet man die folgenden Orbitale:

$$\psi(e_u^+) \;=\; \begin{aligned} &Ap\sigma_x + a(p\sigma_{z1} - p\sigma_{z3}) + \alpha(p\pi_{y2} - p\pi_{x4}) \\ &Ap\sigma_y + a(p\sigma_{z2} - p\sigma_{z4}) + \alpha(p\pi_{x1} - p\pi_{y3}) \end{aligned}$$

$$\psi(a_u) \;=\; Bp\pi_z + \beta(p\pi_{y1} + p\pi_{x2} + p\pi_{x3} + p\pi_{x4})$$

$$\psi(b_{1g}) \;=\; \tfrac{1}{2}(p\sigma_{z1} - p\sigma_{z2} + p\sigma_{z3} - p\sigma_{z4})$$

$$\psi(a_{1g}) \;=\; \tfrac{1}{2}(p\sigma_{z1} + p\sigma_{z2} + p\sigma_{z3} + p\sigma_{z4}),$$

wobei das e_u^+-Orbital leer und der Grundzustand der Molekel ^1A_g ist, so erhält man befriedigende Übereinstimmung der Meßdaten mit der Theorie wenn die Bande bei 1850 Å ($h\nu = 6{,}8$ eV) dem Übergang $b_{1g} \to e_u^+$ und die Bande bei 1325 Å ($h\nu = 9{,}4$ eV) dem Übergang $a_{1g} \to e_u^+$ zugeordnet wird, die beide erlaubt sind[5]. Der Energieunterschied zwischen a_{1g} und b_{1g} wird den Wechselwirkungen zwischen den benachbarten F-Teilchen zugeschrieben. Bezüglich näherer Einzelheiten sei hier auf die Originalarbeit verwiesen ($J\,4$).

c) Weitere Eigenschaften von festem XeF₄. Auf die Raman- und lR-spektroskopischen Untersuchungen am festen XeF_4 wurde bereits auf S. 247 verwiesen. Erwartungsgemäß ist XeF_4 *diamagnetisch*, die Suszeptibilität ist von etwa gleicher Größe wie die des XeF_2 und liegt ebenfalls etwas niedriger, als man nach *Pascal* erwarten sollte ($B\,40$):

$$\chi_{Mol} \approx -69 \times 10^{-6} \qquad \text{nach } Pascal \text{ geschätzt } (B\,40);$$
$$\chi_{Mol} = -50 \times 10^{-6} \qquad \text{bei Zimmertemperatur } (S\,9);$$
$$= -(52 \pm 3) \times 10^{-6} \quad \text{zwischen } 77\,°K \text{ und } 293\,°K \ (M\,13),$$
$$\text{zitiert bei } (M\,11).$$

Sie entspricht dem von *Boudreaux* berechneten Wert (-53×10^{-6}) gut ($B\,40$).

Die Löslichkeit von XeF_4 in wasserfreiem HF ist wesentlich niedriger als die von XeF_2 und XeF_6. Die Tab. 12 zeigt die beträchtlichen Löslichkeitsunterschiede. Bezüglich der Leitfähigkeit schließt sich jedoch XeF_4 dem XeF_2 an, die Lösungen leiten in beiden Fällen praktisch nicht. Nur die Lösungen von XeF_6 in HF leiten beträchtlich. Offensichtlich bildet XeF_4 wie auch XeF_2 mit HF *keine* Komplexe, wie etwa $[XeF_3]^-$ oder $[XeF_6]^{2-}$.

3. Die Kristallchemie des XeF₄

Xenontetrafluorid kristallisiert monoklin-holoedrisch in farblosen Kristallen. Die Abmessungen der Elementarzelle wurden mehrfach bestimmt.

---

[5] In $(J\,4)$ teils 1850 Å, teils 1840 Å angegeben.

Tabelle 12.

Löslichkeit von Xenonfluoriden in wasserfreiem HF nach (H 15)

$t\,(^{\circ}C)$	$\dfrac{\text{Mole XeF}_2}{1000\text{ g HF}}$	$\dfrac{\text{Mole HF}}{\text{Mol XeF}_2}$	$t\,(^{\circ}C)$	$\dfrac{\text{Mole XeF}_4}{1000\text{ g HF}}$	$\dfrac{\text{Mole HF}}{\text{Mol XeF}_4}$	$t\,(^{\circ}C)$	$\dfrac{\text{Mole XeF}_6}{1000\text{ g HF}}$	$\dfrac{\text{Mole HF}}{\text{Mol XeF}_6}$
−2	6,38	7,84	20	0,18	278	15,8	3,16	15,8
12,25	7,82	6,39	27	0,26	192	21,7	6,06	8,25
29,95	9,88	5,06	40	0,44	114	28,5	11,2	4,46
			60	0,73	68	30,25	19,45	2,57!
Leitfähigkeit der Lösung	keine		keine			beträchtlich		

R. Hoppe

Tabelle 13. *Gitterkonstanten von XeF₄*

Konstante	nach (*I 1*)	nach (*S 6*)	nach (*T 3*)
a (in Å) =	5,03 ± 0,03	5,03	5,050
b (in Å) =	5,90 ± 0,03	5,92	5,922
c (in Å) =	5,75 ± 0,03	5,79	5,771
β =	100 ± 1°	99°27′	99,6 ± 0,1°
Abstand Xe–F = 1,92 ± 0,03			1,91 ± 0,02
< (F–Xe–F) = 94 ± 3°			90,4 ± 0,9°

Es liegt die Raumgruppe C_{2h}^5 vor, und die Gitterkonstanten beziehen sich auf die raumzentrierte Aufstellung $P2_1/n$ mit 2 Formeleinheiten pro Elementarzelle. Besetzt sind die folgenden Punktlagen: 2 Xe in 0, 0, 0 und $^1/_2$, $^1/_2$, $^1/_2$; 4 F_1 bzw. 4 F_2 jeweils in ± (x, y, z; ½ + x, ½ − y, ½ + z).

Die Tab. 14 gibt einen Überblick der von verschiedenen Autoren bzw. an verschiedener Stelle publizierten Ergebnisse der Strukturbestimmung. Am besten belegt dürfte die aus der Neutronenbeugungsuntersuchung folgende Bestimmung der Parameter (*B 19*) sein.

Die interatomaren Abstände sind in der Tab. 15 nach (*B 19*) angeführt, die Einzelwerte stimmen gut überein. Man erkennt folgendes:

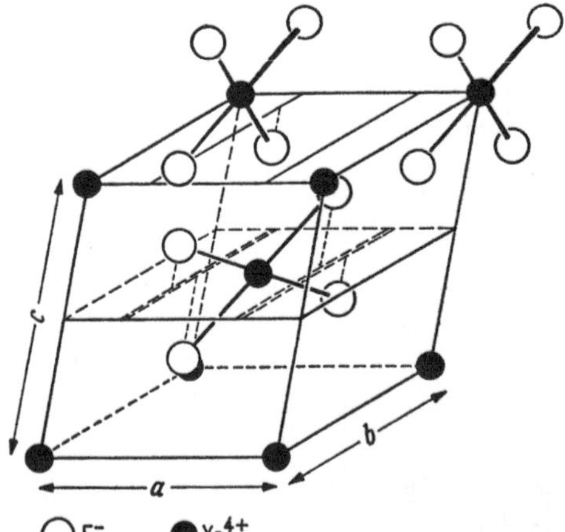

Abb. 15. Kristallstruktur von XeF₄. (Aus Gründen der Übersichtlichkeit wurde nur ein Teil der F-Atome gezeichnet)

XeF₄ bildet, vgl. Abb. 15, ein typisches Molekelgitter. Jedes Xe hat nur 4 nächste F-Nachbarn in der eigenen Molekel im Abstande Xe–F = 1,94 Å (dieser Abstand müßte noch bzgl. der thermischen Bewegung der Teilchen korrigiert werden). Es sind ferner 4 weitere F-Nachbarn (2× im Abstande 3,22 und 2× im Abstande 3,25 Å) vorhanden, die jedoch

Tabelle 14. *Zur Kristallstruktur von XeF$_4$; Parameter*

Parameter		(I 1)	(H 23)	(T 4) vgl. auch (T 5)	(B 19) vgl. auch (B 18)
F$_1$	x	0,225 ± 0,006	0,242 ± 0,004	0,229 ± 0,003	0,2356 ± 0,0002
	y	0,027 ± 0,011	0,033 ± 0,005	0,033 ± 0,002	0,0297 ± 0,0002
	z	0,306 ± 0,005	0,305 ± 0,004	0,297 ± 0,002	0,3002 ± 0,0001
F$_2$	x	0,242 ± 0,009	0,260 ± 0,004	0,260 ± 0,003	0,2643 ± 0,0002
	y	0,165 ± 0,007	0,144 ± 0,004	0,146 ± 0,002	0,1481 ± 0,0002
	z	−0,162 ± 0,007	−0,159 ± 0,004	−0,153 ± 0,002	−0,1536 ± 0,0002
R(Xe−F$_1$)		1,92 ± 0,03	1,96 ± 0,03	1,91 ± 0,02	1,939 ± 0,002
R(Xe−F$_2$)		1,92 ± 0,04	1,92 ± 0,02	1,91 ± 0,02	1,932 ± 0,002
Winkel (F$_1$−Xe−F$_2$)		94 ± 3°	90,8 ± 1,1°	90,4 ± 0,9°	90,0 ± 0,1°

wegen des stark vergrößerten Abstandes kaum noch als „Nachbarn" zu zählen sind. Diese große Diskrepanz des Abstandes der ersten und der „zweiten" Nachbarschaftssphäre ist für ein typisches Molekelgitter kennzeichnend. (Im SiF_4 betragen z. B. die entsprechenden Abstände Si–F = $1,54_6$ Å für die „ersten" und Si–F = $3,13_9$ Å für die „zweiten" Nachbarn.) Auch die F–F-Abstände sind von plausibler Größe. Hier sind die kürzesten Abstände naturgemäß innerhalb der Molekel zu finden, sie betragen 2,71 und 2,74 Å (im SiF_4: 2,525 Å); der Unterschied zum Abstand Si–F im SiF_4 ist wohl rein geometrisch bedingt und geht teils auf die unterschiedlichen Abstände Zentralatom–Ligand, teils auf den Unterschied zwischen planarer und tetraedrischer Molekel AB_4 zurück.

Jedes der F-Teilchen (ob F_1 oder F_2) hat ferner zwischen 3,0 und 3,26 Å 11 weitere F-Nachbarn, die zu benachbarten Molekeln gehören. Auch diese Abstände sind von der zu erwartenden Größe, vgl. z. B. beim XeF_2, S. 235.

Tabelle 15. *Interatomare Abstände (in Å) im XeF_4 nach (B 19)*

Xe–F$_1$	1,932 (2 ×)		F$_1$–F$_2$	2,736 (1 ×)
Xe–F$_2$	1,939 (2 ×)			2,738 (1 ×)
Xe–F$_2$	3,218 (2 ×)			2,986 (1 ×)
Xe–F$_1$	3,248 (2 ×)			3,044 (1 ×)
				3,096 (1 ×)
F$_1$–F$_1$	3,158 (2 ×)			3,209 (1 ×)
	3,236 (1 ×)			3,257 (1 ×)
F$_2$–F$_2$	3,025 (2 ×)			
	3,244 (1 ×)			

In folgender Hinsicht schließt sich XeF_4 in seiner Kristallstruktur dem an, was bereits beim XeF_2 festgestellt wurde und nach der allgemeinen Erfahrung zu erwarten ist:

In der Tab. 16 ist der Madelung-Faktor der XeF_4-Struktur angegeben und mit den Madelungfaktoren des SnF_4 nach (H 25), des $NbCl_4$ nach (Sch 4) und des SiF_4 nach (A 5) verglichen, die erst jetzt berechnet worden sind (H 18, Sch 3). Man erkennt, daß sich SiF_4 mit seiner typischen Molekelstruktur dem SnF_4 mit einer 2-dimensionalen Vernetzung (über gemeinsame Ecken der Koordinationspolyeder) und dem 1-dimensional vernetzten $NbCl_4$ (Verknüpfung über gemeinsame Kanten der Koordinationspolyeder) gut anschließt. XeF_4 entspricht sowohl in den einzelnen Potentialen der F-Bausteine im Felde aller anderen Teilchen (also bezüglich der P.M.F.) wie dann auch bezüglich des Madelungfaktors selbst dieser Reihe gut. Da die Bindung im XeF_4 stärker polar sein sollte als in der SiF_4-Molekel, ist gut zu verstehen, daß der Madelungfaktor (wie auch alle PMF-Werte einzeln) hier größer sind als dort. Es sei noch einmal betont, daß bei diesen vergleichenden Betrachtungen die der Oxydationsstufe entsprechende (also nicht die effektive) Ladung der Teilchen eingesetzt wurde.

In bester Übereinstimmung mit dem relativ großen Madelungfaktor steht auch die Sublimationsenthalpie des XeF_4, die wie die von XeF_2 auf den ersten Blick geradezu unerwartet hoch erscheint ($J3$): ΔH°_{Sub} (XeF_4) $= -15,3 \pm 0,2$ $kcal/Mol$. Es ist nun jedoch gut verständlich, warum die Sublimationsenthalpie des SiF_4 (mit $\Delta H^{\circ}_{Sub} SiF_4 = -6,5$ kcal/ Mol; vgl. Tab. 7) nur etwa die Hälfte hiervon ausmacht.

Tabelle 16. *Madelungfaktoren (M.F.) und Partielle Madelungfaktoren (P.M.F.) von AB_4-Typen nach (H18) sowie (Sch3). Es ist M.F. $= \Sigma i(P.M.F.)_i$*

	$[Xe^{[4]}F_4]$	$^2_\infty[Sn^{[6]}F_4]$	$^1_\infty[Nb^{[6]}Cl_4]$	$[Si^{[4]}F_4]$
P.M.F.(A^{4+})	9,4138	10,5153	8,9515	8,8262
P.M.F.$(F_I{}^-)$	0,8233	1,0364	1,1102	0,9157
P.M.F.$(F_{II}{}^-)$	0,8184	0,7480	1,0141	
P.M.F.$(F_{III}{}^-)$			0,7874	
M.F.	12,6972	14,0841	12,6505	12,4889

4. Thermodynamische Daten für XeF_4

Für die Bildungsenthalpie des Xenontetrafluorids werden die folgenden Werte angegeben:

$$\Delta H^{\circ}_{393}(XeF_4, gas) = -57,6 \; kcal/Mol \; (St3, M11)$$

$$\Delta H^{\circ}_{298}(XeF_4, gas) = -48 \; kcal/Mol \; (G17)$$

$$\Delta H^{\circ}_{423}(XeF_4, gas) = -53 \pm 3 \; kcal/Mol \; (S8)$$

$$\Delta H^{\circ}_{298,15}(XeF_4, gas) = -51,5 \; kcal/Mol \; (W6)$$

Dabei wurde einmal die Reaktionsenthalpie für

$$XeF_4(gas) + 2H_2(gas) = Xe(gas) + 4HF(gas)$$

bei 120 °C (*St3*) und zum anderen die Reaktionsenthalpie für die in wäßriger Lösung ablaufende Reduktion

$$XeF_4(fest) + 4J^- = Xe + J_2 + 4F^-$$

bestimmt und die Sublimationsenthalpie (nach (*J3*)) berücksichtigt (*G17*).

Der dritte Wert wurde aus den Auftritts-Potentialen der massen-spektroskopischen Untersuchungen, der vierte schließlich aus Gleichge-wichtsmessungen am System Xe/F_2 berechnet:

Auftritts-Potentiale beim XeF_4:

	(relative Häufigkeit)	nach (*S 8*)
$Xe_2F_5^+$	(—)	$13,8 \pm 0,2$ eV
XeF^+	(7)	$12,9 \pm 0,1$ eV
XeF_4^+	(100)	$13,1 \pm 0,1$ eV
XeF_3^+	(60)	$14,9 \pm 0,1$ eV
XeF_2^+	(67)	$13,3 \pm 0,1$ eV
Xe^+	(800)	$12,4 \pm 0,1$ eV

Die *spezifische Wärme* des festen XeF_4 wurde zwischen 10° und 300 °K gemessen. Die in Tab. 17 angegebenen Werte für die Molwärme des fe-sten XeF_4 (*J 5*) nähern sich dem für ein aus einer 5-atomigen Molekel aufgebauten Molekelgitter zu erwartenden Wert von 30 cal/Mol, ohne ihn jedoch bis zu 300 °K ganz erreicht zu haben. Man wird daher erwarten müssen, daß auch noch oberhalb 300 °K ein gewisser Anstieg der Mol-wärme eintritt.

Tabelle 17. *Molwärmen von XeF₄(fest) (J 5)*

T (°K)	(cal/Mol)
10	0,259
20	1,933
30	4,494
40	6,600
50	8,361
100	14,025
150	18,125
200	21,782
220	23,125
240	24,479
260	25,859
280	27,200
298,16	28,334
300	28,457

Die Messungen der kernmagnetischen Spin-Gitter-Relaxation von ^{19}F im festen XeF_4 (*W 19*) (zwischen 77° und 373 °K) an zwei Proben zeigen, daß zwischen 250 °K und dem Schmelzpunkt (373 °K) der Logarithmus der Spin-Gitter-Relaxationszeit T_1 linear von der reziproken Temperatur abhängig ist; die Aktivierungsenergie beträgt $12,0 \pm 1,5$ kcal/Mol. Es liegt also wohl nur eine einzige Art thermisch aktivierter Bwegung der einzelnen Molekeln vor.

Nimmt man an, daß es sich um eine Umorientierung der XeF_4-Molekeln handelt, so kann man die Korrelationszeit zu $\tau_c \approx 0{,}7 \times 10^{-5}$ sec abschätzen (bei 250 °K).

Auch andere Autoren folgern aus ihren Messungen der magnetischen Kernresonanz (zweites Moment der ^{19}F-Resonanz) am festen XeF_4 ($B38$), daß unterhalb 230 °K praktisch ein starres Gitter vorliegt, zwischen 230 °K und 285 °K dagegen Reorientierungen der Molekeln stattfinden. Für diese ist eine Relaxationszeit $\tau_c \approx 10^{-4}$ bis 10^{-5} sec zu erwarten. Die gute Übereinstimmung zu dem gefundenen Wert darf als Hinweis darauf gewertet werden, daß bei der Messung der magnetischen Kernresonanz und der Spin-Gitter-Relaxation der gleiche molekulare Bewegungsvorgang erfaßt wird. – Die Entropie des festen XeF_4 beträgt $S^{\circ}_{298,15} = 35{,}0$ cl ($J5$) bzw. 35,26 cl ($W6$), die Debye-temperatur $\theta = 122$ °K (noch etwas unsicher) ($M11$).

5. Chemisches Verhalten von XeF_4

XeF_4 ist in Abwesenheit von Wasser bzw. Feuchtigkeit beständig und kann unzersetzt in Nickel- oder Monel-Metall aufbewahrt werden. Man kann XeF_4-Proben ferner auch unzersetzt in ganz trockenen Glas- oder Quarz-gefäßen verwahren ($C4$), obwohl von anderer Seite eine Zersetzung be-obachtet wurde ($Sch2$).

Die Verbindung wirkt, etwa wie UF_6 ($C5$), stark fluorierend und reagiert daher mit geeigneten Reaktionspartnern z. T. heftig. So wird metallisches Platin unter Bildung von PtF_4 angegriffen, wobei elemen-tares Xenon entweicht ($C5$, $Sch2$). Heftig ist die Reaktion mit Tetra-hydrofuran, Dioxan, Äthanol. Schließlich reagiert XeF_4 auch mit kon-zentrierten Säuren wie HNO_3 und H_2SO_4 sowie mit Essigsäure ($Sch2$).

In Diäthyläther löst sich XeF_4 unter Gasentbindung zu einer stark oxydierend wirkenden Lösung ($E5$); nach einer anderen Angabe ($Sch2$) löst sich XeF_4 weder in Diäthyläther noch in CCl_4, CS_2, Cyclohexan etc. Hierbei wurde jedoch ein nicht analysiertes Präparat verwendet, diese Angaben sollten daher überprüft werden.

Die Reduktion von Xenontetrafluorid mit Wasserstoff gemäß

$$XeF_4 + 2H_2 = Xe + 4HF$$

beginnt erst ab 70 °C mit merklicher Reaktionsgeschwindigkeit, doch ist dann bei 130 °C in Kürze vollständige Umsetzung erreicht ($St3$).

Vergleicht man die Eigenschaften von XeF_2 und XeF_4 mit denen der korrespondierenden Jodfluoride JF (*D3*) und JF_3 (*Sch1*), so fällt auf, daß ein ganz entscheidender Unterschied zwischen den Xenon- und Jodverbindungen vorliegt: Während die Darstellung von reinem JF und JF_3 außerordentlich schwierig ist, da leicht Disproportionierung eintritt, z.B. nach

$$5\,JF \to J_2 + JF_5 \quad \text{bzw.} \quad 7\,JF \to 3\,J_2 + JF_7 \;(W\,11),$$

konnten sowohl XeF_2 als auch XeF_4 ohne Schwierigkeiten erhalten werden (Vgl. hierzu auch die Ausführungen im Abschnitt „Thermochemie der Edelgasverbindungen", S. 311ff.) Die Gründe für das unterschiedliche Verhalten von Jod- und Xenonfluoriden sind noch unklar.

Dagegen reagiert XeF_4 sowohl mit weiterem *Xenon* als auch mit überschüssigem Fluor unter geeigneten Bedingungen:

Bei 400 °C bildet sich aus XeF_4/Xe-Mischungen XeF_2 (*C4*), bei 300 °C und großem Überschuß an F_2 wurde die Bildung von XeF_6 beobachtet (*W6*). XeF_6 soll sich ferner auch (neben kleineren Mengen nicht identifizierter Nebenprodukte) bilden, wenn O_2F_2 (zwischen 140° und 195 °K) auf XeF_4 einwirkt (*St4*). SF_4 wirkt dagegen reduzierend auf XeF_4 ein; es bildet sich SF_6 und elementares Xe; jedoch verläuft die Reaktion langsam und war unter den gewählten Reaktionsbedingungen ($XeF_4:SF_4 = 1:1$; 23 °C, Anfangsdruck 360 mm Hg) auch nach einem Tag nur zu etwa 20 % abgelaufen.

XeF_4 reagiert weder mit BF_3 (bis 200 °C untersucht) noch mit NaF oder KF (*E3*); ältere Angaben über ein farbiges Reaktionsprodukt im System XeF_4/BF_3 (*Sch2*) beziehen sich offenbar auf Verunreinigungen; vgl. hierzu (*M11*). Bezüglich der Additionsverbindungen, die sich bei der Einwirkung von XeF_4 auf SbF_5 bzw. TaF_5 (*E3*) bilden, vgl. S. 272.

Von allen Reaktionen des Xenontetrafluorids ist diejenige mit Wasser, die zur Hydrolyse führt, bisher wohl am ausführlichsten untersucht worden. Die Zersetzung des Xenontetrafluorids bei der Reaktion mit Wasser oder verdünnter Säure bzw. Lauge verläuft kompliziert. Angegeben werden (vgl. hierzu auch S. 287) Gleichungen wie etwa (*M12*):

$$6\,XeF_4 + 12\,H_2O = 2\,XeO_3 + 4\,Xe + 3\,O_2 + 24\,HF,$$

es findet offenkundig also nicht nur eine hydrolytische Umsetzung statt, die der wohlbekannten Disproportionierung von J(III) zu J_2 und J(V) (in nicht zu stark salzsaurer Lösung (*G8*)) erwartungsgemäß entspricht: Zusätzlich tritt auch noch partielle Reduktion ein.

Bei der Einwirkung von γ-Strahlung (420 MegaR) auf XeF_4 findet bei 45 °C (*M9*) teilweise Zersetzung in die Elemente statt.

Schließlich sind weitere Angaben ($I2$) über die Einwirkung von XeF_4 auf organische Verbindungen gemacht worden. So soll mit Essigsäureanhydrid unter starker Gasentbindung ein farbloses Reaktionsprodukt entstehen, das Bernsteinsäure- und Glutaminsäureanhydrid enthält. Die gleichen Autoren beschreiben ferner, daß sich XeF_4 in $(CF_3CO)_2O$ ohne weitere Reaktion auflöst. Die Lösung soll nach Umsetzen mit CF_3COOH beim Abdestillieren des Lösungsmittels einen gelben, unbeständigen Rückstand geben. Aus den massenspektroskopisch beobachteten Bruchstücken $XeFCO_4^+$, $XeFCO^+$ und $XeCO^+$ und in Analogie zu entsprechenden massenspektroskopischen Untersuchungen am $Si(CF_3COO)_4$ bzw. $J(CF_3COO)_3$ wird geschlossen, daß es sich bei diesem um $Xe(CF_3COO)_4$ handeln könnte. Da die Verfasser ($I2$), wie bereits weiter oben vermerkt, keine Analyse des von ihnen dargestellten XeF_4 angeben, sollten diese Angaben mit analysiertem XeF_4 überprüft werden.

VI. Xenonhexafluorid, XeF_6

Es ist schwer anzugeben, wer zuerst XeF_6 erhalten hat. Innerhalb von 2 Monaten wurde seine Bildung, offenbar unabhängig voneinander, in Argonne (USA) ($M14$), Dearborn (Mich., USA) ($W13$), in Ljubljana ($S11$) und in Seattle (Wash., USA) ($D5$) beobachtet.

1. Darstellung von XeF_6

Bei der Darstellung aus den Elementen bei höherer Temperatur und erhöhtem Druck wurden Druckgefäße aus Nickel oder Monel-Metall verwendet. So erhielt man z.B. durch Erhitzen der Mischungen von Fluor und Xenon mit dem Verhältnis $F_2:Xe \approx 21:1$ bis $20:1$ (Ni-Gefäß, berechneter Anfangsdruck p = 60 atm bei 300 °C) recht reines XeF_6, das nach dem Abkühlen des Gefäßes (bis auf schließlich —78 °C) und Abpumpen des überschüssigen Fluors bei —8 °C umsublimiert wurde. Die Ausbeute an XeF_6 betrug hier, auf Xenon bezogen, mehr als 90 % ($M14$).

Die jugoslawischen Autoren erhitzten fluorärmere Mischungen ($F_2:Xe = 10:1$) auf höhere Temperaturen (700 °C) und unter höherem Druck (200 atm); auch sie erhielten XeF_6 (auf Xenon bezogen) in fast vollständiger Ausbeute als erste Fraktion bei der nach dem Abkühlen auf —78 °C zur Reinigung anschließenden Sublimation der Reaktionsprodukte ($S11$).

Sie haben auch die Temperaturabhängigkeit der Druckkurve verfolgt, wobei F_2/Xe-Mischungen in einem vorfluorierten Ni-Gefäß bis auf 450 °C erhitzt wurden. Ferner erhitzte man zur Darstellung von XeF_6 die Mischungen (mit $F_2:Xe = 4:1$ bis $20:1$) in vorfluorierten, verschlossenen

Ni-Zylindern (230 °C, 1—10 Tage, p_{ber} = 25—500 atm, je nach Ansatz). Überschüssiges F_2 wurde anschließend bei —78 °C abgepumpt ($D5$).

Nach *Weinstock* wurde wieder anders verfahren: Mischungen mit F_2:Xe = 40:1 bis 6:1 wurden in einem Gefäß aus rostfreiem Stahl, dessen Wände auf —78 °C oder auf +80 °C gehalten wurden, mit Hilfe eines innen befindlichen Ni-Netzes elektrisch erhitzt. Neben XeF_2, XeF_4 und einem nicht identifizierten Xenonfluorid beträchtlicher Flüchtigkeit (?!) erhielt man XeF_6, das sich bei mehrfacher Reinigung durch wiederholte Destillation bzw. Sublimation als Fraktion größter Flüchtigkeit anreicherte ($W13$).

Ferner wurde, was ganz erstaunlich erscheint, die Bildung von XeF_6 auch bei der Einwirkung elektrischer Funkenentladungen auf Xenon-Fluor-Mischungen mit dem Verhältnis F_2:Xe = 3:1 gefunden [Gesamtdruck maximal 16 mm Hg (!), t = —78 °C, 1500—2000 V, 25—30 mA] mit einem Umsatz von 16 ml Gasmischung (NTP) pro Stunde! Da sich nach den gleichen Autoren unter praktisch gleichen äußeren Bedingungen aus der Mischung Xe + $2F_2$ in fast vollständiger Ausbeute XeF_4 bildet, ist diese weitgehende Bildung von XeF_6 ($St4$) zumindest unerwartet. Schließlich wurde die Bildung von XeF_6 auch bei der Reaktion zwischen XeF_4 und O_2F_2 (zwischen 140 und 195 °K) beobachtet ($St4$).

Zur Darstellung möglichst reiner XeF_6-Proben wird man flüchtige Verunreinigungen (wie SiF_4, BF_3 oder auch noch HF) bei —78 °C im Vakuum abpumpen. Die Abtrennung von XeF_4 (und auch die vollständige Befreiung von XeF_2), die beide je nach der Art der Darstellung ja doch in gewissem (freilich schwankendem) Ausmaße vorhanden sein werden, ist dagegen schwierig. Besonders hinzuweisen ist in diesem Zusammenhang darauf, daß XeF_6 im Gegensatz zu XeF_2 und XeF_4 leicht mit Glas unter Bildung von $XeOF_4$ etc. reagiert.

Am günstigsten erscheint es daher, zur Darstellung von reinem Xenonhexafluorid die Tatsache auszunutzen, daß XeF_6 im Gegensatz zu XeF_4 und XeF_2 mit manchen Alkalimetallfluoriden (vgl. S. 273) Doppelfluoride bildet. Kürzlich wurde die Herstellung reiner XeF_6-Proben ($S12$) beschrieben, die durch vorsichtigen thermischen Abbau der Verbindung von NaF mit XeF_6 erhalten wurden. IR-Spektroskopisch konnte in diesen Präparaten weder HF noch XeF_2, XeF_4 bzw. $XeOF_4$ nachgewiesen werden. Der Schmelzpunkt dieser Proben (47,7 ± 0,2 °C) lag deutlich höher als der zuvor ($M14$) angegebene Schmelzpunkt (46 °C).

2. Physikalische Eigenschaften von XeF_6

Xenonhexafluorid bildet unter Normalbedingungen farblose Kristalle noch unbekannter Symmetrie. Beim Erwärmen tritt bemerkenswerterweise kurz unterhalb des Schmelzpunktes von 48 °C ($S12$, $M14$), und zwar bei 42°C (*M14*) bis 43,5°C (*S12*) eine Gelbfärbung ein, die beim Abkühlen bzw. beim Erstarren dann wieder verschwindet. — Es sind bereits einige Werte des Gleichgewichtsdampfdruckes über festem XeF_6 bestimmt worden, aus denen man den Siedepunkt zu etwa 90°C abschätzen kann.

Tabelle 18. *Dampfdruck von XeF_6 nach (W6) und (S4)*

t (°C)	p (mm Hg)
0	3 (*S4*)
0,04	2,70 (*W6*)
9,78	7,11 (*W6*)
18,10	15,10 (*W6*)
20	20 (*S4*)
22,67	23,43 (*W6*)

Die Schwierigkeiten, die einer ausführlichen Diskussion von Schmelz- und Siedepunkten anorganischer Verbindungen im allgemeinen entgegenstehen, sind wohlbekannt. Da von den bislang mit Sicherheit bekannten binären Fluoriden des Xenons weder XeF_2 noch XeF_4 zu den sogenannten „umhüllten" Verbindungen zu rechnen sind und auch XeF_6, das sich ja dem JF_5 in etwa anschließen sollte, sicher kein typischer Vertreter der „umhüllten" Verbindungen ist, fällt es schwer, die Schmelz- und Siede- bzw. Sublimationstemperaturen dieser drei Fluoride einzuordnen.

Der Verfasser hat beispielsweise den Siedepunkt des XeF_4 1949 zu 35°C, 1962 (unmittelbar vor der Darstellung des XeF_2) zu etwa 90°C abgeschätzt. Der Gleichgewichtsdruck über festem XeF_4 dürfte p = 760 mm Hg bei 100 bis 120°C erreichen.

Immerhin läßt die Tab. 19, in der die bis jetzt bekannten Siede- bzw. Sublimationstemperaturen der binären Fluoride der IV. bis VIII. Hauptgruppe des Periodensystems zusammengestellt sind, folgendes erkennen:

CF_4, PF_5, auch noch AsF_5, ferner SF_6, SeF_6 und TeF_6 sowie JF_7 gehören zu den „umhüllten" Verbindungen: Hier ist die Siede- bzw. Sublimationstemperatur proportional der Anzahl n der F-Teilchen pro Molekel AB_n. Diese Temperatur kann nach der empirischen Beziehung $T_S = n \times \Sigma$ (°K) berechnet werden, wobei Σ praktisch konstant ist (und hier zu $\Sigma = 39°$ angenommen wurde), vgl. Tab. 19.

Für die anderen Fluoride treten oft merkliche Abweichungen zwischen so berechneten und den beobachteten Werten für T_S auf; durchweg liegt der beobachtete höher als der berechnete Wert. Das ist verständlich, denn bei den „nicht-umhüllten" Verbindungen treten zu den normalen Dispersionskräften zwischen den F-Teilchen benachbarter

R. Hoppe

Tabelle 19. *Siedepunkte binärer Fluoride der IV.–VIII. Hauptgruppe (°K)*

CF_4 145	NF_3 144	OF_2 128	F_2 85	
SiF_4 178	PF_3 172 PF_5 189	SF_2 (?) SF_4 233 SF_6 210	ClF 173 ClF_3 171 ClF_5 260[1] ClF_7 –	
GeF_4 236	AsF_3 336 AsF_5 221	SeF_2 – SeF_4 366 SeF_6 227	BrF ? BrF_3 405 BrF_5 314 BrF_7 –	
SnF_4 978	SbF_3 649 SbF_5 422	TeF_2 – TeF_4 ? TeF_6 235	JF ? JF_3 ? JF_5 371 JF_7 277	XeF_2 ~400 XeF_4 ~380 XeF_6 ≈ 360

[1] *Plurien, P., R. Bougon* u. *J. Chatelet,* (1965) nach freundlicher brieflicher Mitteilung.

Molekeln noch andere Wechselwirkungen intermolekularer Art auf, (z. B.
die durch die Anwesenheit endlicher Dipolmomente bedingten Zusatzkräfte), wodurch T_S erhöht wird. Die Tab. 19 läßt aber auch erkennen,
daß — insbesondere wegen der noch immer fehlenden Kenntnisse beim
SF_2, BrF, SeF_2, TeF_4 (!), JF und JF_3 — eine auch noch so gewagte Extrapolation der T_S-Werte für XeF_2 und XeF_4, ja selbst für XeF_6, kaum möglich ist. Im ganzen hat man freilich schon den Eindruck, daß sich nach
Tab. 19 XeF_2, XeF_4 und XeF_6 plausibel in die Abfolge der T_S-Daten
einordnen.

Die Sublimationsenthalpie des XeF_6 (aus den Dampfdruckmessungen
berechnet) beträgt $\Delta H\,°_{Subl} = -15{,}3$ kcal/Mol. Vergleicht man diesen Wert
mit den Sublimations- bzw. Verdampfungsenthalpien von BrF_5 (—7,4
kcal/Mol), von JF_5 (—10,1 kcal/Mol) und JF_7 (—7,4 kcal/Mol), so sollte
man eher einen etwas niedrigeren Wert erwarten.

a) Eigenschaften der Molekel XeF_6. Über die Struktur der Gasmolekel
XeF_6 (wie auch über die Kristallstruktur des festen XeF_6) ist bezeichnenderweise noch nichts bekannt. Das noch nicht gedeutete IR-Spektrum
des gasförmigen XeF_6 weist 4 charakteristische Schwingungsbanden auf,
vgl. die folgenden Angaben. Die XeF_6-Molekel bildet also sicher kein
reguläres Oktaeder.

IR-Spektrum von XeF_6 nach (S5)

520 cm^{-1}:	m	1100 cm^{-1}:	schw
612 ,,	st	1230 ,,	schw

Im UV-Absorptionsspektrum des Xenonhexafluorids wird bei 3300 Å
$(\Delta\lambda = 580$ Å)[6] eine deutliche Bande und bei Wellenlängen unterhalb
2750 Å sehr starke Absorption beobachtet (*M14*).

---

[6] $\Delta\lambda$: Halbwertsbreite.

b) Weitere Eigenschaften des festen XeF_6. Wie bereits in der Tab. 12 angegeben, löst sich XeF_6 in wasserfreier Flußsäure bemerkenswert gut auf; bei etwa 30 °C entfallen auf jede gelöste XeF_6-Molekel nur etwa 2 HF-Teilchen! So enorme Löslichkeiten werden im allgemeinen nur dann beobachtet, wenn entweder Lösungsmittel und Gelöstes im ganzen sehr ähnlich sind, was hier wohl nicht zutrifft, oder wenn starke Wechselwirkungen zwischen beiden auftreten. In der Tat zeigen die Lösungen des XeF_6 in HF, wie in Abb. 16 (aus den Werten von ($H15$)) graphisch dargestellt, eine beträchtliche Leitfähigkeit, die auf eine erhebliche Dissoziation hinweist. Solche Lösungen sehen übrigens wie flüssiges XeF_6 gelb aus und werden beim Abkühlen farblos.

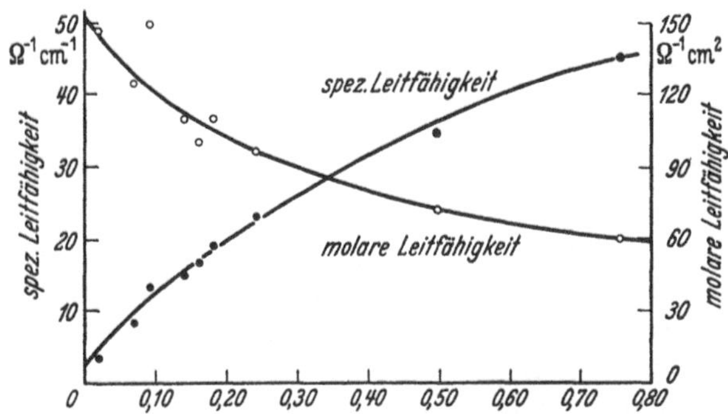

Abb. 16. Spezifische (Ω^{-1} cm^{-1}) und molare (Ω^{-1} cm^2) Leitfähigkeit von XeF_6-Lösungen HF (nach ($H15$))

Auch das Kernresonanzspektrum und das Elektronen-Spin-Resonanz-Spektrum dieser XeF_6/HF-Lösungen weisen Anomalien ($B20$) auf, die eindeutig zeigen, daß neben XeF_6 und HF eine dritte, paramagnetische Spezies anwesend ist. Da das Vorliegen paramagnetischer Verunreinigungen von den Autoren weitgehend ausgeschlossen wird, macht man einen tiefliegenden Triplettzustand des XeF_6 (oder eines seiner Dissoziations- bzw. Reaktionsprodukte?) hierfür verantwortlich.

Im Ramanspektrum des festen Xenonhexafluorids sind 3 Linien beobachtet worden: 655 cm^{-1} (I_{rel}: 10), 635 cm^{-1} (I_{rel}: 8), 582 cm^{-1} (I_{rel}: 4), die alle in jener Region liegen, wo die Valenzschwingungen Xe—F zu erwarten sind ($S5$). Die bei niedrigeren Frequenzen zu erwartenden, den Knickschwingungen entsprechenden Banden sind bislang noch nicht beobachtet worden. Aus der Tatsache, daß das Ramanspektrum eines oktaedrisch gebauten XeF_6 nur zwei erlaubte Ramanlinien aufweisen müßte, darf man wie aus dem IR-Spektrum recht sicher schließen, daß XeF_6 nicht oktaedrisch gebaut ist, auch wenn über die Anordnung der Teilchen in der Molekel noch keine näheren Informationen

R. Hoppe

vorliegen. Nach den vorliegenden Informationen ist für XeF_6 als höchste Symmetrie D_{4h} zulässig (*S5*).

Bezüglich der *Bildungswärme* von XeF_6,

$$H^\circ_{393}(XeF_6, gas) = -78{,}7 \; kcal/Mol \; (St3),$$

$$H^\circ_{298{,}5}(XeF_6, gas) = -70{,}5 \; bis \; -71{,}2 \; kcal/Mol \; (W6),$$

die aus der Reaktionsenthalpie der direkten Reduktion (*St3*)

$$XeF_6(gas) + 3\,H_2(gas) = Xe(gas) + 6\,HF(gas)$$

bzw. aus Gleichgewichtsuntersuchungen am System Xe/F_2 (*W6*) bestimmt wurde, vgl. S. 322.

Über die Kristallstruktur des XeF_6 ist noch nichts bekannt.

3. Chemisches Verhalten von XeF_6

Xenonhexafluorid ist unter Normalbedingungen eine an sich beständige, gegen den Zerfall in die Komponenten oder XeF_4 (bzw. XeF_2) und F_2 auch thermodynamisch stabile Verbindung. Sie kann unzersetzt in Ni-Gefäßen aufbewahrt werden, wenn Wasser, Feuchtigkeit oder andere zur Reaktion führende „fluorierbare" Stoffe abwesend sind. Mit anderen Fluoriden wie BF_3 und AsF_5 werden Additionsverbindungen (vom Typ 1:1) gebildet, vgl. hierzu S. 275. In ähnlicher Weise reagiert XeF_6 auch mit den Alkalifluoriden unter Bildung von Verbindungen des Typs $MXeF_7$ und M_2XeF_8 (*S14*), vgl. hierzu S. 273 ff.

Beim Erhitzen reagiert XeF_6 (ab 50 °C) sowohl mit Quarz wie z.B. auch mit Calciumoxid unter Bildung von sauerstoffhaltigen Verbindungen; es bildet sich zunächst $XeOF_4$. Dies erkennt man daran, daß die ursprünglich gelbe Flüssigkeit farblos wird. Längeres Erhitzen führt zur Bildung von explosivem XeO_3: (*C10*), vgl. auch (*S4*).

Die *Hydrolyse* mit *geringen* (am besten für die „richtige" Umsetzung berechneten) Wassermengen führt ebenfalls zunächst zum $XeOF_4$, mit größeren Wassermengen entsteht das zersetzliche XeO_3. Führt man jedoch die Hydrolyse schonend bei niedriger Temperatur und in Gegenwart eines großen Überschusses an H_2O aus, so bleibt Xenon praktisch quantitativ in Lösung, vgl. auch S. 275.

Mit Wasserstoff tritt beim Erwärmen quantitativ Reduktion zu Xenon und Fluorwasserstoff ein, mit Quecksilber bildet sich HgF_2 (bzw. Hg_2F_2), wobei wiederum quantitativ Xenon entbunden wird, was man für analytische Bestimmungen benutzt hat (*W13*).

VII. Über das Doppelfluorid $XeF_2 \cdot XeF_4$

Bei einigen der ersten Darstellungen von XeF_4 war eine Kristallart beobachtet worden, die anscheinend weder dem XeF_2 noch dem XeF_6 zu-
zuschreiben war. Da sich diese auch aus der Gasphase von (wie man ursprünglich glaubte: reinem) XeF_4 bildete, wurde zunächst angenommen,
daß hier eine zweite Form des Xenontetrafluorids vorliegt. Auffällig war
jedoch, daß die Dichte dieser „XeF_4-Form" etwa 10 % höher als die des
analysierten „normalen" XeF_4 sein sollte. Wegen der geringen Substanz-
mengen waren (und sind bis heute!) keine Analysen angegeben worden (*S6, B21, B36, C5*). Man nimmt heute an, daß hier eine Doppelverbindung zwischen XeF_2 und XeF_4 vorliegt (*B22*), und hat unter
dieser — bis jetzt analytisch nicht bewiesenen — Annahme die Kristallstruktur aufgeklärt (*B22, B36*). (Über angekündigte Versuche, $XeF_2 \cdot$
XeF_4 durch direkte Synthese aus den Komponenten darzustellen, ist
noch nicht weiter berichtet worden.)

$XeF_2 \cdot XeF_4$ kristallisiert danach monoklin (Abb. 17):

a = 6,64 ± 0,01 Å	β = 92°40′ ± 5′
b = 7,33 ± 0,01 Å	Raumgruppe $C_{2h}^5 - P2_1/c$
c = 6,40 ± 0,01 Å	Z = 2 Formeleinheiten $XeF_2 \cdot XeF_4$/Zelle

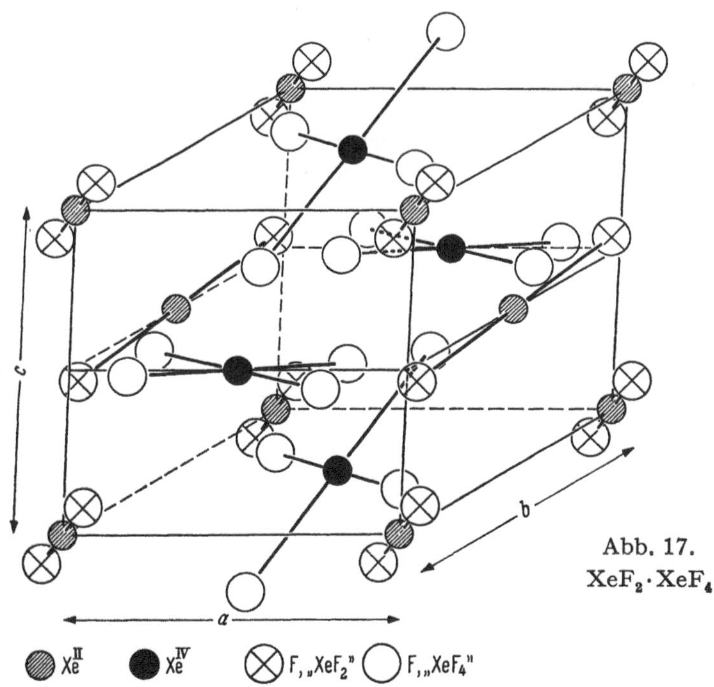

Abb. 17.
$XeF_2 \cdot XeF_4$

R. Hoppe

In dieser Aufstellung sind folgende Punktlagen besetzt:

$2\,Xe^{II}$ in 2(a): 0,0,0; 0, ½, ½;

$2\,Xe^{IV}$ in 2(d): ½, ½, 0; ½, 0, ½

$4\,F_I$, $4\,F_{II}$, $4\,F_{III}$ je in 4(e): $\pm\,\{x, y, z;\ x, \frac{1}{4} - y, \frac{1}{4} + z\}$

mit den folgenden Werten der F-Parameter (vgl. (B36)):

Teilchenart	x =	y =	z =
F_I	0,1681	−0,1875	0,1524
F_{II}	0,5053	0,0783	0,2114
F_{III}	0,2400	0,1087	0,5163

Die Abstände zwischen nächstbenachbarten Xe- und F-Teilchen entsprechen den betreffenden Abständen im XeF_2 bzw. im XeF_4 gut:

Vergleich der Teilchenabstände im XeF_2, $XeF_2 \cdot XeF_4$, und XeF_4 nach (B22), korrigiert auf thermische Bewegung der F-Teilchen

Abstand	im XeF_2	im $XeF_2 \cdot XeF_4$	im XeF_4	im $XeF_2 \cdot XeF_4$
Xe–F	2,00 Å (2×)	2,01 Å (2×)	1,95 Å (4×)	1,94 Å (2×) 1,96₅ Å (2×)

Es sind ferner die kürzesten Xe–F-Abstände im $XeF_2 \cdot XeF_4$ zwischen verschiedenen Molekeln (3,28 bzw. 3,38 bzw. 3,35 Å (2×) bzw. 3,37 bzw. 3,42 Å) von etwa gleicher Größe wie im XeF_2 (3,41 Å) und im XeF_4 [3,22 bzw. 3,25 Å]. Die kürzesten F–F-Abstände zwischen benachbarten Molekeln sind freilich im Doppelfluorid ein wenig kürzer [2,87 Å] als im XeF_4 bzw. XeF_2, aber immer noch von plausibler Größe.

Auch bezüglich des neu berechneten Madelungfaktors (H18) ist der Strukturvorschlag für $XeF_2 \cdot XeF_4$ sehr befriedigend. Man wird auch in der Additionsverbindung eine gewisse Polarität, wie in den binären Fluoriden, annehmen können. Ferner dürften die effektiven Ladungen von Xe^{II} im XeF_2 und im $XeF_2 \cdot XeF_4$ einerseits, sowie die von Xe^{IV} im XeF_4 bzw. im $XeF_2 \cdot XeF_4$ andererseits, praktisch jeweils von gleicher Größe sein. Es ist daher hier der Vergleich der unter der Annahme reiner Ionenbindung berechneten Madelungfaktoren sinnvoll. Dieser sollte u. U. auch verstehen lassen, warum die Additionsverbindung überhaupt entsteht.

Die in Tab. 20 zusammengestellten Werte für den Madelungfaktor von XeF_2, XeF_4 und $XeF_2 \cdot XeF_4$, besser aber noch die den einzelnen Teilchen zukommenden, auf vergleichbare Abstände bezogenen Werte

Tabelle 20.

Vergleich der Madelungfaktoren (M. F.) und der P.M.F-Werte bei $XeF_2 \cdot XeF_4$, XeF_2, XeF_4 und SiF_4 nach (H18)

	$XeF_2 \cdot XeF_4$	XeF_2	„XeF_2" im $XeF_2 \cdot XeF_4$	XeF_4	„XeF_4" im $XeF_2 \cdot XeF_4$	SiF_4
Bezugsentfernung Xe−F ..	1,909 Å	1,983 Å	1,995 Å	1,932 Å	1,909 Å	Si−F = 1,55 Å
P.M.F.(Xe^{2+})............	2,49848	2,4494	2,61051			P.M.F.(Si^{4+})
P.M.F.(Xe^{4+})	9,03938			9,4138	9,03938	8,8262
P.M.F.(F_I^-)............	0,60535	0,6749	0,63250			P.M.F.(F^-)
P.M.F.(F_{II}^-)	0,86372			0,8233	0,86372	0,9157
P.M.F.(F_{III}^-)............	0,86209			0,8184		
M.F.	16,200	3,7992	3,87550	12,6974	12,4910	12,4889

für die potentielle Energie im Felde aller Teilchen (P.M.F.) lassen folgendes erkennen:

1. Für die potentielle Energie der Xe^{2+}-Teilchen im $XeF_2 \cdot XeF_4$ ist der Zahlenwert der Größe P.M.F. (Xe^{2+}) charakteristisch. Bezieht man hierbei auf den kürzesten, im $XeF_2 \cdot XeF_4$ überhaupt auftretenden Abstand Xe—F, so gibt der Zahlenwert des so gerechneten P.M.F. direkt den Beitrag des Xe^{2+} zum Madelungfaktor der $XeF_2 \cdot XeF_4$-Struktur. (Dabei ist für die vorliegende Betrachtung, wie noch einmal betont werden soll, gleichgültig, ob hier auch die tatsächlichen Ladungsverhältnisse der einzelnen Bausteine der Struktur dem für die Berechnung des Madelungfaktors vorausgesetzten Idealbild einer aus punktförmigen Ionen aufgebauten Struktur entsprechen.)

Um jedoch mit dem XeF_2 selbst vergleichen zu können, erscheint es zweckmäßiger, den P.M.F. (Xe^{2+}) entweder auf den Abstand Xe—F im XeF_2 (1,983 Å) (man erhält dann P.M.F. (Xe^{2+}) = 2,595) oder auf den Abstand Xe^{2+}—F^- im $XeF_2 \cdot XeF_4$ zu beziehen (man erhält dann P.M.F. (Xe^{2+}) = 2,6105). Beide Werte liegen über dem im XeF_2 (auf Xe—F = 1,983 Å als Einheitsentfernung bezogenen) vorliegenden Wert: P.M.F. (Xe^{II}/XeF_2) = 2,449. Man kann also sagen: Für die Xe^{2+}-Teilchen der XeF_2-Komponente der $XeF_2 \cdot XeF_4$-Struktur ist der Eintritt in die Additionsverbindung, was den Madelunganteil der Gitterenergie betrifft, günstig.

Dagegen ist für die beiden F^--Teilchen der XeF_2-Komponente des $XeF_2 \cdot XeF_4$ der Übergang vom freien XeF_2 zur Additionsverbindung etwas ungünstiger:

2. Die beiden F^--Teilchen der XeF_2-Komponente der Struktur $XeF_2 \cdot XeF_4$ sind kristallgeometrisch äquivalent, der P.M.F.-Wert beider Teilchen ist also gleich, unabhängig von der als Einheitsentfernung gewählten Bezugsgröße. Bezieht man auf den Abstand Xe—F = 1,983 (im XeF_2), so erhält man P.M.F. ($F^-/XeF_2 \cdot XeF_4$) = 0,629; bezieht man dagegen auf den Abstand Xe^{II}—F = 2,00 Å (im $XeF_2 \cdot XeF_4$), so erhält man P.M.F. (F^-) = 0,634. Im XeF_2 ist P.M.F. (Xe^{II}/XeF_2) = 0,675.

Insgesamt gesehen gewinnt XeF_2 beim Einbau zum $XeF_2 \cdot XeF_4$ jedoch etwas am Madelunganteil der Gitterenergie. Für die hypothetische Ladungsverteilung gemäß $Xe^{2+} (F^-)_2$ ist der Madelunganteil der Gitterenergie des XeF_2 (636 kcal/Mol) etwas kleiner als der Madelunganteil der Gitterenergie der XeF_2-Komponente des $XeF_2 \cdot XeF_4$ (645 kcal/Mol). Da die effektive Ladung von Xe^{II} im XeF_2 wie im $XeF_2 \cdot XeF_4$ sicher kleiner als 2+ ist, dürfte der Unterschied beider Größen etwas kleiner sein (und etwa 3—4 kcal/Mol $XeF_2 \cdot XeF_4$ betragen)*. Vom XeF_2 her gesehen ist die

---

* Man sollte diese kleinen Energiedifferenzen nicht ganz ernst nehmen. Was an der Modellrechnung vielmehr befriedigt, ist die Richtung, der Gang der berechneten Werte.

Bildung von $XeF_2 \cdot XeF_4$ jedenfalls „verständlich", wenn man annimmt, daß die van der Waalsschen Wechselwirkungen zwischen benachbarten Molekeln in der Additionsverbindung von praktisch gleicher Größe wie in den Komponenten XeF_2 und XeF_4 sind.

Ähnlich steht es mit dem Madelunganteil der Gitterenergie bei der Verbindung XeF_4 und der XeF_4-Komponente des Doppelfluorides $XeF_2 \cdot XeF_4$. Der in Tab. 20 angegebene M.F. der XeF_4-Komponente der Additionsverbindung (12,4910) ist freilich, will man mit der Verbindung XeF_4 vergleichen, auf den Abstand Xe—F des freien XeF_4 zu beziehen. Man erhält dann einen höheren Wert des M.F. (12,682), der nur geringfügig unter dem der Verbindung XeF_4 liegt. — Man muß aber bei solchen Überlegungen gesunde Kritik walten lassen. Es genügt hier festzustellen, daß die Bildung des Doppelfluorides auch vom Madelunganteil der Gitterenergie her verständlich erscheint.

VIII. Zur Existenz weiterer binärer Xenonfluoride

Die Existenz der Verbindungen XeF_2, XeF_4 und XeF_6 ist gesichert; die Methoden der Darstellung sowie die wichtigsten Eigenschaften dieser Stoffe sind bekannt. Anders steht es dagegen mit einigen anderen Xenonfluoriden, deren Existenz gelegentlich vermutet oder diskutiert wurde. Die entsprechenden Angaben seien hier kurz zusammengestellt und referiert:

1. Xenonoktafluorid, XeF_8

Die jugoslawische Arbeitsgruppe in Ljubljana hat über die Darstellung von XeF_8 berichtet (*S 15*): Man hatte beobachtet, daß — im Gegensatz zu den XeF_6-Präparaten anderer Arbeitsgruppen — eigene XeF_6-Proben bei der Analyse Verhältnisse F:Xe $>6:1$ (nämlich bis 6,4:1!) ergaben. Es wurde daher der Temperatur/Druck-Verlauf von Mischungen mit dem Verhältnis F_2:Xe = 10:1 (zwischen 20 und 620 °C) bei einem Anfangsdruck von 82 atm messend verfolgt. Die Autoren geben an, daß aus der Druckabnahme auf die Bindung von etwa 6,5 F/Xe im Fluorierungsprodukt geschlossen werden kann. Sie erhielten ferner bei entsprechenden Versuchen bei tiefer Temperatur (T $\approx$ 77 °K) nach dem Abdestillieren des überschüssigen Fluors in der Vorlage ein gelbes Produkt, dessen Dampfdruck wesentlich geringer als der des Fluors ist. In Glasampullen eingeschlossen bildete sich beim Erwärmen ein hellgelbes Gas, das *sogleich* danach wieder (mit flüssigem N_2) zu einem gelben Festkörper kondensiert werden konnte, bei Zimmertemperatur jedoch bereits nach wenigen Minuten unter Entfärbung das Glas angegriffen hatte. Bei der

Hydrolyse mit verdünnter NaOH-Lösung bildet sich eine gelbe Lösung, deren Farbe einige Stunden unverändert bleibt. Analytisch fand man die der Formel $XeF_{8,1}$ entsprechende Zusammensetzung. (F wurde nach der Hydrolyse direkt und Xe aus der Differenz gegen die Einwaage bestimmt.) Im Massenspektrometer trat nur ein sehr intensives Xenon-Spektrum auf.

Diese Ergebnisse sind bislang von anderer Seite nicht bestätigt worden. Nach *Hoppe*, vgl. (*H5*), sollte man aus den Werten der mittleren thermochemischen Bindungsenergie für XeF_2, XeF_4 und XeF_6 schließen, daß XeF_8 thermodynamisch instabil gegen einen Zerfall in XeF_6 und F_2, aber stabil gegen den Zerfall in die Elemente ist. *Bartlett* hat dann später in ähnlicher Weise mittlere Bindungsenergien der Reihe SbF_5, TeF_6, JF_7 aufgetragen und zum XeF_8 extrapoliert. Nach dieser Extrapolation sollte XeF_8 ebenfalls thermodynamisch stabil gegen den Zerfall in die *Elemente* sein. Aber nach beiden Autoren wäre, was meist bei solchen Diskussionen nicht hinreichend betont worden ist (vgl. z.B. die Darstellung bei (*M11*)), XeF_8 *instabil* gegen den Zerfall in XeF_6 und F_2.

Da die Eigenschaften des für XeF_8 gehaltenen Stoffes zeigen, daß er bei Normalbedingungen instabil ist, kann man nicht ausschließen, daß XeF_8 unter besonderen Bedingungen darstellbar ist. Weitere Versuche müssen aber wohl noch abgewartet werden.

2. Zur Existenz von XeF_5

Anfänglich ist berichtet worden, daß im System Xe/F_2 unter Gleichgewichtsbedingungen auch XeF_5 anwesend sei (*W5*). Weitere Experimente und die Überprüfung der ersten Meßdaten haben die Autoren dann veranlaßt, die Annahme über die Existenz von XeF_5 zurückzuziehen (*W6*).

Man darf wohl sagen, daß die Existenz von XeF_5 als einer normalen chemischen Verbindung von vornherein als ganz unwahrscheinlich zu werten war, ist doch Xenon Glied einer „geraden" Gruppe im Periodensystem der Elemente. Andererseits muß bei dieser Gelegenheit auf die Existenz der Verbindungen S_2F_{10} (*D6*) und Te_2F_{10} (*E7, C11*) verwiesen werden. Beide entstehen ja auch bei der direkten Fluorierung von Schwefel bzw. von (innig mit CaF_2 vermischtem) Tellur (bis zu 20% Ausbeute an Te_2F_{10}!). Die Bildungsenthalpie von S_2F_{10} beträgt $\Delta H^\circ_{298} = -461$ kcal/Mol; die Verbindung ist unter Normalbedingungen thermodynamisch stabil, wenn auch vielleicht gegen die Disproportionierung in SF_4 und SF_6 instabil (das kann man wegen der noch fehlenden thermodynamischen Daten des SF_4 z.Z. nicht sicher angeben).

So ausgeschlossen daher die Existenz von XeF_5 unter Gleichgewichtsbedingungen und selbst im Ungleichgewicht erscheint (was nicht bedeutet, daß XeF_5 nicht als kurzlebiges „Bruchstück" oder Zwischenprodukt unter extremen Bedingungen auftreten kann), so diskutabel erscheint andererseits die Bildung von Xe_2F_{10}, von Xe_2F_{14} wie auch die entspr. Halogenverbindungen, also z. B. von J_2F_{12} und sogar noch Cl_2F_8. Wahrscheinlich sind solche jetzt noch unbekannten Verbindungen teils instabil gegen den Zerfall (z. B. $Xe_2F_{14} \rightarrow 2XeF_6 + F_2$) oder gegen Disproportionierung (z. B. nach $J_2F_{12} \rightarrow JF_5 + JF_7$). Es ist aber mit ihrer Darstellbarkeit auch in größeren Mengen durchaus zu rechnen, berücksichtigt man die überraschende und im Grunde genommen noch immer nicht befriedigend erklärte Existenz von so merkwürdigen Verbindungen wie S_2F_{10} und Te_2F_{10}.

3. Über Xenonmonofluorid, XeF

Bei der Bestrahlung eines kleinen XeF_4-Einkristalls (bei $77\,°K$) mit γ-Strahlen (5 Megarad, 1,3 MeV, ^{60}Co) trat eine Verfärbung nach Blau ein, und bei der Elektronenspinresonanzmessung wurde das charakteristische Spektrum des Radikals XeF beobachtet. Beim Erwärmen auf $140\,°K$ verschwand die Blaufärbung. Die beiden stärksten Linien im Spektrum entsprechen dem XeF-Radikal mit Xenonisotopen vom Kernspin Null (z. B. ^{132}Xe), die Aufspaltung entspricht der Hyperfein-Wechselwirkung mit ^{19}F. Beobachtet wurde ferner eine Hyperfein-Wechselwirkung mit ^{129}Xe und ^{131}Xe ($j = 1/2$ bzw. $3/2$), obwohl hier Überlappungen auftreten (bezüglich näherer Einzelheiten vgl. $(F\,2)$ sowie $(M\,15)$). Die Messungen gestatten bezüglich des XeF-Radikals die Aussage, daß hier ein sogenanntes σ-Elektron-Radikal vorliegt, d. h. das Orbital des einsamen Elektrons zeigt bezüglich der Xe—F-Achse radiale Symmetrie. Dieses (lockernde) σ-Orbital besitzt, wie auch die Abweichungen des g-Wertes von dem spinfreien Wert anzeigen, im wesentlichen den Charakter der Kombination von $F(2p)$ und $Xe(5p)$-Orbitalen.

IX. Ternäre Fluoride des Xenons

Bartlett $(B6)$ hat im Juni 1962 als erste echte Verbindung des Xenons einen Stoff erhalten, dessen Formel zuerst als $XePtF_6$ angegeben wurde. Man erhielt „$XePtF_6$" z. B. durch Vereinigung der gasförmigen Komponenten Xe und PtF_6 als festen „Niederschlag". (Vgl. z. B. auch das Farbbild bei $(B23)$.)

In der folgenden Zeit wurde dann vom gleichen Forscher gefunden, daß die Reaktion komplizierter ist und nicht einfach unter Bildung von $XePtF_6$ verläuft $(B24)$. Die Zusammensetzung der Reaktionsprodukte variiert und liegt im allgemeinen bei $Xe(PtF_6)_n$ mit $1 < n < 2$.

R. Hoppe

1. Doppelfluoride $Xe(PtF_6)_n$

Verbindungen der Zusammensetzung $Xe(PtF_6)_n$ mit $1 < n < 2$ erhält man bei der Reaktion zwischen PtF_6 und elementarem Xe in der Gasphase (*B24*). Bei der Darstellung solcher Produkte wurde teils in Ni-, teils in Glas- oder Quarzgefäßen gearbeitet. Unabhängig vom Gefäßmaterial variierte die Zusammensetzung der Reaktionsprodukte in den angegebenen Grenzen. Aber immer erhielt man Präparate, die in dünner Schicht gelb, in größerer Menge dann tiefrot aussahen. Die Schwierigkeit bei der Darstellung definierter Proben, also z.B. $XePtF_6$ oder $Xe(PtF_6)_2$, liegt im wesentlichen wohl im folgenden begründet: Es können Nebenreaktionen eintreten (*C5*), wobei PtF_6 das Xenon zu den binären Fluoriden XeF_2 oder XeF_4 auffluoriert, selbst aber z.B. zu PtF_4 oder PtF_5 reduziert wird. Schließlich können aber die anfallenden Proben nicht nur durch die hierdurch entstehenden niederen Fluoride des Platins, sondern auch durch die Produkte der *thermischen* Zersetzung des instabilen und sehr reaktionsfähigen PtF_6 (also durch die u.U. gleichen, aber auf anderem Wege entstandenen Pt-Fluoride) verunreinigt sein (*M11*).

Bartlett hatte ursprünglich die Formulierung $Xe^+[PtF_6]$ (*B6*) vorgeschlagen. Nach seinen weiteren Untersuchungen spricht für eine analoge Formulierung auch der $Xe(PtF_6)_n$-Proben, daß man aus ihnen z.B. in JF_5-Lösung mit einer Lösung von RbF (gleichfalls in JF_5 gelöst) $RbPtF_6$ erhält; in gleicher Weise entsteht ferner auch $CsPtF_6$ aus CsF und $Xe(PtF_6)_2$, beide in JF_5 gelöst. Als weiteres Argument führt er die deutliche Ähnlichkeit des IR-Spektrums von $Xe(PtF_6)_{1,7}$ ($652\ \mathrm{cm^{-1}}$: sst; $550\ \mathrm{cm^{-1}}$: st) mit dem von K_2PtF_6 ($640\ \mathrm{cm^{-1}}$: sst; $590\ \mathrm{cm^{-1}}$: st) sowie mit dem von $O_2^+[PtF_6]$ ($631\ \mathrm{cm^{-1}}$: sst; $545\ \mathrm{cm^{-1}}$: st) und weiterhin Ähnlichkeiten des Absorptionsspektrums der angeführten Verbindungen im Sichtbaren bzw. im UV-Bereich an.

Es ist andererseits aber auch angenommen worden, daß statt der polaren Formulierung von *Bartlett* die Formulierungen $XeF_2 \cdot PtF_4$ bzw. $XeF_2 \cdot 2PtF_4$ die Struktur der Stoffe besser wiedergeben (*G9*). Danach lägen *echte Doppelfluoride* des XeF_2 mit PtF_4 (oder ähnliche Verbindungen) vor.

Proben der Bruttozusammensetzung $XePtF_6$ zeigen jedoch im Debyeogramm keine Reflexe, sie sind also röntgenamorph. *Pt-reichere* Proben (die sich auch unter Kühlung nur schwierig zerreiben und in Proberöhrchen abfüllen lassen) liefern komplizierte, bislang nicht gedeutete Debyeogramme. Es ist daher müßig, die Struktur dieser Produkte zu diskutieren, solange keine weiteren, sicheren experimentellen Informationen vorliegen. Formelbilder wie

270

$$\mathrm{F\!-\!Xe\!-\!F\ldots F\!-\!\overset{\overset{\textstyle F}{|}}{\underset{\underset{\textstyle F}{|}}{Pt}}\!-\!F\ldots F\!-\!Xe\!-\!F\ldots F\!-\!\overset{\overset{\textstyle F}{|}}{\underset{\underset{\textstyle F}{|}}{Pt}}\!-\!F\ldots}$$

sind daher z.Z. unkontrollierbar.

Die Bildung von $XePtF_6$ wurde ferner zunächst bei der Verbrennung von Platin in einer Xe/F_2-Mischung angenommen (*M16*), die weitere Untersuchung (*M17*) zeigte dann aber, daß $Xe(PtF_6)_2$ entstanden war. Offensichtlich hat man reines $XePtF_6$ bislang noch nicht erhalten!

Diese $Xe(PtF_6)_n$-Proben besitzen bei Zimmertemperatur nur unmerklichen Dampfdruck. Man kann sie aber im Hochvakuum unzersetzt sublimieren. Bei weiterem Erhitzen unter normalem Druck werden die Proben bei etwa 115 °C glasig, ohne eigentlich zu schmelzen. Ab etwa 165 °C tritt thermische Zersetzung ein, wobei ein farbloses Produkt (vermutlich XeF_4) sich an kälteren Teilen des Reaktionsgefäßes absetzt. Es hinterbleibt ein *ziegelroter, diamagnetischer* Rückstand der Bruttozusammensetzung $XePt_2F_{10}$. Beim Erhitzen von $Xe(PtF_6)_{1,89}$, mit überschüssigem Xenon (130 °C), entstand $Xe(PtF_6)_{1,29}$ obwohl reines $XePtF_6$ hätte entstehen können.

Bei der Hydrolyse solcher Proben entstehen z.B. nach

$$Xe(PtF_6)_2 + 6\,H_2O = Xe + O_2 + 2\,PtO_2 + 12\,HF$$

elementares Fluor, Sauerstoff, Platindioxid (hydratisiert) und Flußsäure. Aus der Menge des entwickelten Sauerstoffs kann man (freilich nur indirekt) auf die Zusammensetzung der hydrolytisch zersetzten Probe schließen; vgl. z.B. (*M17*). — ln unpolaren Lösungsmitteln wie CCl_4 ist $Xe(PtF_6)_n$ nicht löslich. —

Xenontetrafluorid löst sich in JF_5, ohne daß eine merkliche Reaktion zwischen Gelöstem und Lösungsmittel eintritt. Ähnlich löst sich PtF_5 in JF_5. Es erscheint daher bemerkenswert, daß beim Vereinigen solcher Lösungen keine Reaktion unter Bildung von $Xe(PtF_6)_n$-Proben eintritt! Die Reaktion bleibt auch aus, wenn man schließlich bei 100 °C am Rückfluß kocht! Das ist um so auffälliger, als andererseits vom XeF_4 her bekannt ist, daß es bei der Bildung von Doppelfluoriden wie $XeF_2 \cdot 2\,SbF_5$ leicht und unter Reduktion mit dem Partner (z.B. SbF_5 oder TaF_5) reagiert (*E3*).

2. Doppelfluoride $Xe(RuF_6)_n$ und $Xe(RhF_6)_n$

Auch RuF_6 reagiert, ähnlich wie PtF_6, mit elementarem Xenon (*B23, C5*). Die Zusammensetzung der Produkte, ebenfalls der allgemeinen Formel $Xe(RuF_6)_n$ entsprechend, weicht jedoch insofern ganz bemerkenswert von den Platinverbindungen ab, als hier $2 < n < 3$! ist. Vom Rhodium ist ein dunkelrotes $Xe(RhF_6)_{1,1}$ erhalten worden ($B24$), das sich aus RhF_6 und elementarem Xenon bildete.

Auf den Pulveraufnahmen der Rh-Verbindung trat nur ein schwacher, aber scharfer Reflex auf, der daher nicht dem Hauptprodukt zugeordnet wurde. (Ein entsprechender schwacher Reflex wurde zuweilen auch bei den Pulveraufnahmen der Pt-Verbindungen beobachtet.) Wegen der ungewöhnlich leichten Reduzierbarkeit des RhF_6 war es schwierig, diese Reaktion im einzelnen, also etwa durch Messung des Druckes, zu verfolgen. Sicherlich handelt es sich hier nur um erste, orientierende Beobachtungen.

Es gelang übrigens in analogen Versuchen nicht, PtF_6 mit Krypton zur Reaktion zu bringen.

3. Doppelfluoride mit AsF_5, SbF_5, TaF_5 und BF_3

Antimonpentafluorid, SbF_5, reagiert sowohl mit XeF_2 wie auch mit XeF_4. Bei der Reaktion mit XeF_4 wird ein Gas (F_2?) entbunden, und unter Reduktion entsteht XeF_2 ($E3$).

Die in beiden Fällen entstehende Verbindung, $XeF_2 \cdot 2SbF_5$, sieht gelb aus, ist diamagnetisch, schmilzt bei 63 °C und wurde aus der grünlichen Lösung (in überschüssigem SbF_5) isoliert. Im Hochvakuum kann $XeF_2 \cdot 2SbF_5$ unzersetzt sublimiert werden (≈ 120 °C) und ist auch bei noch höherer Temperatur unzersetzt vorhanden. Geschmolzenes $XeF_2 \cdot 2SbF_5$ ergibt (wie SbF_5 selbst) bei der Messung der magnetischen Kernresonanz nur ein Signal.

Mit Tantalpentafluorid erhielt *Peacock* ($E3$) bei der Reaktion mit XeF_4 (wieder unter Reduktion zu XeF_2) eine entsprechende Doppelverbindung. $XeF_2 \cdot 2TaF_5$ sieht gleichfalls strohgelb aus, schmilzt bei 81 °C und liefert ein Pulverdiagramm, das dem der Antimonverbindung ähnlich ist.

Aus dem Diamagnetismus der Antimonverbindung schließt *Peacock*, daß eine kovalente Struktur, vielleicht nach $F_5SbFXeFSbF_5$, vorliegt. (Er nimmt offenbar an, daß das Ion Xe^{2+} paramagnetisches Verhalten zeigen würde.)

Mit Arsenpentafluorid reagiert Xenonhexafluorid bei Zimmertemperatur unter Bildung der Additionsverbindung $XeF_6 \cdot AsF_5$. Diese farblose Verbindung kann im Vakuum bei Zimmertemperatur nicht unzersetzt sublimiert werden ($S13$).

Xenonhexafluorid reagiert bei gewöhnlicher Temperatur auch — im deutlichen Gegensatz zu XeF_2 und XeF_4 — mit Bortrifluorid ($S13$).

$XeF_6 \cdot BF_3$ sieht farblos aus und schmilzt bei 90 °C zu einer schwach gelblich aussehenden viskosen Flüssigkeit. Der Dampfdruck ist bei 20 °C kleiner als 1 mm Hg! (Im Gegensatz zu $XeF_6 \cdot AsF_5$ kann diese Additionsverbindung bei Raumtemperatur im Vakuum unzersetzt sublimiert werden.)

Interessant erscheint, daß im komplizierten IR-Spektrum der Verbindung $XeF_6 \cdot BF_3$ (bei −195 °C) eine breite Absorptionsbande um 1025 cm^{-1} auftritt, die für das Komplexion $[BF_4]^-$ charakteristisch ist ($S16$).

Im Ramanspektrum von $XeF_6 \cdot BF_3$ wie auch von $XeF_6 \cdot AsF_5$ (auf Saphirfenstern präpariert) treten bei 612 cm^{-1} und 620 cm^{-1} Linien auf, die keiner der beiden binären Komponenten (XeF_6 oder BF_3 bzw. AsF_5) zukommen. Es wird in diesem Zusammenhang darauf hingewiesen ($S13$), daß auch die Lösung von XeF_6 in HF die Linie bei 620 cm^{-1} zeigt, und die Vermutung ausgesprochen, daß daher in allen drei Fällen die gleiche, charakteristische, möglicherweise geladene Baugruppe auftritt.

Merkwürdigerweise soll auch Xe_2SiF_6 existieren. Man hat diese Verbindung erhalten, wenn Xenon/Fluor-Mischungen oder $SiF_4/Xe/F_2$-Mischungen in einer Glasapparatur elektrischen Funkenentladungen ausgesetzt wurden ($C6$). Die Verbindung soll bei −78 °C beständig sein, sich aber bei Zimmertemperatur zersetzen.

Qualitative Beobachtungen ($H14$) bestätigen diese Angaben. Die Zusammensetzung ist jedoch unwahrscheinlich. (Es ist schwer vorzustellen, wie diese Verbindung aufgebaut sein sollte.) $XeSiF_6$ wäre viel verständlicher und plausibel. Hier sind neue Untersuchungen abzuwarten.

Ähnlich merkwürdig ist die Zusammensetzung einer weiteren antimon-haltigen Doppelverbindung, $XeSbF_6$, die durch Erhitzen von Xenon, Fluor und SbF_5 (250 °C) erhalten wurde. Auch hier erscheint die Zusammensetzung noch nicht hinreichend gesichert ($C6$).

4. Fluoroxenate(VI)

Die Ionen Te^{2+}, J^{3+} und Xe^{4+} haben die gleiche Elektronenzahl und vermutlich (die Spektren sind noch nicht aufgeklärt) auch dieselbe Elektronenkonfiguration des Grundterms. Geht man von dem einfachen Bilde einer aus Ionen aufgebauten Verbindung [also $J^{3+}F_3^-$ bzw. $Xe^{4+}F_4^-$] aus und führt nachträglich zur Beschreibung der tatsächlichen Bindungsverhältnisse zusätzlich kovalente Bindungen ein, so ist besonders leicht einzusehen, daß man die Halogenide des dreiwertigen Jods mit denen des vierwertigen Xenons vergleichen kann.

Es wird dann auch verständlich, warum XeF_4 *nicht*, wie z.B. JF_3 in den farblosen Verbindungen $M^1[JF_4]$, ($H24$), zur Bildung anionischer

Komplexe neigt. Die Koordinationszahl vier, die beim J(III) erst in den anionischen Komplexen erreicht wird, ist beim Xe(IV) ja bereits in der isolierten Molekel vorgegeben. Dem JF_5 entspricht in analoger Weise XeF_6. Vom Jodpentafluorid ist bekannt, daß hier das Gleichgewicht

$$2\,JF_5 = JF_4^+ + JF_6^-$$

vorliegt, vgl. (*W11*). Die Koordinationszahl sechs des fünfwertigen Jods ist auch von den gleichfalls farblosen Verbindungen $M^I[JF_6]$ her geläufig (*E4, H24*). Man könnte daher annehmen, daß XeF_6 — analog wie XeF_4 — nicht zur Bildung anionischer Komplexe befähigt ist. Das trifft bemerkenswerterweise nicht zu.

Xenonhexafluorid reagiert leicht mit den Fluoriden der Alkalimetalle und bildet Fluoroxenate(VI)[7] (*S14*)! Ähnlich wie bei den Hexafluoriden MoF_6 und WF_6 zwei Verbindungstypen, nämlich $M^I WF_7$ (bzw. $M^I MoF_7$) und $M_2^I WF_8$ (bzw. $M_2^I MoF_8$) gebildet werden (*H26*), findet man auch hier *zwei* entsprechende Reihen:

So löst sich in flüssigem XeF_6 etwas CsF auf und bildet dann leicht $CsXeF_7$. Im auffälligen Gegensatz zum farblosen festen XeF_6 sieht diese Verbindung gelb aus. Beim Erhitzen tritt oberhalb 50 °C thermische Zersetzung ein (*P6*), wobei Xenonhexafluorid abdestilliert und eine farblose Verbindung, Cs_2XeF_8, zurückbleibt, die ihrerseits ohne weitere Zersetzung bis 400 °C (!) erhitzt werden kann. Pulveraufnahmen von $CsXeF_7$ zeigen eine charakteristische Reflexabfolge. Die Abmessungen der Elementarzelle sind noch nicht bekannt; nach den Pulveraufnahmen liegt pseudotetragonale Symmetrie vor (*P6*). Es sei vermerkt, daß $RbWF_7$, $RbMoF_7$ und $CsMoF_7$ kubisch kristallisieren (*H26*).

Rubidiumfluorid ist im Gegensatz zum Caesiumfluorid in geschmolzenem XeF_6 kaum löslich, reagiert aber ebenfalls unter Bildung von $RbXeF_7$, das im Gegensatz zu $CsXeF_7$ *farblos* ist! Bei diesem Stoff tritt bereits ab 20 °C thermische Zersetzung ein, wobei sich analog die farblose Verbindung Rb_2XeF_8 bildet, die bis 400 °C beständig gegen weiteren thermischen Zerfall ist. Auch Kalium- und Natriumfluorid binden gasförmiges Xenonhexafluorid. Die nähere Untersuchung der hierbei gebildeten Stoffe steht noch aus. Nach *Peacock* (*P6*) sind hier jedoch, wie man nach dem Verhalten von $RbXeF_7$ erwarten kann, bei Zimmertemperatur nur die Verbindungen K_2XeF_8 und Na_2XeF_8 erhältlich. Die Natriumverbindung zersetzt sich bereits bei 100 °C und wurde zur Darstellung sehr reiner XeF_6-Proben verwendet (*S12*).

Mit LiF reagiert XeF_6 augenscheinlich nicht, wohl aber mit BaF_2.

Die Fluoroxenate(VI) werden an feuchter Luft leicht hydrolytisch zersetzt, wobei Xenon in den Reaktionsprodukten verbleibt. Diese wir-

---

[7] Man könnte hieraus auf der Existenzmöglichkeit der noch unbekannten Verbindungen $M_2^I JF_7$ und $M_3^I JF_8$ schließen.

ken stark oxydierend. Ihre Zusammensetzung ist noch unbekannt. Möglicherweise hat man hier bei gezielter Hydrolyse eine Möglichkeit, die heute noch unbekannten Oxoxenate (VI) darzustellen.

Bezüglich des IR-Spektrums sind charakteristische Unterschiede zwischen XeF_6, M^IXeF_7 und $M_2^IXeF_8$ vorhanden. Cs_2XeF_8 und Rb_2XeF_8 sind nach *Peacock* die beständigsten aller bislang dargestellten Xenonverbindungen. Es ist dies sicher durch die große Komplexbildungsenergie bei der Bildung der Fluorokomplexe, z.T. aber auch dadurch bedingt, daß schon das binäre Fluorid XeF_6 selbst thermodynamisch stabil gegen einen Zerfall ist. In diesem Punkte unterscheiden sich die Fluoroxenate entscheidend von den Oxoxenaten.

X. Oxide des Xenons

Als erster hat *Smith* (*S 17*) ein Oxid des Xenons, nämlich XeO_3, dargestellt. *Bartlett* (*B 25*) hatte wohl ebenfalls XeO_3 in Händen, als er von einem hochexplosiven, bei der Hydrolyse von XeF_4 entstandenen $Xe(OH)_4$ bzw. $XeO_2 \cdot 2H_2O$ berichtete. Kürzlich wurde ferner XeO_4 bei der Zersetzung von Perxenaten der Alkalimetalle mit Schwefelsäure dargestellt (*S 18*), nachdem seine Bildung durch massenspektroskopische Untersuchungen festgestellt worden war (*H 27*). Über XeO und XeO_2 ist noch nichts bekannt.

Es mag auffällig erscheinen, daß man XeO und XeO_2 bisher nicht beobachtet hat. Ihre vermutliche thermodynamische Instabilität gegen den Zerfall in die Elemente (vgl. hierzu auch S. 311ff) sollte nämlich eher geringer sein als die der (sich leicht explosionsartig zersetzenden) höheren Oxide XeO_3 und XeO_4. Aber die Darstellbarkeit der höheren Oxide hängt offensichtlich mit der (auch für Jod aus der wäßrigen Chemie der Hypojodite, Jodite und Jodate bekannten) Neigung des Xenons zusammen, in alkalischer Lösung unter Disproportionierung in die höheren Oxydationsstufen, Xe(VI) und Xe(VIII), überzugehen.

1. Xenontrioxid, XeO_3

XeO_3 erhält man aus der Lösung, die sich beim vorsichtigen Zersetzen von XeF_4 oder auch XeF_6 mit Wasser bildet. Dabei findet im Falle des XeF_4 Disproportionierung, wohl nach

$$3XeF_4 + 6H_2O = Xe + 2XeO_3 + 12HF,$$

statt, es entweicht also partiell elementares Xenon. Im Falle des XeF_6 findet unter geeigneten Bedingungen glatte Hydrolyse, z.B. nach

$$XeF_6 + 3H_2O = XeO_3 + 6HF,$$

statt. Durch vorsichtiges Eindunsten derartiger Lösungen im Exsiccator in Gegenwart von Trockenmitteln wie BaO erhält man XeO_3 in Form farbloser Kristalle (*B25, S17, W12*).

XeO_3 ist hygroskopisch und explodiert leicht. Der Dampfdruck ist bei Raumtemperatur sehr klein. Über die Eigenschaften der wäßrigen Lösung von XeO_3 vgl. Seite. 287ff.

Zur Kristallstruktur von XeO_3. *Templeton* und Mitarbeiter (*T5*) haben die Kristallstruktur von XeO_3 aufgeklärt. Nach dieser Untersuchung kristallisiert Xenontrioxid orthorhombisch in der Raumgruppe $D_2^4 - P2_12_12_1$ mit 4 Formeleinheiten XeO_3 pro Elementarzelle.

Gitterkonstanten von XeO_3

a = 6,163 ± 0,008 Å	Zellvolumen = 262 Å³
b = 8,115 ± 0,010 Å	Molvolumen: 39,4 cm³
c = 5,234 ± 0,008 Å	Dichte: 4,55 g·cm⁻³ (d_{ro})

Wie der Vergleich der Molvolumina anderer Trioxide mit den Oxiden des Jods zeigt, schließt sich XeO_3 im Molvolumen diesen Verbindungen gut an, vgl. die Übersicht in Tab. 21.

Besetzt ist in der angegebenen Raumgruppe jeweils die 4-zählige Punktlage 4(a):

$$x, y, z; \tfrac{1}{2} - x, \overline{y}, \tfrac{1}{2} + z; \tfrac{1}{2} + x, \tfrac{1}{2} - y, \overline{z,x}, \tfrac{1}{2} + y, \tfrac{1}{2} - z$$

mit den Parametern und Temperaturfaktoren der nebenstehenden Übersicht. Parameter und B-Werte für XeO_3 nach (*T5*).

Parameter und B-Werte für XeO_3 nach (T5)

Teilchenart	x =	y =	z =	−B (Å²)
Xe	0,9438	0,1496	0,2192	1,3
O_1	0,537	0,267	0,066	2,3
O_2	0,171	0,096	0,406	2,2
O_3	0,142	0,454	0,389	1,8

Es liegt eine Kristallstruktur vor, in der isolierte XeO_3-Gruppen, vermutlich von exakt trigonaler Symmetrie, vorliegen (die aus den angegebenen Parametern folgenden kleinen Abweichungen der XeO_3-Gruppe von trigonaler Symmetrie sind vermutlich nicht reell). Wie in den Ionen $[JO_3]^-$ oder $[ClO_3]^-$ ist XeO_3 nicht eben, sondern pyramidal mit einem (unter Berücksichtigung der thermischen Schwingungen abgeschätzten) mittleren Abstand Xe−O = 1,76 Å und einem mittleren Valenzwinkel <O−Xe−O = 103°. Dies entspricht weitgehend dem Bau des $[JO_3]^-$-Ions (mittlerer Abstand J−O: 1,82 Å; <O−J−O: 97°).

Aus den angegebenen Parametern folgt, daß jedes Xe-Teilchen drei nächste O-Nachbarn besitzt (Abstand *nicht* auf thermische Schwingung korrigiert: 1,74 bzw. 1,76 bzw. 1,77 Å; jeweils mit einer Unsicherheit von $\pm$0,03 Å). Daß Abstände dieser Größe aus den Abmessungen der JO_3^--Gruppe zu erwarten waren, wurde bereits betont.

Tabelle 21. *Vergleich der Molvolumina einiger fester Trioxide (cm³)*

CrO_3 (*B 26*)	*35,4*	SO_3 (*W 15*)	*35,0*	$\frac{1}{2} Cl_2O_6 - ClO_3$ (*P 5*)	*41,2*
MoO_3 (*W 14*)	*30,6*	SeO_3 (*L 8*)	*46,2 (?)*	JO_2 (*B 13*)	*37*
WO_3 (*W 15*)	*31,8*	TeO_3 (*B 13*)	*34,5*	$\frac{1}{2} J_2O_5 - JO_{2,5}$ (*B 13*)	*33*
ReO_3 (*W 15*)	*31,4*			XeO_3 (*T 5*)	*39,4*
UO_3 (*W 15*)	*43,2*				

Zu diesen drei nächsten O-Teilchen kommen drei weitere, entschieden weiter entfernte O-Teilchen hinzu, von denen jedes einer anderen XeO_3-Molekel zugehört; diese Abstände Xe—O betragen 2,80 bzw. 2,89 bzw. 2,90 Å. Eine Vernetzung der XeO_3-Gruppen zu einem räumlichen Ganzen ist also nur schwach angedeutet. Man wird die XeO_3-Struktur ohne Zweifel zu den Molekelgittern zählen können.

Auch der kürzeste Abstand zwischen nächstbenachbarten O-Teilchen verschiedener Molekeln ist mit O—O = 2,91 annehmbar; die weiteren O—O-Abstände dieser Art sind größer als 3,02 Å.

Das Molvolumen von XeO_3 (39,4 cm³) ist etwas größer als das der Jodsäure HJO_3 (37,5 cm³ nach (*D 7*)); man hat dies auf die Abwesenheit von Wasserstoffbrückenbindungen im XeO_3 zurückgeführt (*T 5*), denn die Abstände Xe—O innerhalb der Molekel sind ja kürzer als die Abstände J—O in der Säure HJO_3.

Die Kristallstruktur des Xenontrioxids befriedigt auch bezüglich des Madelungfaktors im Vergleich zum Madelungfaktor etwa des ReO_3-Typs und anderer, ähnlicher Strukturtypen.

Die Übersicht in Tab. 22 läßt erkennen, daß sowohl die Einzel-Beiträge zum Madelungfaktor wie auch der Madelungfaktor selbst von der zu erwartenden Größe sind. Daß alle Einzelbeiträge P.M.F. etwas niedriger als im ReO_3-Typ liegen, hängt damit zusammen, daß dort eine dreidimensionale Vernetzung vorliegt mit Koordinationszahl 6 für Re (ge-

R. Hoppe

Tabelle 22. *Vergleich der Madelungfaktoren und der P.M.F.-Werte vom XeO_3-, ReO_3-, BrF_3- und $SbCl_3$-Typ. (XeO_3: nach (H18); ReO_3: nach (H28, H20); BrF_3: nach (H18); $SbCl_3$: nach (H18) berechnet für $A^{3+}B_3^-$; bezogen auf den kürzesten Abstand $A-B$)*

	$[Xe^{[3(+3)]}O_3^{[1(+1)]}]$	$[Re^{[6]}O_3^{[2]}]$	$[Br^{[1+2]}F_3]$	$[Sb^{[3]}Cl_3]$
P.M.F.(A^{3+})	5,1949	6,1680716	5,0829	5,3960
P.M.F.(B_I^-)	0,7844	0,9286359	0,7285	0,7301
P.M.F.(B_{II}^-)	0,7129		0,6472	0,7664
P.M.F.(B_{III}^-)	0,8092		0,7878	
P.M.F.(AB_3)	7,5014	8,9539794	7,2464	7,6589

genüber der Koordinationszahl 3 bzw. allenfalls $3+3$ für Xe im XeO_3) und der Koordinationszahl 2 für O im ReO_3 (gegenüber 1 oder allenfalls $1+1$ für O im XeO_3).

Die Bildungsenthalpie von Xenontrioxid ist bekannt:

$$\Delta H_{298}^{\circ}(XeO_3, fest) = +96 \pm 2\ kcal/Mol\ (G17).$$

Das IR-Spektrum von festem XeO_3 wurde in Anlehnung an die entsprechenden Frequenzen der Ionen ClO_3^-, BrO_3^- und JO_3^-, deren Symmetrie der des XeO_3-Teilchens entspricht, zugeordnet:

$$\nu_1\ (A) \qquad 770\ cm^{-1}$$
$$\nu_2\ (A) \qquad 311$$
$$\nu_3\ (E) \qquad 820$$
$$\nu_4\ (E) \qquad 298$$

Die Kraftkonstante der Valenzschwingung wurde zu $k_r = 5{,}66$ mdyn/Å berechnet ($S5$). (Wegen der Zersetzlichkeit von kristallinem XeO_3 war es unmöglich, das Ramanspektrum aufzunehmen. Bei der IR-Untersuchung hatte man einen XeO_3-„Film" auf einer dünnen Polyäthylenschicht erzeugt.) XeO_3 schließt sich ähnlichen Verbindungen von gleichem Bau gut an, vgl. Tab. 23. Die Größe der Kraftkonstanten der Valenzschwingung entspricht praktisch der entsprechenden Konstanten in den angeführten Ionen ClO_3^- etc. und zeigt an, daß im XeO_3-Teilchen die Xe–O-Bindung beträchtliche Anteile von π-Bindung besitzt. Hierfür spricht auch der kurze Abstand Xe–O innerhalb der Molekel ($S5$).

Tabelle 23. *Spektroskopische Untersuchungen am XeO_3 und ähnlichen Verbindungen nach (C13)*

Teilchen	Art des Spektrums	ν_1	ν_2	ν_3	ν_4	Literatur
			[cm^{-1}]			
$[TeO_3]^{2-}$	Raman (Lösung)	758	364	703	326	($S20$)
$[JO_3]^-$	Raman (Lösung)	779	390	826	330	($S21$)
XeO_3	Raman (Lösung)	780	344	833	317	($C13$)
XeO_3	IR (XeO_3, fest)	770	311	820	298	($S17$)
$[JO_4]^-$	Raman (Lösung)	791	256	853	325	($S22$)

2. Xenontetroxid, XeO_4

Bei der Einwirkung konzentrierter Schwefelsäure auf Natriumperxenat, Na_4XeO_6, entsteht bei Zimmertemperatur Xenontetroxid, XeO_4, wie zuerst massenspektroskopisch nachgewiesen wurde ($H\,27$).

XeO_4 wurde im Anschluß hieran dann auch präparativ erhalten: Die Perxenate Na_4XeO_6 und Ba_2XeO_6 (vgl. hierzu S. 295 ff.) wurden jeweils in einer Menge von etwa 500 mg in einem zunächst gekühlten Gefäß aus Pyrexglas vorsichtig mit konzentrierter Schwefelsäure umgesetzt. In einer dicht benachbarten, mit flüssigem N_2 gekühlten Falle kondensierte dann XeO_4, das aus dem unter Blasenentwicklung auftauenden Reaktionsgemisch entwich, als blaßgelbe Substanz. Nach dem Umsublimieren wurde XeO_4 in einer auf $-78\,°C$ gekühlten Falle aufbewahrt. Maximale Ausbeute: 34% der berechneten XeO_4-Menge. (Hierbei wurde Na_4XeO_6 langsam zu der auf $-5\,°C$ gekühlten Schwefelsäure gegeben.)

Beim Aufwärmen solcher Proben war übrigens oft bereits vollständige Zersetzung in die Elemente eingetreten, bevor man $0\,°C$ erreicht hatte.

Gleichgewichtsdampfdruck von XeO_4 nach ($S\,18$)

$t = (°C)$	$p = (mm\ Hg)$
-35	3
-16	10
0	25

Festes XeO_4 ist schwieriger zu handhaben als gasförmiges, es explodierte gelegentlich bereits bei $-40\,°C$. Das IR-Spektrum konnte aufgenommen werden, vgl. hierzu die Originalliteratur. Demnach besitzt die Molekel die Symmetrie T_d, wie bereits vorher von *Gillespie* ($G\,9$) gefordert wurde. Dies ist auch durchaus verständlich, wenn man beim Aufbau der Molekel wieder von dem einfachen Bild einer aus Ionen aufgebauten Substanz ausgeht und erst nachträglich kovalente Bindungen (sp^3-Hybridorbitale benutzend) hinzufügt: Xe sollte dann tetraedrisch von 4 O umgeben sein.

Eine solche Molekel besitzt vier Fundamental-Schwingungen, von denen jedoch 2 IR-inaktiv sind. Tatsächlich wurden nur zwei Fundamental-Schwingungen im IR-Spektrum beobachtet. Man kann aus dem IR-Spektrum ableiten, daß der Abstand Xe—O der XeO_4-Molekel 1,6 $\pm0,1-0,2$ Å beträgt, was zu dem Abstand Xe—O = 1,76 Å im XeO_3 annähernd paßt, wenn man die höhere Oxydationsstufe des Xenons berücksichtigt. Auch die starke Ähnlichkeit mit dem IR-Spektrum des $[JO_4]^-$-Ions, das mit XeO_4 isoelektronisch ist, bestätigt das Tetraedermodell für XeO_4.

R. Hoppe

XI. Oxidfluoride des Xenons

Nachdem frühere Untersuchungen bereits massenspektroskopisch Hinweise für die mögliche Existenz von Oxidfluoriden des Xenons gegeben hatten (zuerst wohl (*St2*), dann auch (*C4, C5*)), erhielt man bei der Einwirkung von XeF_6 auf Quarzgefäße eine farblose Verbindung (*W7*), die zuerst von *Chernick, Claassen, Malm* und *Plurien* als $XeOF_4$ beschrieben wurde (*C10*). Xenonoxidtetrafluorid ist bis jetzt der einzige wohl definierte, mehrfach untersuchte Vertreter der Oxidfluoride geblieben, obwohl auch die anderen einfachen Verbindungen dieser Art mit vier- und sechswertigem Xenon, nämlich XeO_2F_2 und $XeOF_2$, beschrieben wurden.

1. Xenonoxidtetrafluorid, $XeOF_4$

Man hat $XeOF_4$ teils durch partielle Hydrolyse des XeF_6, teils auch durch die Einwirkung von XeF_6 auf Quarz erhalten.

a) Darstellung von $XeOF_4$. Hierzu wurde in einer Kreislaufapparatur, wie sie auch zur Darstellung und IR-spektroskopischen Untersuchung von XeF_2 (vgl. Abb. 18) benutzt worden war (*S3*), gasförmiges XeF_6 unter seinem eigenen Sättigungsdampfdruck bei Zimmertemperatur

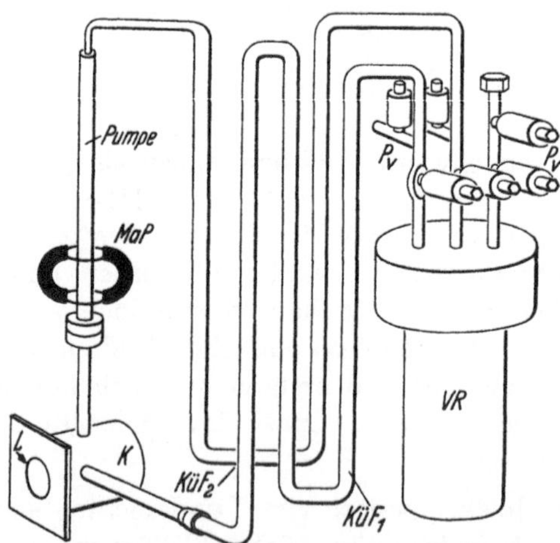

Abb. 18. Kreislaufapparatur zur Bestrahlung von Xe/F_2-Mischungen bei erhöhtem Druck (nach (*S3*))

langsam mit feuchter Luft versetzt, während die Gasmischung umgepumpt wurde, und die Reaktion zwischen XeF_6 und H_2O IR-spektroskopisch verfolgt. Von Zeit zu Zeit wurde je noch vorhandenes XeF_6 und bereits gebildetes $XeOF_4$ ausgefroren (−78 °C), Luft und der größte Anteil von HF durch Abpumpen entfernt, und nach dem Erwärmen erneut feuchte Luft während des weiteren Umpumpens hinzugegeben. Dieser Vorgang wurde so lange wiederholt, bis fast alles XeF_6 zu $XeOF_4$ umgesetzt war. Die Gesamtausbeute an $XeOF_4$ betrug etwa 80% der eingesetzten XeF_6-Menge. Das erhaltene Produkt war nach den massenspektroskopischen Untersuchungen praktisch rein. (Man konnte während der Reaktion die Abnahme der XeF_6-Konzentration durch die Intensitätsverminderung der charakteristischen IR-Bande des XeF_6 bei $520 \ cm^{-1}$ verfolgen).

In gleicher Weise, nämlich durch direkte hydrolytische Zersetzung von XeF_6 mit Wasser, diesmal aber im geschlossenen System ohne Kreislauf, wurde $XeOF_4$ ebenfalls erhalten (*C10*). Hierzu hatte man eine bekannte XeF_6-Menge im Ni-Gefäß kondensiert und dann die berechnete Wassermenge im Vakuum hinüberkondensiert. Schließlich erwärmte man auf Zimmertemperatur. (Das Volumen des Ni-Gefäßes war so gewählt worden, daß bei 20 °C die Komponenten XeF_6 und H_2O gasförmig vorliegen mußten). Nach kurzer Reaktionszeit (30 min) wurde gekühlt (−78 °C) und reines $XeOF_4$ nach mehrfachem Umsublimieren schließlich bei −78 °C in einer Kühlfalle gesammelt.

Nicht so brauchbar ist die folgende Methode: Man erwärmt XeF_6 im verschlossenen Quarzgefäß so lange auf 50 °C, bis die gelbe Farbe der geschmolzenen XeF_6-Probe gerade verschwindet. Dann wird mit Trockeneis abgeschreckt, gebildetes SiF_4 abgepumpt und das Reaktionsprodukt möglichst schnell aus dem Quarzgefäß entfernt, da bei längerer Einwirkung von XeF_6 bzw. von $XeOF_4$ auf die Quarzwand XeO_3 entsteht, dessen Bildung wegen seiner hohen Explosivität tunlichst vermieden werden soll.

b) Physikalische Eigenschaften von XeOF₄. Bei Zimmertemperatur ist Xenonoxidtetrafluorid eine farblose Flüssigkeit, die durch Feuchtigkeit und Wasser leicht weiter zersetzt wird, wobei schließlich XeO_3 (in Lösung in hydratisierter Form, vgl. S. 285 ff) entsteht. Die Angaben bzgl. des Schmelzpunktes sind widersprüchlich: −28 °C (*C10*) bzw. −41 °C (*S19*).

Gleichgewichtsdampfdruck von
XeOF₄ nach (C10, S19)

t = (°C)	p = (mm Hg)
0	7,0 (*S19*)
0	8 (*C10*)
23	29 (*C10*)

Die Sättigungsdampfdrucke über flüssigem $XeOF_4$ liegen, soweit man sie aus den spärlichen Angaben (siehe Übersicht) entnehmen kann, bei gleicher Temperatur jeweils etwas unter denen von XeF_6. Der Siedepunkt von $XeOF_4$ sollte also etwas höher liegen als der von XeF_6. [Über andere Oxidfluoride wie $AsOF_3$, JOF_3, SOF_4 etc. liegen so spärliche Angaben bezüglich ihrer Siedepunkte vor, daß man noch keine Vergleiche ziehen kann. Sicher ist, daß auch SOF_4 ($-49\,°C$) höher siedet als SF_6 (sublimiert bei $-63,7\,°C$); vom JOF_3 wird ebenfalls angegeben, daß es höher als JF_5 siedet.]

Das IR-Spektrum der gasförmigen Verbindung zeigt intensive Banden bei 288, 362, 578, 609 und 928,2 cm^{-1} ($C\,12$), das Ramanspektrum Banden bei 231, 286, 364, 530, 566 und 919 cm^{-1}. Die Zuordnung wurde laut Tab. 24 vorgenommen.

Bezüglich der Einzelheiten muß auf die Originalliteratur verwiesen werden. (So treten z.B. noch Kombinationen wie $\gamma_2 + \gamma_7$ und Oberschwingungen wie $2\gamma_2$ und $2\gamma_8$ auf). Die Molekel $XeOF_4$ hat also die Symmetrie C_{4v}. Das Schwingungsspektrum erinnert, auch was die Polarisation der Raman-Linien und die Konturen der IR-Banden im einzelnen angeht, stark an die Schwingungsspektren von JF_5 ($L\,9$) und von BrF_5 ($St\,5$, $M\,18$). Man wird daher anzunehmen haben, daß $XeOF_4$ eine tetragonale Pyramide darstellt, deren Basis aus den 4 F-Teilchen gebildet wird. Das Xe-Teilchen wird sich nur wenig oberhalb der Basisfläche, und das O-Teilchen an der Spitze der Pyramide befinden. Messungen des Mikrowellen-Spektrums des $XeOF_4$ bestätigen die angenommene Symmetrie C_{4v} und ergeben die Abstände:

$$\text{Xe}-\text{O} \qquad 1,70 \pm 0,05 \text{ Å}$$
$$\text{Xe}-\text{F} \qquad 1,95 \pm 0,05 \text{ Å}$$
$$\sphericalangle\,\text{O}-\text{Xe}-\text{F} \qquad 91 \pm 2\,° \qquad \text{nach } (M\,27).$$

Die Konstante der Valenzschwingung Xe$-$F ist mit $k_r = 3,21$ mdyn/Å etwas größer als die der entsprechenden Schwingung im XeF_2 ($k_r = 2,85$ mdyn/Å). Die Konstante der Valenzschwingung Xe$-$O ist dagegen mehr als doppelt so groß, $k_r = 7,11$ mdyn/Å, mithin also noch größer als die entsprechende Konstante in der XeO_3-Molekel. ($k_r = 5,66$ mdyn/Å). Da bereits bei XeO_3, beispielsweise wegen des relativ kurzen Abstandes Xe$-$O innerhalb der Molekel, ein merklicher Doppelbindungsanteil anzunehmen ist, kann man schließen, daß die Bindung Xe$-$O im $XeOF_4$ einen ganz erheblichen Doppelbindungsanteil besitzt.

c) Chemische Eigenschaften von $XeOF_4$. Man hat bei massenspektroskopischen Untersuchungen der $XeOF_4$-Proben auch Spuren von XeO_2F_2 gefunden ($C\,10$). Es ist daher anzunehmen, daß die bereits oben erwähnte Hydrolyse des $XeOF_4$ mit Wasser oder Feuchtigkeit stufenweise gemäß

$$XeOF_4 + H_2O = XeO_2F_2 + 2\,HF$$
$$XeO_2F_2 + H_2O = XeO_3 + 2\,HF$$

Tabelle 24. *Grundschwingungen des XeOF₄*

Bezeichnung		Beschreibung	aus Ramanspektrum (cm⁻¹)				aus IR-Spektrum cm⁻¹)			
			nach (*S19*)		nach (*C12*)		nach (*S19*)		nach (*C12*)	
			cm⁻¹	I_0	cm⁻¹	I_0	cm⁻¹	I_0	cm⁻¹	I_0
ν_1	A_1	ν(Xe−O)	920	20(P)	919	st	926	st	928,2	st
ν_2	A_1	ν(Xe−F) symmetr.	567	100	566	sst	576	m	578?	sschw
ν_3	A_1	δ(F−Xe−F) aus der Ebene heraus symm.	285	2	286	sschw	294	st	288	st
ν_4	B_1	ν(Xe−F) antisymm.	527	40	530	st	nicht vorhanden			
ν_5	B_1	δ(F−Xe−F) antisymm. aus der Ebene	233	6	231	schw	nicht vorhanden			
ν_6	B_2	δ(F−Xe−F) symm. in der Ebene	nicht beobachtet							
ν_7	E_u	ν(Xe−F) antisymm.					608	sst	609	sst
ν_8	E_u	δ(F−Xe−O)	365	15	364	mschw	361	st	362	mst
ν_9	E_u	δ(F−Xe−F) antisymm. in der Ebene	161	3	v−	−	−	−	−	−

R. Hoppe

verläuft. In trockenen Ni-Gefäßen kann $XeOF_4$ unzersetzt aufbewahrt werden, mit Quarz tritt, besonders in der Wärme, Reaktion ein, ebenso mit Polyäthylen ($S4$). Durch Wasserstoff wird $XeOF_4$ bei 300 °C quantitativ reduziert nach

$$XeOF_4 + 3H_2 = Xe + H_2O + 4HF.$$

Man hat diese Reaktion benutzt, um $XeOF_4$-Proben zu analysieren ($C10$).

2. Weitere Oxidfluoride, XeO_2F_2 und $XeOF_2$

Es ist bereits vermerkt worden, daß man unter den Hydrolyseprodukten von XeF_6 bei unvollständiger Zersetzung durch H_2O neben $XeOF_4$ massenspektroskopisch auch XeO_2F_2 nachgewiesen hat ($C10$). In Substanz freilich wurde diese Verbindung bisher noch nicht dargestellt ($N3$). Aus den Bildungsenthalpien von XeF_6(fest) und XeO_3(fest) unter Normalbedingungen kann man abschätzen ($H2$, $B23$), daß zwar $XeOF_4$, nicht aber XeO_2F_2 thermodynamisch stabil gegen einen Zerfall in niedere Fluoride des Xenons und Sauerstoff ist.

Vom Oxidfluorid des vierwertigen Xenons, $XeOF_2$, ist ebenfalls nur wenig bekannt. Es soll entstehen, wenn eine Mischung von Xenon und Sauerstoffdifluorid mit dem Volumenverhältnis $Xe:OF_2 = 1:1$ in einem auf −78 °C abgekühlten Gefäß aus Pyrexglas dem Einfluß elektrischer Funkenentladungen ausgesetzt wird. Dabei wurde ein Gesamtdruck von p = 3—62 mm Hg dadurch aufrechterhalten, daß man nach Bedarf neue Reaktionsmischung der beiden Gase einströmen ließ (etwa 130 ml/h). Man erhielt durchsichtige, farblose Kristalle, die bei Zimmertemperatur beständig gegen spontanen Zerfall waren. Die Analyse ergab Werte, die der Formel $XeOF_2$ entsprechen (Zersetzung mit Hg unter Bildung von Hg_2F_2, etwas HgO sowie freiem O_2-Gas ($St4$)).

Ferner hat *Peacock* $XeOF_2$ als Nebenprodukt bei der Darstellung von XeF_2 aus Xenon und Fluor (Durchströmen eines erhitzten Ni-Rohres) erhalten. $XeOF_2$ schmilzt nach seinen Angaben bei 90 °C und siedet unzersetzt bei etwa 115 °C ($E3$).

Die Angabe, daß $XeOF_3$ existiert ($St2$), wurde nicht bestätigt ($M11$). Ferner wurde eine Mischung verschiedener Stoffe mit der Bruttozusammensetzung „$Xe_{1,2}O_{1,1}F_{3,0}$" erhalten: Man erhitzte Xenon und Sauerstoffdifluorid ($Xe:OF_2 = 1:1$) in einem Ni-Rohr (2 Stunden, 300—400 °C). Hierbei entstanden durchsichtige, farblose Kristalle, die leicht umsublimiert werden konnten. Statt OF_2 kann auch eine O_2/F_2-Mischung eingesetzt werden, jedoch ist dann die Ausbeute merklich geringer ($St4$). Da die Zusammensetzung dieser Proben nicht direkt durch Analyse, sondern indirekt aus der Zusammensetzung des nach der Reaktion noch vorhandenen Gases geschlossen wurde, sollten diese Angaben überprüft werden.

XII. Verhalten von Xenonverbindungen gegen Wasser

Die binären Fluoride des Xenons werden durch Wasser zersetzt. Sie schließen sich also in ihrem Verhalten auch hier den Fluoriden der vorangehenden Elemente, besonders deutlich aber den Halogeniden des Jods an. Von diesen ist bekannt, daß in wäßriger Lösung bei der Hydrolyse leicht Disproportionierung eintritt, z.B. nach

$$5\,JCl_3 + 9\,H_2O = 3\,HJO_3 + J_2 + 15\,HCl.$$

Diese Disproportionierungsreaktionen enden im allgemeinen mit der Bildung von J_2 und JO_3^-, also mit der Bildung von $J(0)$ und $J(V)$. Man wird daher, da einander entsprechende $J(V)$- und $Xe(VI)$-Verbindungen „isoelektronisch" sind, erwarten dürfen, daß XeF_2 und XeF_4 durch Wasser zersetzt werden. Neben elementarem Xenon sollte auch XeO_3 (gelöst) entstehen. Da ferner die Perjodate ebenfalls in wäßriger Lösung auftreten, ist die Existenz von „Perxenaten", also von $Xe(VIII)$-Derivaten, wenn sie *darstellbar* sind, in Analogie zu den Perjodaten verständlich. Wie bei den Perjodaten wird man ferner damit rechnen müssen, daß diese $Xe(VIII)$-Derivate die Koordinationszahl 6 gegen Sauerstoff zeigen.

1. Das Verhalten von XeF_2 gegen Wasser

Es ist bemerkenswert, daß XeF_2 durch Wasser und verdünnte Laugen oberhalb von 0 °C schnell gemäß

$$XeF_2 + H_2O = Xe + {}^1/_2\,O_2 + 2\,HF$$

zersetzt wird, wobei Xenon quantitativ als Gas entbunden wird.

So hat man z.B. auf tiefgekühlte XeF_2-Proben (77 °K) verdünnte ($K6$) bzw. 1-normale ($M12$) NaOH-Lösung gegeben. Beim Auftauen der Mischung trat zunächst an der Oberfläche der XeF_2-Probe eine Gelbfärbung auf. (Diese verschwindet jedoch, sobald das Eis schmilzt, und Xenon wird freigesetzt.)

Dieses Verhalten fällt deswegen auf, weil die dem $Xe(II)$ entsprechenden Verbindungen des einwertigen Jods nur disproportionieren, z.B. JCl mit Wasser nach

$$5\,JCl + 3\,H_2O = HJO_3 + 5\,HCl + 2\,J_2,$$

wobei intermediär JOH entstehen soll ($G8$); in stark salzsaurer Lösung wird JCl jedoch durch Bildung der Verbindung $JCl \cdot HCl$ stabilisiert.

Offensichtlich wird man auch beim XeF_2 zunächst Hydrolyse nach

$$XeF_2 + 2\,H_2O = 2\,HF + Xe(OH)_2 \text{ bzw. } XeO \cdot H_2O$$

annehmen dürfen. Der vollständige Zerfall in elementares Xenon würde dann anzeigen, daß der Zerfall des thermodynamisch vermutlich instabilen XeO bzw. $Xe(OH)_2$ schneller als die Disproportionierungsreaktion

$$3 XeO \text{ (bzw. } Xe(OH)_2) \rightarrow XeO_3 + 2 Xe + \cdots$$

abläuft. Man kann nach den vorliegenden spärlichen Angaben z.Z. nichts darüber sagen, was bei vorsichtigem Arbeiten in der Kälte unter Verwendung *sehr stark* alkalischer Lösungen geschieht: möglicherweise tritt dann doch eine Disproportionierung ein, so wie man aus Analogiegründen erwarten sollte.

An das Verhalten von JCl in stark salzsaurer Lösung erinnert die Feststellung, daß XeF_2 nur in alkalischer Lösung so schnell zersetzt wird. In Eiswasser gelöst, bleibt es zunächst unverändert (maximal 25 g/l Lösung); nach siebenstündigem Stehen war die Hälfte zersetzt. Beim Erwärmen findet schnellere Zersetzung statt, ebenso in Gegenwart von H_2SO_4 oder HF (*A 4*).

Solche XeF_2-Lösungen wirken stark oxydierend, aus KJ-Lösung wird z.B. Jod freigesetzt. Aus Salzsäure entsteht freies Chlor, Jodat wird zu Perjodat, Cer(III)- zu Cer(IV)-Lösung, zweiwertiges zu dreiwertigem Cobalt und Ag^I zu Ag^{II} oxydiert. Am auffälligsten erscheint, daß alkalische Xe(VI)- zu Oxoxenat(VIII)-Lösungen oxydiert werden.

Man hat den Eindruck, daß in wäßriger Lösung XeF_2 als unveränderte Molekel anwesend ist: Mit CCl_4-Lösung kann man die oxydierend wirkende Komponente ausschütteln (Verteilungsquotient 2,3 zugunsten der wäßrigen Phase), beim Eindampfen im Vakuum entweicht leicht flüchtiges XeF_2, wie massenspektroskopisch nachgewiesen wurde. Andere Xenonverbindungen traten im Massenspektrogramm nicht auf (*A 4*).

Die Anwesenheit der XeF_2-Molekel in der wäßrigen Lösung wird schließlich auch dadurch bestätigt, daß das UV-Absorptionsspektrum der Proben dem des XeF_2-Gases, nur zu etwas längeren Wellenlängen hin verschoben, entspricht. Sobald man jedoch NaOH- oder $Ba(OH)_2$-Lösung zu derartigen Lösungen hinzufügt, tritt augenblicklich eine stark gelbe Farbe auf, und Zersetzung erfolgt. Man kann annehmen, (*A 4*), daß die für die auffällige Gelbfärbung verantwortliche Substanz identisch ist mit jener, die bei der Zersetzung von XeF_2-Kristallen vorübergehend an deren Oberfläche entsteht. Auch bei der Reduktion von stark alkalischen Xe(VI)-Lösungen mit H_2O_2 tritt vorübergehend eine Gelbfärbung auf. Man hat den Eindruck, daß eine Xe(II)-Verbindung, XeO oder z.B. $Xe(OH)_2$, oder aber eine Verbindung mit Xenon in zwei verschiedenen Oxydationsstufen (vgl. S. 292) alle diese Farberscheinungen verursacht. (Eine früher beim Auflösen von XeF_4 in NaOH-

Lösung beobachtete Gelbfärbung wird inzwischen ebenfalls darauf zurückgeführt, daß XeF_2 als Verunreinigung vorlag ($K7$, $A4$).) Auch bezüglich der Farbe würde sich ein „XeO" dem JO^-, dessen wäßrige Lösungen ja stark gelbe bis grünlichgelbe Farbe zeigen, anschließen.

Das Xe/XeF_2-Potential wäßriger Lösungen wird zu $\approx 2{,}2$ V abgeschätzt.

2. Die hydrolytische Zersetzung von XeF_4 durch Wasser

Bei der Umsetzung von XeF_4 mit Wasser oder wäßrigen Lösungen von NaOH findet unter Disproportionierung Hydrolyse statt. Ganz, wie man es auf Grund der Disproportionierungsreaktionen der J(III)-Verbindungen erwarten sollte, entsteht neben elementarem Fluor Xe(VI), nämlich XeO_3; ein Drittel des Xenons verbleibt in Lösung ($A7$, $M12$, $W12$). Man hat die Ansicht geäußert, daß im einzelnen hierbei die Reaktionen

$$\text{a)} \quad 3\,XeF_4 + 6\,H_2O = 2\,XeO + XeO_4 + 12\,HF$$
$$\text{b)} \quad XeO = Xe + {}^1/_2O_2$$
$$\text{c)} \quad XeO_4 = XeO_3 + {}^1/_2O_2$$

ablaufen ($A7$). Angesichts der Erfahrung, daß bei der hydrolytischen Zersetzung von J(III)-Verbindungen nie Bildung von Perjodat beobachtet wurde, erscheint zumindest die Bildung von XeO_4 im ersten Schritt unwahrscheinlich. Man könnte z. B. vermuten, daß an die primäre Bildung von XeO_3 die Reaktion mit NaOH anschließt, wobei neben Xenon, das entweicht, Perxenat entsteht.

3. Hydrolyse von XeF_6

Schon bei den ersten Darstellungen von XeF_6 wurde bei informierenden Versuchen über sein Verhalten gegen Wasser festgestellt, daß bei der Hydrolyse zunächst praktisch kein elementares Xenon entsteht. Die farblose Lösung besitzt stark oxydierende Eigenschaften. Das läßt vermuten, daß eine Säure $Xe(OH)_6$ entsteht, die durch KJ—Lösung zu elementarem Xenon reduziert wird ($D5$).

Zur Herstellung von wäßrigen Xe(VI)-Lösungen hat man dann beispielsweise etwa XeF_6 (5 g, umsublimiert) in Gegenwart von MgO (1,5 g) [zum Abbinden von HF] mit etwa 100 g H_2O umgesetzt. Nachdem das gebildete MgF_2 entfernt war (vgl. hierzu die Angaben bei ($A7$)), erhielt man schließlich eine wäßrige XeO_3-Lösung, die bezüglich des Xe-Gehaltes etwa 0,1 molar war.

Reine Lösungen von XeO_3 (bzw. $Xe(OH)_6$) in Wasser sind farblos, im Gegensatz zu ersten Angaben auch geruchlos und durchaus beständig. Die bei langem Aufbewahren (mehrere Monate) zuweilen beobachtete partielle Reduktion des Xenons wird vermutlich durch Verunreinigungen oder Staub ausgelöst. Durch vorsichtiges Eindampfen kann man XeO_3 erhalten. Während wäßrige Lösungen von XeF_2 (vor der endgültigen Zersetzung) die unveränderte Molekel XeF_2 enthalten, die etwa beim Destillieren bevorzugt verdampft oder z.B. durch CCl_4 extrahiert werden kann, hinterbleibt Xe(VI) stets in wäßriger Lösung; flüchtige oder mit organischen Lösungsmitteln extrahierbare Komponenten des Xenons wurden hier bislang nie beobachtet (*A 7, W 12*). (Ältere, gegenteilige Angaben (*K 8*) beziehen sich auf Proben, die vermutlich noch XeF_2-Anteile enthielten; vgl. hierzu (*A 4*).)

Die in Wasser gelöste Verbindung des sechswertigen Xenons (XeO_3) ist praktisch ein Nichtelektrolyt, wie die sehr geringe Leitfähigkeit solcher Lösungen anzeigt, und enthält, wie man aus der molaren Gefrierpunktserniedrigung geschlossen hat (*A 7*), pro Molekel nur ein Xenonatom.

Die Löslichkeit von XeO_3 in Wasser ist noch nicht bestimmt worden. Da man aber 4-molare Lösungen erhalten hat (vgl. hierzu auch die Angaben in (*M 11*)), ist die Löslichkeit sicher beträchtlich.

Die Untersuchung des Ramanspektrums solcher Lösungen und der Vergleich mit den Raman- und IR-Spektren des festen XeO_3 bzw. der Ionen $[TeO_3]^{2-}$, $[JO_3]^-$ und $[JO_4]^-$ bestätigt eindrucksvoll, daß auch in Lösung XeO_3 vorliegt (*C 13*). Die Tab. 23 gibt eine Übersicht der entsprechenden Frequenzen. Diese Untersuchung bestätigt damit zugleich, daß die Molekel XeO_3 auch in Lösung die Symmetrie C_{3v} besitzt. [Daneben wurden freilich auch sehr schwache Ramanbanden bei 933, 524 und um 460 cm^{-1} beobachtet. Diese wurden nicht dem XeO_3, sondern einer zweiten Komponente unbekannter Zusammensetzung (und vermutlich in geringer Konzentration vorliegend) zugeschrieben (*C 13*).]

Die Angaben über den Austausch der Sauerstoffatome zwischen den H_2O-Molekeln des Lösungsmittels und den O-Teilchen der gelösten XeO_3-Molekel sind widersprechend: Bezüglich des Austausches mit ^{18}O wurde selbst nach einer Stunde keine vollständige Reaktion festgestellt (*W 16*), während gelegentlich einer Untersuchung über die chemische Verschiebung mit Hilfe der magnetischen Kernresonanz im XeO_3 (bzw. $Xe(OH)_6$) durch ^{17}O bereits nach 3 Minuten völliger Austausch beobachtet wurde (*R 10*). Hier können erst weitere Untersuchungen Klarheit schaffen.

Solche XeO_3-Lösungen wirken stark oxydierend. (Das Redoxpotential Xe(VI)/Xe(0) wird in saurer Lösung auf 1,8 V, in alkalischer Lösung auf 0,9 V geschätzt (*A 7*)). J^- wird in saurer Lösung sehr schnell zu J_2 und Br^- (1 mol. HBr) zu Br_2 oxydiert, aber die Oxydation von J^- nimmt bei $p_H > 7$ deutlich ab, und die von Br^- sinkt mit abnehmender Konzentration an H^+ bzw. Br^-. In 1n-HCl findet die Oxydation zu Cl_2 nur langsam, in 2n-HCl schneller und in 6n-HCl sehr schnell statt. Saure Mn(II)-

Lösungen werden im Verlaufe mehrerer Stunden unter MnO_2-Bildung oxydiert, und nach noch längerer Zeit (?) beobachtete man auch Permanganatbildung ($A7$). Auch organische Verbindungen wie vicinale Diole oder primäre Alkohole werden in neutraler oder basischer (nicht jedoch in saurer) Lösung unter Bildung von Carbonsäuren und elementarem Xenon oxydiert ($J6$).

Übrigens wird Xe(VI) in derartigen XeO_3-Lösungen bei der polarographischen Reduktion in einem Schritt zu elementarem Xenon reduziert ($J7$).

Lösungen von Xenontrioxid in Wasser reagieren nur schwach sauer ($D5$, $W12$).

Es wurde festgestellt, daß XeO_3-Lösungen beim Versetzen mit Lauge zwischen $p_H = 10$ und 11 im UV-Spektrum charakteristische, entscheidende Änderungen erfahren [was freilich in deutlichem Gegensatz zu älteren Messungen des UV-Spektrums solcher Lösungen steht! ($W16$)], deren Auftreten damit begründet wird, daß die hydratisierte Form des XeO_3 in die deprotonierte Form übergeht ($A7$), z.B. nach

$$HXeO_4^- \rightleftarrows XeO_3 + OH^- \text{ (bzw. } XeO_3 \cdot H_2O \rightleftarrows HXeO_4^- + H^+)$$

mit einer Gleichgewichtskonstanten $K_B \approx 6,7 \times 10^{-4}$ (bezüglich näherer Angaben sei auf die Literatur verwiesen). Aber natürlich ist es auch möglich, daß statt des $HXeO_4^-$-Ions die XeO_3-Gruppe in nur lockerer Verbindung mit einem OH-Ion, also gemäß $XeO_3 \cdot OH^-$, vorliegt. Es sei bei dieser Gelegenheit vermerkt, daß Untersuchungen der sauren Lösungen darauf hinweisen, daß XeO_3 kein merklicher Protonenacceptor ist ($A7$), wie man anfangs vermutet hatte ($A8$). Die in stark alkalischer Lösung angenommene Bildung von $HXeO_4^-$-Ionen führte dazu, die in derartigen Lösungen beobachtete langsame Disproportionierung in elementares Xenon und Perxenat(VIII) gemäß

$$2\,HXeO_4^- + 2\,OH^- \rightarrow XeO_6^{4-} + Xe + O_2 + 2\,H_2O$$

zu formulieren.

An kinetischen Untersuchungen liegt bislang nur die der Reaktion von Xe(VI)-Lösungen mit Br^- und J^- vor ($K9$): Die Oxydation, bei der sich elementares Brom bildet, das mit überschüssigem Br^- nach

$$Br_2 + Br^- = Br_3^-$$

reagiert, vgl. z.B. ($L10$), wurde mittels optischer Messungen in Abhängigkeit von der Konzentration der Reaktionskomponenten XeO_3, H^+ und Br^- untersucht. Man fand, daß die Reaktion praktisch gemäß

R. Hoppe

$$\frac{d\{Br_3^- + Br_2\}}{dt} = -\frac{3 \times d\{XeO_3\}}{dt} =$$

$$= K_5 [XeO_3] \times [H^+]^2 \times [Br^-]^2, \tag{1}$$

also nach der fünften Ordnung verläuft.

In ähnlicher Weise wurde auch die Oxydation von J^- durch XeO_3 (aq.) optisch verfolgt (Bestimmung der J_3^--Konzentration aus der Intensität der Bande bei 2870 Å). Hier erhielt man

$$\frac{d\{J_3^- + J_2\}}{dt} = \frac{-3 \times d\{XeO_3\}}{dt} = k \times [XeO_3]^{0,94} \times [J^-]^{0,95} \times [H^+]^\circ \tag{2}$$

als (wohl vorläufiges) Ergebnis. Für die Aktivierungsenergien erhielt man in üblicher Weise k = 15,5 (1) bzw. 12,2 (2) kcal/Mol.

4. Darstellung wäßriger Xe(VIII)-Lösungen

Das auch in Substanz bereits dargestellte Xenontetroxid XeO_4 (vgl. S. 279) ist als Anhydrid jener Säure anzusehen, deren Salze in den alkalischen Lösungen des achtwertigen Xenons vorliegen. Diese Salze nennt man meist, in Analogie zu den Perjodaten, kurz Perxenate. Richtiger wäre es, sie als Oxoxenate(VIII) zu bezeichnen und die genauere Bezeichnung im Einzelfall anzugeben. (Na_4XeO_6 wäre also ein Hexoxoxenat(VIII).) [8]

Wäßrige Lösungen der Oxoxenate(VIII) kann man in verschiedener Weise erhalten:

1. Frisch bereitete alkalische Lösungen des sechswertigen Xenons werden durch wäßrige Xenondifluorid-Lösungen glatt zu den „Perxenaten" oxydiert, wobei XeF_2 zum elementaren Xenon reduziert wird (*A 4*).

2. Auch durch Einleiten von *Ozon* kann man solche Lösungen von Xe(VI)- in die Xe(VIII)-Verbindungen überführen.

3. Außer den beiden zuvor angegebenen Methoden, die zur präparativen Darstellung von Perxenaten wohl noch nicht benutzt wurden, existiert eine dritte Möglichkeit. Diese ist auch, im Gegensatz zu den zuvor genannten, bereits etwas eingehender studiert worden (*A 7*), obwohl noch manche Einzelheit (*K 10*) unklar ist:

Man läßt in stark alkalischer Lösung eine spontan eintretende Zersetzung der Xe(VI)-Verbindungen (z.B. XeF_6) ablaufen, bei der Oxoxenate(VIII) entstehen. An dieser Umwandlung des sechswertigen Xenons (das vermutlich intermediär als Oxoxenat(VI) vorliegt) in die Oxoxenate(VIII) ist nach den bisher vorliegenden, einander in manchen Punkten deutlich widersprechenden Untersuchungen folgendes auffällig:

---

[8] Eindeutiger noch sind Benennungen wie Hexoxoxenonat (VIII).

A. Es findet keine einfache Disproportionierung statt. Diese sollte formal nach

$$XeF_6 + 12\,NaOH = Na_6XeO_6 + 6\,NaF + 6\,H_2O \quad \text{(Hydrolyse)} \qquad (1)$$

und dann nach

$$4\,Na_6XeO_6 + 6\,H_2O = 3\,Na_4XeO_6 + Xe\uparrow \quad \text{(Disproportionierung)} \qquad (2)$$

insgesamt also nach

$$4\,XeF_6 + 36\,NaOH = 3\,Na_4XeO_6 + Xe\uparrow + 24\,NaF + 18\,H_2O \qquad (3)$$

oder jedenfalls doch nach einer analogen Abfolge von Reaktionen verlaufen. Es müßte bei reiner Disproportionierung, wie das Beispiel (1) bis (3) zeigt, ein Viertel des eingesetzten Xenons als Gas entweichen. Da die verschiedenen Untersuchungen darin übereinstimmen, daß mehr Xenon entweicht ($A\,7$, $W\,11$, $K\,10$), läuft sicher nebenher noch eine Reduktion ab. Bei der Hydrolyse von XeF_6 (und nach ersten Untersuchungen auch bei der Reaktion von XeO_3 mit wäßriger NaOH-Lösung) entweicht etwa die Hälfte des vorhandenen Xenons als Gas, was der Bruttogleichung

$$4\,XeF_6 + 32\,NaOH = 2\,Na_4XeO_6 + 2\,Xe\uparrow + 2\,O_2\uparrow + 24\,NaF + 16\,H_2O \qquad (4)$$

entspricht ($A\,7$). Ähnliche (vorläufige) Ergebnisse erhielt man bei der Reaktion stärker konzentrierterer wäßriger XeO_3-Lösungen mit Natronlauge ($W\,11$), zitiert nach ($A\,7$). Eine neuere Untersuchung ($K\,10$) hat bestätigt, daß die Reaktionsgeschwindigkeit dieser von einer zusätzlichen Reduktion begleiteten Disproportionierung ($A\,7$) stark mit der Temperatur zunimmt; bezüglich der Abhängigkeit von der Konzentration der Partner etc. sind jedoch von anderen Autoren deutlich andere Verhältnisse gefunden worden (vgl. unter B).

B. Zur Erklärung der neben der Disproportionierung ablaufenden Reduktion ist, besonders auch im Hinblick auf die Zersetzung reiner XeO_3-Lösungen mit NaOH nach ($W\,17$), vorgeschlagen worden ($A\,7$), intermediär die Bildung von Xe(IV)-Verbindungen, etwa gemäß

$$2\,HXeO_4^- \xrightarrow{\text{langsam}} XeO_2 + H_2XeO_6^{2-} \qquad (5)$$

$$H_2XeO_6^{2-} + 4\,Na^+ + 2\,OH^- \xrightarrow{\text{schnell}} Na_4XeO_6 + 2\,H_2O \qquad (6)$$

$$XeO_2 \xrightarrow{\text{schnell}} Xe + O_2 \qquad (7)$$

anzunehmen, und auch neuere Bearbeiter ($K\,10$) schließen sich dieser Annahme grundsätzlich an.

Ganz plausibel erscheint diese Annahme freilich nicht, denn bei der Hydrolyse von Xenontetrafluorid ist nur gelegentlich vollständige Zersetzung zu elementarem Xenon ($W\,12$), meist aber (und insbesondere in alkalischer Lösung) eine einfache Disproportionierungsreaktion beobachtet worden, und nur die Hälfte der ursprünglich vorhandenen Xe(IV)-Menge wurde als Xe-Gas entbunden. Man müßte, will man an der intermediären Bildung von Xe(IV) nach (5) festhalten, wohl schon annehmen, daß die hier mit XeO_2 bezeichnete Xe(IV)-Verbindung bei der Hydrolyse von XeF_4 nicht entsteht. Das wäre z.B. möglich, wenn aus XeF_4 zunächst $Xe(OH)F_3$ oder $XeOF_2$ oder ähnliche Stoffe entstehen, die dann schneller in Xe(0) und Xe(VI)- bzw. Xe(VIII)-haltige Lösung disproportionieren, als durch weitere Hydrolyse XeO_2 entsteht, das dann nach (7) in $Xe + O_2$ zerfällt.

Im übrigen wird auf Grund neuerer Untersuchungen ($K\,10$) angenommen, daß (5) und (7) die Umsetzung von XeO_3 mit alkalischen Lösungen nur unvollkommen beschreiben. Ausgedehntere Versuche, bei denen XeO_3 mit (0,25n bis 4,2n) NaOH- und (2,0n bis 3,6n) KOH-Lösungen unterschiedlicher Konzentration bei verschiedenen Temperaturen umgesetzt wurde, zeigten, daß mehr elementares Xenon entsteht, als nach den naiven Gleichungen

$$2\,XeO_3 = XeO_2 + XeO_4 \qquad\qquad (5')$$

$$\text{und} \quad XeO_2 = Xe\uparrow + O_2\uparrow \qquad\qquad (7)$$

zu erwarten ist.

Man hat vielmehr anzunehmen, daß bereits gebildetes Xe(VIII) mit noch vorhandenem Xe(VI) unter Bildung von Verbindungen, die Xenon gleichzeitig in verschiedenen Oxydationsstufen enthalten, reagiert, etwa gemäß:

$$n\,XeO_3 + XeO_4 = Xe_{n+1}O_{3n+4} \qquad\qquad (8)$$

Für die Bildung solcher Stoffe spricht nach ($K\,10$), daß schon vorangehende Untersuchungen vom Auftreten von Gelbfärbung ($M\,12,\ A\,7$) bei derartigen Versuchen berichten; schließlich wurde neuerdings, was ganz bemerkenswert erscheint, ein gelbes Oxoxenat $K_4XeO_6 \cdot 2\,XeO_3$ im festen Zustand erhalten ($A\,7$).

Diese Verbindungen sollen dann ihrerseits nach

$$Xe_{n+1}O_{3n+4} = XeO_4 + n\,Xe\uparrow + \tfrac{2}{3}n\,O_2\uparrow \qquad\qquad (9)$$

zerfallen können, wobei zusätzlich Xenon und Sauerstoff elementar entstehen. Entscheidend hierbei ist, daß nun das Verhältnis $O_2:Xe = 3:2 = 1,5$ ist, also mehr Sauerstoff pro Xenon entbunden wird, als nach (7) zu erwarten ist. Das aber wurde beobachtet ($K\,10$): Die zeitliche Messung der beim Umsatz von XeO_3-Lösungen mit KOH (aber auch NaOH) entbundenen Gase Xe und O_2 zeigt, daß nur anfangs $Xe:O_2$

$\approx 1:1$ ist, *später* aber der O_2-Gehalt steigt und sich dem Wert $Xe:O_2$ $\approx 2:3$ nähert!

Als weitere Stütze dieser Annahmen (9) führen die Autoren schließlich an, daß bei der Reaktion zwischen XeO_3 und LiOH keine Gelbfärbung beobachtet wurde, gleichzeitig aber das Verhältnis $O_2:Xe \approx 1:1$ im entbundenen Gas eingehalten wird; ferner wurde hier, während sonst bis zu $^2/_3$ (und mehr) des eingesetzten Xenons gasförmig entwich (9!), nur die Hälfte des vorhandenen Xenons (7) freigesetzt.

C. Wie wenig man zur Zeit sichere Auskunft über solche Reaktionen in wäßriger Lösung geben kann, geht aus der folgenden Beobachtung (*A 7*) hervor:

Bei der Hydrolyse von XeF_6 mit NaOH-Lösung unter milden Bedingungen (z.B. 0 °C) erhält man zunächst ohne merkliche Gasentbindung F-haltige Xe(VI)-Lösungen, deren weitere spontane Umsetzung zu Perxenat und elementarem Xenon mit von Versuch zu Versuch stark schwankender Geschwindigkeit („Halbwertszeiten" der Umsetzung 2—20 Stunden) abläuft.

D. Schließlich muß vermerkt werden, daß reine Xe(VI)-Lösungen in Natronlauge wesentlich langsamer in Perxenat und Xenon disproportionieren als die unter sonst gleichen Bedingungen aus XeF_6 und NaOH-Lösung erhaltenen Proben. Man könnte meinen, die Gegenwart der F$^-$-Ionen wirke katalytisch. Jedoch beschleunigt der Zusatz von NaF zu den reinen Xenat(VI)-Lösungen deren langsamere Umwandlung in Perxenat keineswegs. Man hat daher anzunehmen, daß noch unbekannte Stoffe oder Verunreinigungen für diese Unterschiede verantwortlich zu machen sind. Hierfür spricht nach (*A 7*), daß häufig die Perxenat-Ausbeute geringer als nach (4) berechnet ist und sich zuweilen auch unter sonst scheinbar gleichen Bedingungen überhaupt kein Perxenat bildet!

5. Eigenschaften wäßriger Perxenat-Lösungen

Am besten stellt man reine Perxenatlösungen durch Auflösen von Natriumhexoxoxenat (VIII), $Na_4XeO_6 \cdot aq$ (vgl. hierzu S. 295) in Wasser dar. Hierbei entsteht eine stark basische Lösung; pro Mol Na_4XeO_6 entsteht nach

$$Na_4XeO_6 + H_2O \rightarrow HXeO_6^{3-} + OH^- + 4\,Na^+ \tag{10}$$

etwa auch ein Mol OH$^-$-Ion. (Eine 0,0036 m Lösung besitzt bei 24 °C den p_H-Wert 11,6).

Wäßrige Perxenat-Lösungen zersetzen sich langsam, wobei Sauerstoff entsteht und sich Oxoxenat(VI) bilden soll. (Isoliert wurde freilich bislang kein einziges Oxoxenat(VI)!) Die Zersetzungsgeschwindigkeit ist stark p_H-abhängig, nimmt mit steigender OH-Ionen-Konzentration ab und läuft unterhalb $p_H = 7$ augenblicklich vollständig ab. (Der Mechanismus dieser Zersetzung ist wahrscheinlich recht komplex.) Dieses Verhalten erinnert an das der Perjodsäure H_5JO_6, die zwar in wäßriger Lösung *kurzfristig* bis zum Sieden erhitzt werden kann, aber bereits bei Zimmertemperatur langsam unter Bildung von Jodsäure (und Ozon) zerfällt (*G8*), wie es auch den Bildungsenthalpien der wäßrigen Lösung von HJO_3 und HJO_4 entspricht.

Solche Perxenatlösungen sind starke Oxydationsmittel, was nach dem Verhalten der Perjodsäure nicht wundert; bei derartigen Umsetzungen sollen zunächst Oxoxenate(VI) entstehen. So wird in basischer Lösung J^- zu J_2, Br^- zu Br_2 und Cl^- (in schwach saurer Lösung) durch Perxenatzusatz zu Cl_2 oxydiert; aus Mn(II)-Salzen wird Permanganat gebildet. Jodsäure wird zu Perjodsäure und ferner Co(II)- zu Co(III)-Lösung oxydiert. Da die letztgenannten Reaktionen auch eintreten, wenn man die Perxenatlösung in die angesäuerte Lösung des Reaktionspartners gibt, ist die freie Perxenonsäure augenscheinlich doch kurzfristig intermediär vorhanden.

Das UV-Absorptionsspektrum der Perxenate, von dem bereits früher eine starke Abhängigkeit vom p_H-Wert berichtet wurde (*A8*), ist nach erneuten Untersuchungen durch zwei isosbestische Punkte bei 220 und 270 mμ charakterisiert; das Lambert-Beersche Gesetz gilt im Bereich von 3×10^{-4} bis 3×10^{-3} molaren Lösungen über den gesamten p_H-Bereich. Es sind also zumindest 2 Hauptbestandteile in solchen Lösungen anzunehmen. Unter Berücksichtigung der Ergebnisse potentiometrischer Titrationen ist geschlossen worden, daß alle Beobachtungen am einfachsten durch die folgenden Gleichungen beschrieben werden können:

$$HXeO_6^{3-} + H^+ \rightleftarrows H_2XeO_6^{2-} \quad p_K \approx 10{,}5 \tag{11}$$
$$H_2XeO_6^{2-} + H^+ \rightleftarrows H_3XeO_6^- \quad p_K \approx 6 \tag{12}$$
$$H_3XeO_6^- \rightarrow HXeO_4^- + {}^1/_2 O_2 + H_2O \tag{13}$$
$$HXeO_4^- + H^+ \rightleftarrows XeO_3 + H_2O \tag{14}$$

Von diesen Reaktionen ist die entsprechende Zersetzung nach (13), wie bereits oben betont, sehr stark p_H-abhängig.

Schließlich seien die Oxydationspotentiale der in wäßriger Lösung bekannten Xenonverbindungen zusammengestellt (*A4, A7*):

In alkalischer Lösung:

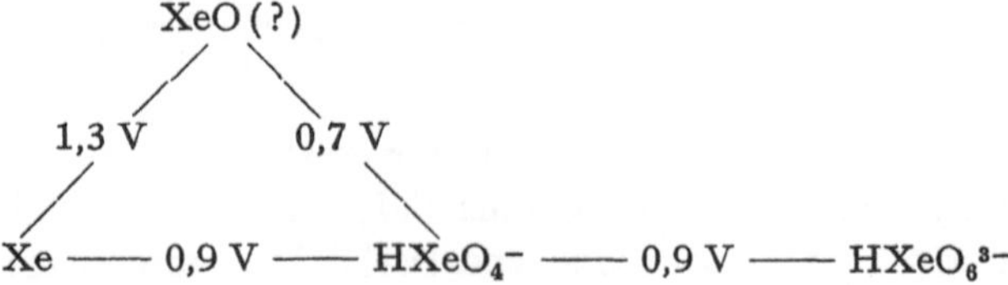

In saurer Lösung:

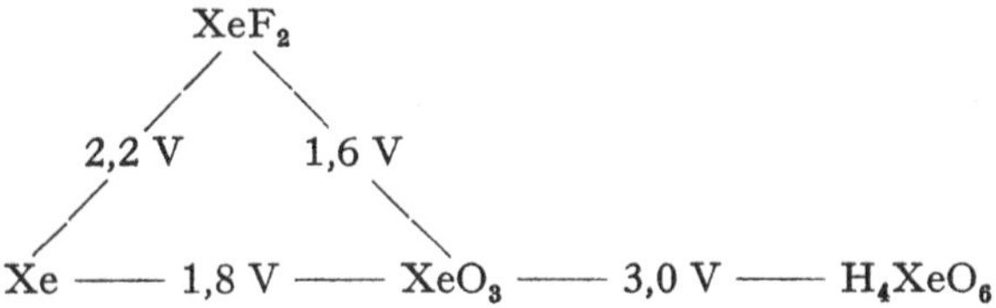

XIII. Eigenschaften der festen Oxoxenate

Es ist zweifelhaft, ob man bislang Oxoxenate(VI) in fester Form erhalten hat.

1. Bariumhexoxoxenat(VI), Ba_3XeO_6

Dieser Stoff entsteht nach *v. Grosse* (*K 8*) (sowie (*K 7*), zitiert nach (*A 7*)), wenn man zu einer Lösung von reinem Xenontrioxid, XeO_3, in Wasser bei 0 °C Barytwasser gibt. Bei schneller Zugabe soll man praktisch vollständige Ausbeute des in Wasser wenig löslichen Niederschlages (Löslichkeit 0,25 g/l bei 20 °C) erhalten. Die Autoren geben ferner an, auch entsprechende Natrium- und Kaliumverbindungen erhalten zu haben, führen jedoch keine Analysendaten an. Bei Zimmertemperatur soll auch bei monatelangem Aufbewahren keine Zersetzung eintreten, wohl aber beim Erhitzen von Ba_3XeO_6: langsam bei 125 °C, schnell und vollständig bei 250 °C.

Bei der Nachprüfung (*A 7*) dieser Angaben ist dann festgestellt worden, daß der Niederschlag, der bei Zugabe von $Ba(OH)_2$-Lösung zur XeO_3-Lösung entsteht, zwar im ersten Augenblick noch ein Oxoxenat(VI) darstellen mag, daß aber schnell unter Gasentbindung Zersetzung eintritt, wobei Oxoxenat(VIII) gebildet wird. Diese Autoren konnten *kein* Bariumoxoxenat(VI) isolieren.

2. Natriumhexoxoxenat(VIII)-Oktahydrat, $Na_4XeO_6 \cdot 8H_2O$

Die Verbindung ist zuerst bei der hydrolytischen Zersetzung von XeF_6 in starker Natronlauge erhalten worden (*M 12*). Hierbei entstehen jedoch nach weiteren Untersuchungen (*A 7*) keine reinen Proben. Der Niederschlag ist vielmehr immer fluorhaltig. Reine Proben von Na_4XeO_6 sind dann durch Einleiten von Ozon in eine alkalische Lösung (1 n-NaOH) von XeO_3 erhalten worden. Die Darstellung der Verbindung wird dadurch begünstigt, daß die Löslichkeit in Wasser gering ist und somit fast quantitative Ausfällung eintritt. Der Wassergehalt der Proben (0,6 bis

R. Hoppe

8,0 H_2O/Mol Na_4XeO_6) hängt von der Nachbehandlung beim Trocknen ab. Meist haftet so dargestellten farblosen, feinkristallinen Proben von Na_4XeO_6 etwas Na_2CO_3 als Verunreinigung an. Es sind mehrere Hydrate beobachtet worden.

Das Oktahydrat, $Na_4XeO_6 \cdot 8H_2O$, ursprünglich als Pentahydrat angesprochen (*S7*), kristallisiert orthorhombisch mit den Gitterkonstanten a = 11,864 Å,   b = 10,358 Å,   c = 10,426 Å $\pm$ 0,005 Å (*I3*).   Frühere Angaben (a = 11,87 Å,   b = 10,47 Å,   c = 10,39 Å (*H29*)) sind damit überholt, ältere Angaben über $Na_4XeO_6 \cdot 5H_2O$ (a = 10,36 Å,   b = 10,45 Å,   c = 11,87 Å (*S7*)) beziehen sich, wie man aus den Abmessungen der Elementarzelle schließen kann, wahrscheinlich auf das Oktahydrat. Es sind $Z = 4$ Formeleinheiten pro Elementarzelle vorhanden:

$$d_{obs} = 2,33 \pm 0,05 \text{ g} \cdot \text{cm}^{-3}$$

$$d_{I3} = 2,38 \text{ g} \cdot \text{cm}^{-3}$$

$$\text{Molvolumen} = 194,4 \text{ cm}^3.$$

Es liegt die Raumgruppe D_{2h}^{14} – Pbcn vor. Die spezielle Punktlage 4(c) dieser Raumgruppe wird von 4 Xe, 4 O_I und 4 O_{II} besetzt:

$$\pm (0, y, \tfrac{1}{4}; \tfrac{1}{2}, \tfrac{1}{2} + y, \tfrac{1}{4});$$

in der allgemeinen Punktlage 8(d)

$$\pm (x, y, z; \tfrac{1}{2} - x, \tfrac{1}{2} - y, \tfrac{1}{2} + z; \tfrac{1}{2} + x, \tfrac{1}{2} - y, \bar{z}; \bar{x}, y, \tfrac{1}{2} - z)$$

befinden sich jeweils die Teilchen O_{III}, O_{IV}, H_2O_I, H_2O_{II}, H_2O_{III} und H_2O_{IV}. Die Koordinaten und Temperaturfaktoren sind in Tab. 25 angegeben.

Tabelle 25. *Parameter in $Na_4XeO_6 \cdot 8H_2O$ nach (I3)*

Atom	Punktlage	x	y	z	B (Å²)
Xe	4(c)	0	0,20199	$^1/_4$	anisotrop., vgl. (*I3*)
O_I	4(c)	0	0,3836	$^1/_4$	2,0
O_{II}	4(c)	0	0,0233	$^1/_4$	2,0
O_{III}	8(d)	0,1079	0,2041	0,3766	2,2
O_{IV}	8(d)	0,1190	0,2051	0,1301	0,8
Na_I	8(d)	0,1188	0,4299	0,4368	1,8
Na_{II}	8(d)	0,2811	0,2139	0,2644	1,9
H_2O_I	8(d)	0,3153	0,4159	0,4090	2,2
H_2O_{II}	8(d)	0,4364	0,1456	0,4255	2,0
H_2O_{III}	8(d)	0,3259	0,0174	0,1558	2,0
H_2O_{IV}	8(d)	0,3823	0,3486	0,1245	2,0

In der Kristallstruktur von $Na_4XeO_6 \cdot 8\,H_2O$ liegen diskrete, in sich abgeschlossene Baugruppen $[XeO_6]$ vor, die etwas verzerrte Oktaeder darstellen. Die Abstände Xe–O differieren etwas, können aber praktisch als gleich angesehen werden [vgl. Tab. 26]. Der Abstandsmittelwert Xe–O = 1,86 Å ist (erwartungsgemäß) größer als der Abstand Xe–O im XeO_3 (1,75 Å): Wegen der höheren Oxydationsstufe des Xenons im $[XeO_6]^{4-}$-Ion sollte der Abstand Xe–O einerseits kleiner sein als im XeO_3; durch die höhere Koordinationszahl (6 statt 3 + 3 wie XeO_3) wird jedoch dieser Effekt offensichtlich überkompensiert. Man kennt dies bereits von entsprechenden Verbindungen des Jods: Der Abstand J^{VII}–O = 1,93 Å (im $(NH_4)_2H_3[JO_6]$ nach (H 30)) zeigt zum Abstand J^{V}–O = 1,82 Å (im JO_3^- nach (I 4)) die gleiche Differenz. Auch die Abstände Te–O sind von entsprechender Größe: Te^{VI}–O = 1,89 (4×) bzw. 1,84 Å (2×) (im $KTeO_2(OH)_3$ nach (L 11)) und Te^{VI}–O = 1,83 bis 1,95 Å (im $[TeO(OH)_5]^-$-Ion nach (R 11)).

Sieht man die drei Hauptachsen der rhombischen Elementarzelle als praktisch gleich lang an, so entsprechen die Xe-Teilchen in ihrer gegenseitigen Lage der Abfolge einer kubisch dichtesten Kugelpackung. Zwischen den so angeordneten $[XeO_6]^{4-}$-Baugruppen befinden sich die Na-Teilchen, die jeweils (Na_I wie auch Na_{II}) 6 O-Teilchen als nächste Nachbarn besitzen. Diese lassen, wiederum deutlich verzerrt, noch ein „Oktaeder" erkennen. Je 2 dieser 6 O-Nachbarn gehören dabei einer $[XeO_6]$-Gruppe an, die 4 weiteren sind Bestandteil von H_2O-Molekeln.

Tabelle 26. $Na_4XeO_6 \cdot 8\,H_2O$; Teilchenabstände nach (I 3)

Xe–O_I	1,88 Å		Na_I–O_I	2,45 Å	Na_{II}–O_{III}	2,37 Å
O_{II}	1,85		O_{III}	2,43	O_{IV}	2,38
O_{III}	1,84	(2×)	H_2O_I	2,35	H_2O_I	2,61
O_{IV}	1,89	(2×)	H_2O_{II}	2,71	H_2O_{II}	2,59
Mittel	$1,86_4$		H_2O_{II}'	2,33	H_2O_{III}	2,39
			H_2O_{III}	2,44	H_2O_{IV}	2,35

Bezüglich der Nachbarschaftsverhältnisse wird auf die Angaben in Tab. 26 verwiesen. Es sei noch vermerkt, daß in der Struktur relativ kurze O–O-Abstände auftreten (2,63 Å bis 3,05 Å), die als Hinweis auf Wasserstoff-Brückenbindungen angesehen werden (I 3).

3. Natriumhexoxoxenat(VIII)-Hexahydrat, $Na_4XeO_6 \cdot 6\,H_2O$

Diese Verbindung ist ebenfalls kristallin erhalten worden (Z 1, Z 2):

Man vermischte die wäßrige Lösung von XeO_3 mit 6n NaOH-Lösung. Aus der zunächst entstehenden *gelben* Lösung(!) entstanden bei 5 °C farblose Kristalle des Hexahydrats. Bei höherer Temperatur (z.B. 60 °C) erhielt man mehr Kristalle, hierbei entstand jedoch das Oktahydrat. Man kann daher vermuten, daß das Hexahydrat im Ungleichgewicht entstanden ist. Die Kristalle sind auch unbeständiger als die des Oktahydrates; die meisten isolierten Einkristalle hielten sich im abgeschlossenen, noch etwas Mutterlauge enthaltenden Markröhrchen nur einige Stunden. Die für die Strukturbestimmung notwendigen Intensitätsdaten mußten daher an 5 verschiedenen Einkristallen gesammelt werden.

Im Gegensatz zum Oktahydrat, das sich auch nach tagelangem Bestrahlen mit Röntgenstrahlen in Glaskapillaren nicht merklich zersetzt, bildeten sich hier beim Hexahydrat (auch in Gegenwart der Mutterlauge und manchmal schon nach 2 Stunden in merklicher Menge) zwei verschiedene Zersetzungsprodukte (noch unbekannter Zusammensetzung), die dann ihrerseits nach längerer Zeit eine weitere Umwandlung erlitten.

$Na_4XeO_6 \cdot 6H_2O$ kristallisiert orthorhombisch in der Raumgruppe D_{2h}^{15} — Pbca mit den Gitterkonstanten a = 18,44 ± 0,01 Å, b = 10,103 ± 0,007 Å, c = 5,875 ± 0,005 Å. Die Elementarzelle ist der Metrik nach pseudohexagonal, für exakt hexagonale Metrik bei gleichem Zellvolumen und unveränderter Länge der a-Achse ($\equiv c_{hex}$) wären die Abmessungen

$$a_o = 18{,}44 \text{ Å} \ (= c_{hex}) \quad b_c = 10{,}138 \text{ Å} \ (= a_{hex} \times \sqrt{3}) \quad c_c = 5{,}853 \text{ Å} \ (= a_{hex})$$

zu erwarten.

Es ist also $(c/a)_{pseudohex.} = 3{,}15$, was praktisch dem Doppelten des für eine hexagonal-dichteste Kugelpackung geltenden Wertes ($1{,}63_3$) entspricht.

Es sind 4 Formeleinheiten pro Elementarzelle vorhanden, wie aus der dreidimensionalen Strukturaufklärung hervorgeht ($d_{rö}$ = 2,59 und d_o = > 2,17 g·cm^{-3}). Vier Xenon-Teilchen besetzen die spezielle Punktlage 4(a) = 0, 0, 0; $^1/_2$, $^1/_2$, 0; 0, $^1/_2$, $^1/_2$; $^1/_2$, 0, $^1/_2$ der angegebenen Raumgruppe, alle anderen Teilchen, nämlich jeweils 8 Na_I bzw. Na_{II} bzw. O_I bzw. O_{II} bzw. O_{III} bzw. H_2O_I bzw. H_2O_{II} bzw. H_2O_{III} besetzen die allgemeine Punktlage 8(c)

$$\pm (x, y, z; \ \tfrac{1}{2}+x, \ \tfrac{1}{2}-y, \ \bar{z}; \ \bar{x}, \ \tfrac{1}{2}+y, \ \tfrac{1}{2}-z; \ \tfrac{1}{2}-x, \ \bar{y}, \ \tfrac{1}{2}+z)$$

vgl. Tab. 27.

Wie im Oktahydrat $Na_4XeO_6 \cdot 8H_2O$ liegen auch hier im Hexahydrat $Na_4XeO_6 \cdot 6H_2O$ abgeschlossene, isolierte Baugruppen $[XeO_6]^{4-}$ vor. Die kürzesten Xe—O-Abstände treten innerhalb einer solchen Baugruppe auf; sie sind nach Tab. 28 etwas unterschiedlich. Das Abstandsmittel Xe—O = 1,84 ist nur wenig kleiner als der entsprechende Wert beim $Na_4XeO_6 \cdot 8H_2O$ (1,87 Å) und beim $K_4XeO_6 \cdot 9H_2O$ (1,86 Å); vgl. hierzu auch S. 304.

Die Anordnung der O-Teilchen in der $[XeO_6]$-Baugruppe kann aus dem regulären Oktaeder durch nur geringfügige Verzerrungen abgeleitet werden.

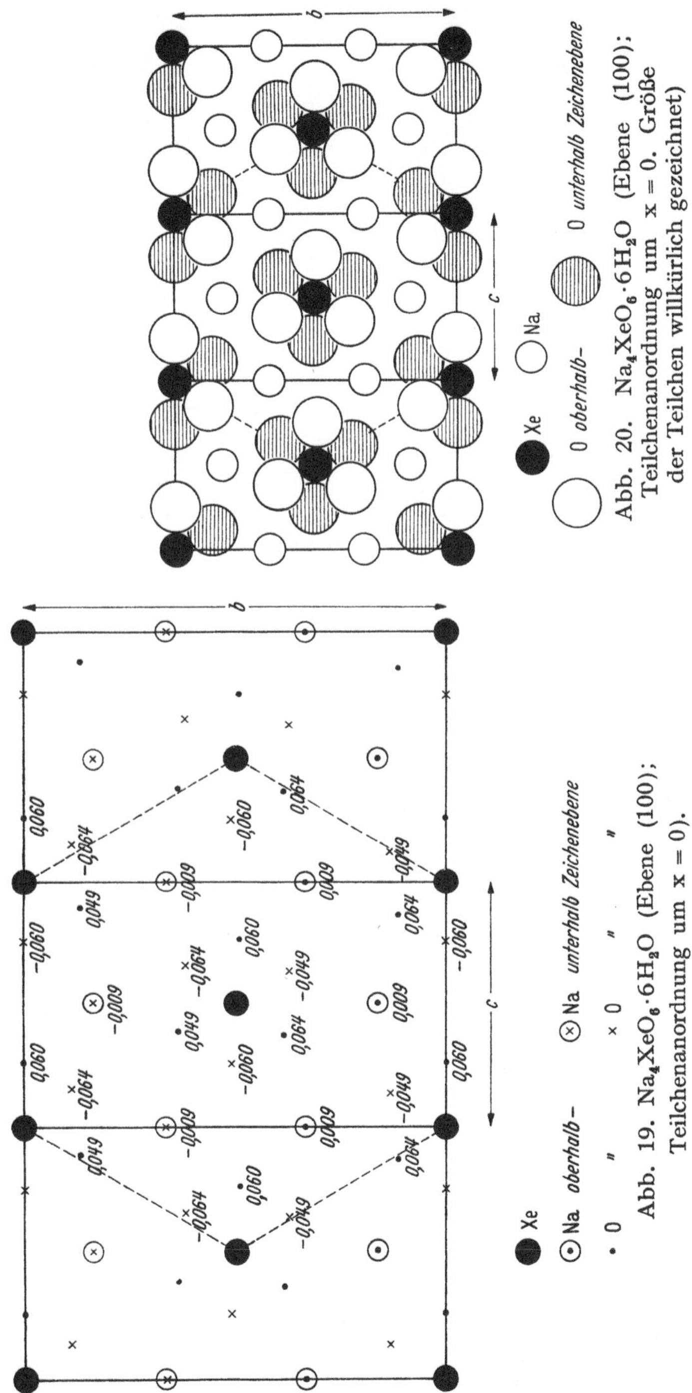

Abb. 20. $Na_4XeO_6 \cdot 6H_2O$ (Ebene (100)): Teilchenanordnung um x = 0. Größe der Teilchen willkürlich gezeichnet)

Abb. 19. $Na_4XeO_6 \cdot 6H_2O$ (Ebene (100)): Teilchenanordnung um x = 0).

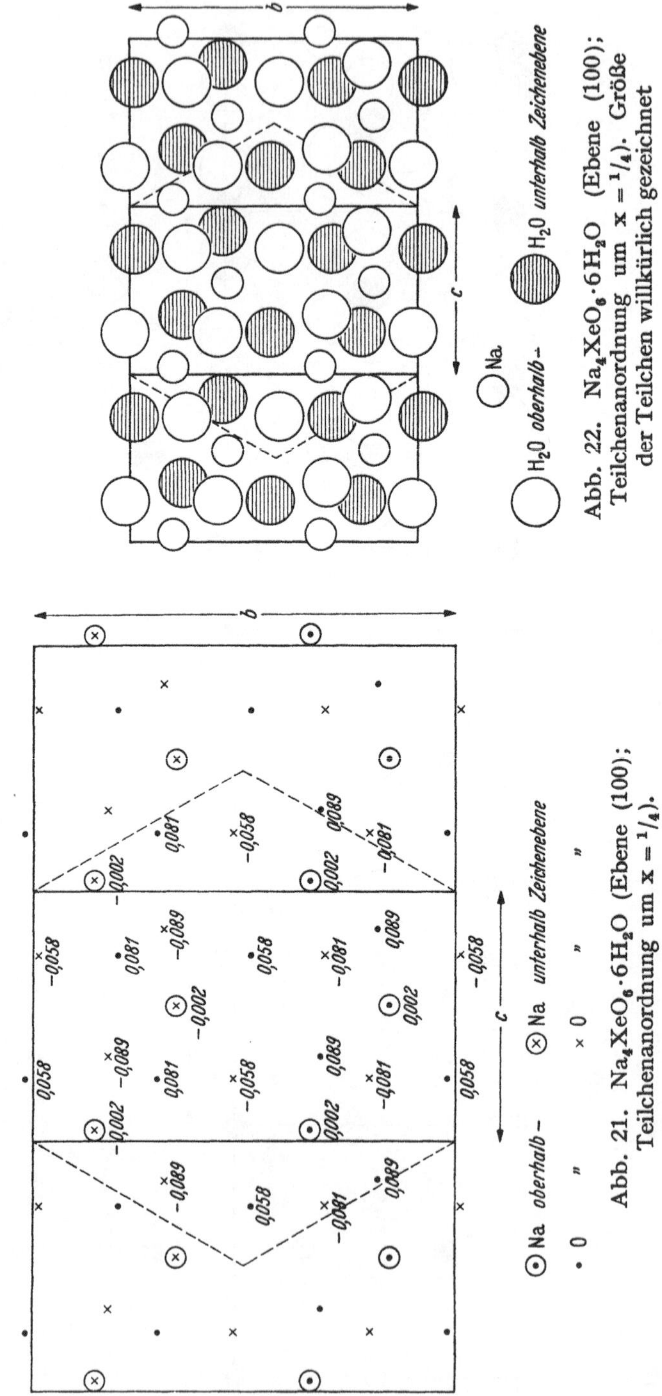

Abb. 22. $Na_4XeO_6 \cdot 6H_2O$ (Ebene (100)); Teilchenanordnung um $x = {}^1/_4$). Größe der Teilchen willkürlich gezeichnet

Abb. 21. $Na_4XeO_6 \cdot 6H_2O$ (Ebene (100)); Teilchenanordnung um $x = {}^1/_4$).

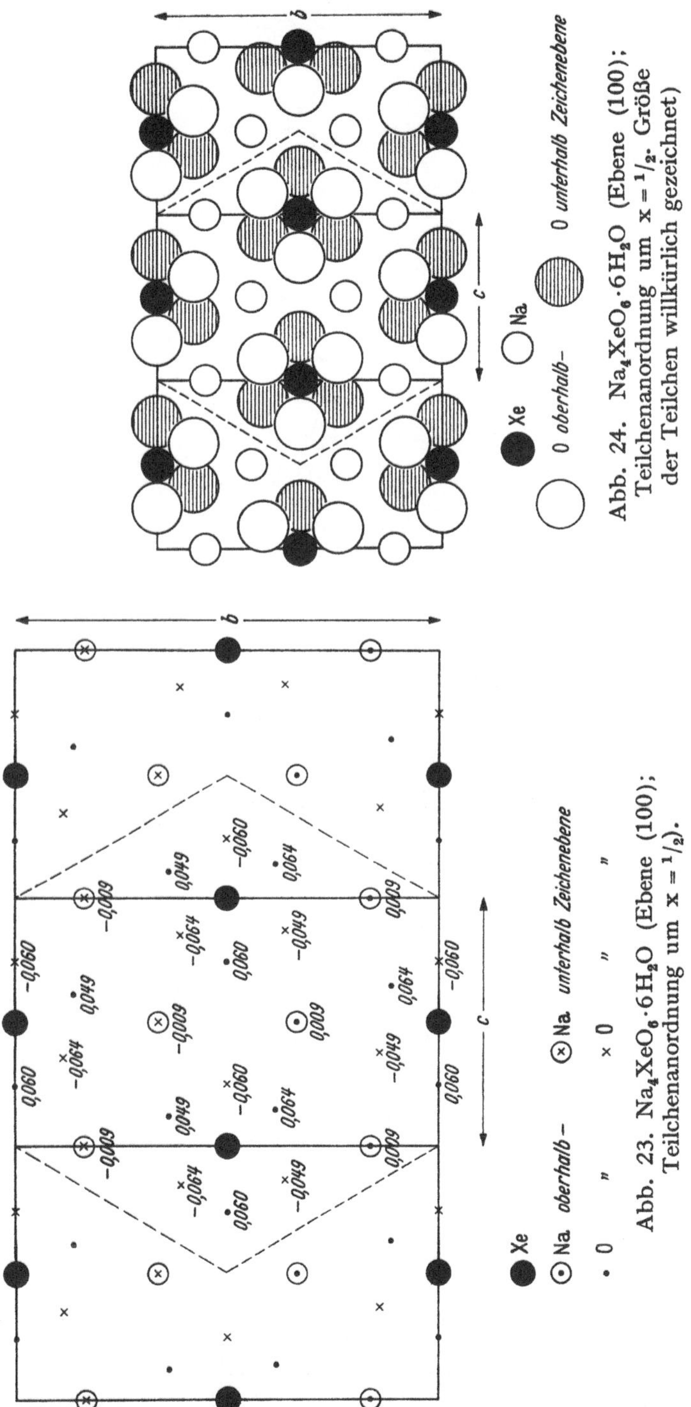

Abb. 24. $Na_4XeO_6 \cdot 6H_2O$ (Ebene (100)): Teilchenanordnung um $x = {}^1/_2$. Größe der Teilchen willkürlich gezeichnet)

Abb. 23. $Na_4XeO_6 \cdot 6H_2O$ (Ebene (100)): Teilchenanordnung um $x = {}^1/_2$.

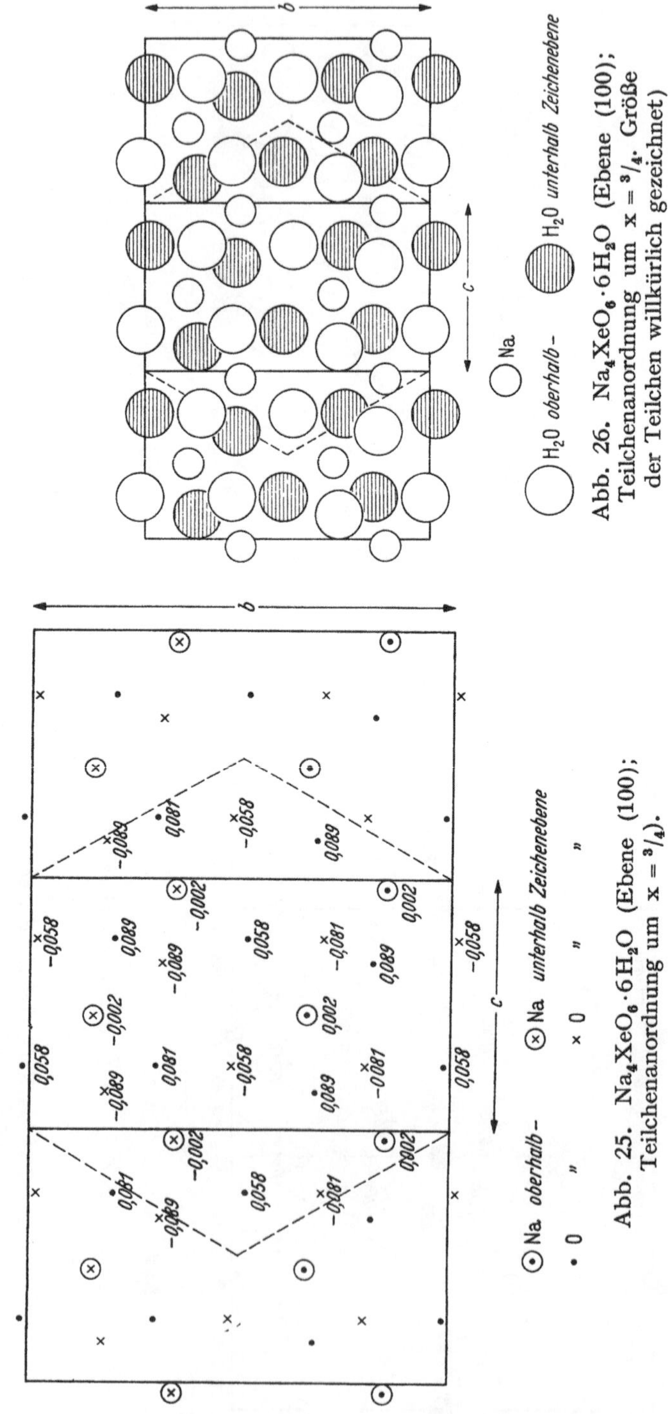

Abb. 26. $Na_4XeO_6 \cdot 6H_2O$ (Ebene (100); Teilchenanordnung um $x = {}^3/_4$. Größe der Teilchen willkürlich gezeichnet)

Abb. 25. $Na_4XeO_6 \cdot 6H_2O$ (Ebene (100); Teilchenanordnung um $x = {}^3/_4$).

Die $[XeO_6]^{4-}$-Gruppen sind, was die Lage der Xe-Teilchen angeht, so angeordnet, wie es der Abfolge einer hexagonal-dichtesten Kugelpackung weitgehend entspricht ($a_{rhomb} = c_{hex}$, vgl. oben).

Man kann auch sagen, daß längs [100] der rhombischen Zelle die zu den $[XeO_6]$-Gruppen gehörenden Sauerstoffteilchen O_I, O_{II}, O_{III} in ihrer Abfolge der Anordnung C H C H C H der Anionen im CdJ_2 (2. Modifikation) bzw. im $Cd(OH)Cl$ entsprechen[9], vgl. hierzu die Abb. 19 bis Abb. 26.

Nicht alle Natriumteilchen sind in gleicher Weise zwischen die $[XeO_6]$-Gruppen eingelagert. Bei den Na_I- und Na_{II}-Teilchen sind deutliche Unterschiede vorhanden.

Die Teilchen Na_I sind parallel der Ebene (011) der rhombischen Elementarzelle in jeweils praktisch gleicher Höhe mit den betreffenden Xe-Teilchen so zwischen die $[XeO_6]$-Gruppen eingelagert, daß Schichten $\{(Na_I)_2[XeO_6]\}$ entstehen, wobei die Lage der Na_I- und Xe-Teilchen weitgehend der Cd-Lage beim oben angeführten CdJ_2 entspricht. Die O-Teilchen sind, wie die Abstände der Tab. 27 zeigen, den Xe-Teilchen näher als den Na_I-Teilchen benachbart.

Ebenfalls parallel der Ebene (011) befinden sich, zwischen diesen $\{(Na_I)_2[XeO_6]\}$-Schichten, aber in der Höhe 1/4 und 3/4 angeordnet, die Na_{II}-Teilchen und die Hydratwasser-Teilchen, gemäß $\{(Na_{II})_2(H_2O)_6]\}$; die Anordnung dieser Teilchen für sich betrachtet entspricht hier also der eines Trihalogenids, dessen Struktur mit der des CdJ_2 verwandt ist (Beispiel: $AlCl_3$). Man erkennt die räumliche Anordnung am besten aus den Abb. 19 bis Abb. 26.

Tabelle 27. *Parameter bei $Na_4XeO_6 \cdot 6H_2O$ [Z 2)*

Atome	x	y	z	B (Å^2)
Xe	0,0	0,0	0,0	(0,85)*
Na_I	0,009	0,164	0,492	1,4
Na_{II}	0,252	0,155	0,539	1,6
O_I	0,060	0,004	0,253	1,2
O_{II}	0,064	0,115	0,854	1,7
O_{III}	0,951	0,136	0,127	1,0
H_2O_I	0,169	0,200	0,242	1,6
H_2O_{II}	0,340	0,183	0,835	1,5
H_2O_{III}	0,192	0,518	0,242	2,2

* Dieser Wert entspricht dem Mittel der anisotropen Temperaturfaktoren.

---

[9] Vgl. bezügl. der Nomenklatur z.B. *Wyckoff*, „Crystal Structures", 2. Aufl., Vol. 1, S. 274 (London 1963).

Tabelle 28. *$Na_4XeO_6 \cdot 6H_2O$-Teilchenabstände nach (Z 2)*

Atome	(Å)	Atome	(Å)	Atome	(Å)
$Xe-O_I$ (2×)	1,86	O_I-Xe	1,86	$O_{III}-Xe$	1,80
$Xe-O_{II}$ (2×)	1,87	O_I-Na_I	2,35	$O_{III}-Na_I$	2,41
$Xe-O_{III}$ (2×)	1,80	O_I-Na_I	2,60	$O_{III}-Na_I$	2,42
Na_I-O_I	2,35	O_I-O_{II}	2,60	$O_{III}-O_I$	2,52
Na_I-O_I	2,60	O_I-O_{II}	2,66	$O_{III}-O_I$	2,65
Na_I-O_{II}	2,41	O_I-O_{III}	2,52	$O_{III}-O_{II}$	2,55
Na_I-O_{II}	2,58	O_I-O_{III}	2,65	$O_{III}-O_{II}$	2,63
Na_I-O_{III}	2,41	$O_I-H_2O_I$	2,81	$O_{III}-H_2O_{II}$	2,76
Na_I-O_{III}	2,42	$O_I-H_2O_{II}$	2,69	$H_2O_I-Na_{II}$	2,37
$Na_{II}-H_2O_I$	2,37	$O_{II}-Xe$	1,87	$H_2O_I-Na_{II}$	2,44
$Na_{II}-H_2O_I$	2,44	$O_{II}-Na_I$	2,41	$H_2O_I-O_I$	2,81
$Na_{II}-H_2O_{II}$	2,39	$O_{II}-Na_I$	2,58	$H_2O_I-O_{II}$	2,77
$Na_{II}-H_2O_{II}$	2,59	$O_{II}-O_I$	2,60	$H_2O_{II}-Na_{II}$	2,39
$Na_{II}-H_2O_{III}$	2,39	$O_{II}-O_I$	2,66	$H_2O_{II}-Na_{II}$	2,59
$Na_{II}-H_2O_{III}$	2,45	$O_{II}-O_{III}$	2,55	$H_2O_{II}-O_I$	2,69
		$O_{II}-O_{III}$	2,63	$H_2O_{II}-O_{III}$	2,79
		$O_{II}-H_2O_I$	2,77	$H_2O_{II}-H_2O_{III}$	2,97
		$O_{II}-H_2O_{III}$	2,79	$H_2O_{III}-Na_{II}$	2,39
				$H_2O_{III}-Na_{II}$	2,45
				$H_2O_{III}-O_{II}$	2,79
				$H_2O_{III}-H_2O_{II}$	2,97

So wie jedes Na_I verzerrt oktaedrisch 6 nächste O-Nachbarn hat, die nur zu dieser Schicht, also zu $[XeO_6]$-Teilchen gehören, besitzt jedes Na_{II} ebenfalls verzerrt oktaedrisch angeordnet 6 nächste O-Nachbarn, die wiederum nur zu dieser anderen Schicht gehören, also alle den H_2O-Molekeln entstammen. Die räumliche Verknüpfung dieser in der hexagonal-dichtesten Abfolge [A]–[B]–[A]–[B] längs [100] gestapelten Schichten,

$$\{(Na_I)_2[XeO_6]\} \qquad \text{Position [A]}$$
$$\{(Na_{II})_2[H_2O]_6\} \qquad \text{Position [A']}$$
$$\{(Na_I)_2[XeO_6]\} \qquad \text{Position [B]}$$
$$\{(Na_{II})_2[H_2O]_6\} \qquad \text{Position [B']}$$

erfolgt über (nicht allzu starke) Wasserstoffbrückenbindungen[10] zwischen O-Teilchen der $[XeO_6]$-Gruppen und O-Teilchen der H_2O-Molekeln. Freilich befindet sich $^1/_6$ der Wasserstoffbrückenbindungen auch innerhalb der H_2O-Doppelschichten, in denen Na_{II} eingebettet ist.

4. Kaliumhexoxoxenat(VIII)-Nonahydrat, $K_4XeO_6 \cdot 9H_2O$

Die Kristallstruktur von $K_4XeO_6 \cdot 9H_2O$ ist ebenfalls aufgeklärt worden. Wie bei den zuvor erwähnten Verbindungen $Na_4XeO_6 \cdot 8H_2O$ bzw. $Na_4XeO_6 \cdot 6H_2O$ wurde die Zusammensetzung der untersuchten Verbin-

---

[10] Vgl. die zitierte Originalliteratur.

dung *nicht analytisch*, sondern *durch die Strukturaufklärung* mit Hilfe räumlicher Betrachtungen etc. festgestellt. So eindrucksvoll solche Untersuchungen auch erscheinen, es bleiben doch erhebliche Bedenken, wenn die Zusammensetzung der Verbindung nicht endgültig durch chemische Analysen gesichert ist.

Wegen der erheblich größeren Löslichkeit der Perxenate des Kaliums im Vergleich zu denen des Natriums hat es anfangs erhebliche Schwierigkeiten bereitet, derartige Verbindungen herzustellen. Mit $K_4XeO_6 \cdot 9\,H_2O$ liegt nun der erste Vertreter solcher Kaliumsalze vor (*Z3*).

Zur Darstellung verfuhr man wie folgt: Zunächst wurde eine konzentrierte KOH-Lösung mit etwas $KMnO_4$ so lange (3 Tage) auf 70 °C erhitzt, bis die Lösung wieder farblos war. Man dekantierte vom ausgefallenen Braunstein ab, vermied längere Berührung mit der Luft und setzte in Pyrexglasgefäßen mit einer frisch bereiteten wäßrigen Lösung von XeO_3 bei 0 °C im Vakuum um. Unter Gasentbindung trat Disproportionierung ein. Da beim Abkühlen der inzwischen angewärmten Lösung ($KOH:XeO_3 = 25:1$) kein Niederschlag bzw. Kristallisat auftrat, wurde vorsichtig im Vakuum bis fast zur Hälfte eingedampft und erneut XeO_3-Lösung hinzugegeben ($KOH: XeO_3 = 20:1$). Wieder trat, wenn auch in geringfügigerem Ausmaß, Disproportionierung ein. Kühlte man nun ab, so schieden sich farblose, durchscheinende Kristalle ab.

Derartige Kristalle erwiesen sich bei der Strukturaufklärung als recht beständig: sie zersetzten sich zwar leichter als $Na_4XeO_6 \cdot 8\,H_2O$, aber deutlich langsamer als die der Verbindung $Na_4XeO_6 \cdot 6\,H_2O$.

$K_4XeO_6 \cdot 9\,H_2O$ kristallisiert orthorhombisch mit a = 9,049 ± 0,004 Å, b = 10,924 ± 0,004 Å, c = 15,606 ± 0,006 Å in der Raumgruppe $C_{2v}^5 -$ $Pbc2_1$. In der Elementarzelle sind 4 Formeleinheiten vorhanden ($d_{rö} =$ 2,35 g×cm^{-3}). Alle Teilchensorten besetzen die allgemeine Punktlage

$$4(a): \quad x, y, z; \quad \bar{x}, \bar{y}, \tfrac{1}{2} + z; \quad \bar{x}, \tfrac{1}{2} + y, z; \quad x, \tfrac{1}{2} - y, \tfrac{1}{2} + z$$

Die Parameter der verschiedenen Teilchen sind in der Tab. 29 angegeben.

Die Elementarzelle von $K_4XeO_6 \cdot 9\,H_2O$ ist annähernd pseudotetragonal (a ≈ b) [deutlich aber auch pseudohexagonal: bei gleichem Zellvolumen und konstant gehaltener Länge der b-Achse müßte a = 9,03 Å (gefunden: 9,05 Å) und c = 15,64 Å (gefunden: 15,61 Å) sein, sollte die Metrik bei gleichem Zellvolumen hexagonal sein]. Die Xe-Teilchen als Schwerpunkte der [XeO_6]-Gruppen bilden daher in etwa eine tetragonal-allseitig-flächenzentrierte (c/a ≈ 1,6) Anordnung. Bei anderer Achsenwahl liegt dann (ebenfalls nur annähernd) eine tetragonalraumzentrierte (c/a ≈ 2,2) Anordnung dieser Teilchen vor.

Wählt man die pseudohexagonale Aufstellung (mit $b_{rhomb} = c_{hex}$ und $a_{rhomb} = a_{hex}$ sowie $c_{rhomb} = a_{hex} \cdot \sqrt{3}$), so liegt der Metrik nach eine hexagonal aufgestellte ($c_{hex}/a_{hex} = 1,21$) kubisch primitive Anordnung der Xe-Teilchen vor, die aber symmetriemäßig erhebliche Verzerrungen aufweist.

R. Hoppe

Tabelle 29. *Parameter bei* $K_4XeO_6 \cdot 9H_2O$ *nach* (Z3)

Atom	x	y	z	B (Å^2)
Xe	0,249	0,988	0,250	1,1*
K$_I$	0,628	0,987	0,339	2,1*
K$_{II}$	0,846	0,238	0,958	2,9*
K$_{III}$	0,307	0,227	0,026	3,2*
K$_{IV}$	0,877	0,989	0,139	1,9*
O$_I$	0,403	0,101	0,251	2,4
O$_{II}$	0,094	0,878	0,253	2,4
O$_{III}$	0,138	0,096	0,316	2,0
O$_{IV}$	0,176	0,058	0,151	2,2
O$_V$	0,323	0,918	0,351	1,6
O$_{VI}$	0,360	0,881	0,188	2,3
H$_2$O$_I$	0,654	0,839	0,190	1,9
H$_2$O$_{II}$	0,850	0,136	0,297	1,9
H$_2$O$_{III}$	0,873	0,829	0,369	2,2
H$_2$O$_{IV}$	0,692	0,046	0,506	3,0
H$_2$O$_V$	0,997	0,243	0,111	2,0
H$_2$O$_{VI}$	0,967	0,980	0,972	2,7
H$_2$O$_{VII}$	0,376	0,470	0,002	3,1
H$_2$O$_{VIII}$	0,493	0,262	0,886	3,1
H$_2$O$_{IX}$	0,606	0,150	0,124	2,8

* Entspricht dem Mittel der anisotropen Temperaturfaktoren.

Auch hier heben sich abgeschlossene Baugruppen [XeO$_6$] heraus. Innerhalb der Genauigkeit der Strukturbestimmung (die Absorption wurde z.B. nicht berücksichtigt!) liegt eine regulär-oktaedrische XeO$_6$-Baugruppe mit dem Abstand Xe—O = 1,86 Å (nicht auf thermische Bewegungen korrigiert) vor. Jedes der 4 kristallographisch verschiedenen Kalium-Teilchen pro Formeleinheit hat teils O-Teilchen der [XeO$_6$]-Baugruppen, teils O-Partikel der H$_2$O-Molekeln als Nachbarn; die Koordinationszahl von K gegen O ist ebenfalls bei den verschiedenen K-Teilchen jeweils etwas unterschiedlich und liegt zwischen 7 und 9, die entsprechenden Abstände betragen 2,67 bis 3,22 Å. Die Koordinationspolyeder der K-Teilchen sind von unregelmäßiger Gestalt. Die Verknüpfung der XeO$_6$-Gruppen mit den K-Teilchen über O- und H$_2$O-Teilchen ergibt ein recht unübersichtliches, dreidimensionales Gebilde.

5. Wasserfreies Na$_4$XeO$_6$

Es entsteht beim vorsichtigen Entwässern von Na$_4$XeO$_6 \cdot 8H_2O$ bei etwa 100 °C (A 7, S 23). Ob auch noch ein Dihydrat Na$_4$XeO$_6 \cdot 2H_2O$ existiert, ist nicht ganz sicher; durch Trocknen im N$_2$-Strom wurde jedenfalls eine Probe erhalten, deren Bruttozusammensetzung der Formel Na$_4$XeO$_6 \cdot$

$2,2\,H_2O$ entsprach ($A\,7$). Als Dihydrat wurde auch eine orthorhombische, nicht analysierte Verbindung angesehen, die mit

$$a = 10,10\ \text{Å} \qquad b = 5,87\ \text{Å} \qquad c = 6,23\ \text{Å}\ (Z\,2)\ \text{bzw.}$$
$$= 10,28\ \text{Å} \qquad = 5,77\ \text{Å} \qquad = 6,25\ \text{Å}\ (S\,7)$$

kristallisiert. Das Zellvolumen erscheint jedoch, betrachtet man die in Tab. 30 zusammengestellten Werte, für ein Dihydrat etwas hoch. Besser würde $Na_4XeO_6\cdot\frac{4}{2}H_2O$ zum gefundenen Zellvolumen passen.

Tabelle 30. *Molvolumen der Hydrate von* Na_4XeO_6

Zellvolumen	Molvolumen	Hydrat
777,7 cm³ ($I3$)	194,4 cm³	$Na_4XeO_6\cdot 8\,H_2O$
659,0 cm³ ($Z2$)	164,7 cm³	$Na_4XeO_6\cdot 6\,H_2O$
	$\Delta = 29,7$ cm³ pro $2\,H_2O$	
223,3 cm³ ($S7$)	erwartet für	$Na_4XeO_6\cdot 2\,H_2O$
222,5 cm³ ($Z2$)	$Na_4XeO_6\cdot 2\,H_2O$: ≈ 105	

Wasserfreies Natriumhexoxoxenat(VIII) Na_4XeO_6 zersetzt sich in der Wärme bei 360 °C abrupt.

Dargestellt wurden ferner Bariumhexoxoxenat(VIII), $Ba_2XeO_6\cdot\frac{4}{2}H_2O$ (mit etwas $BaCO_3$ verunreinigt). Die Zusammensetzung wurde analytisch bestimmt. Wie die Natriumverbindung ist Ba_2XeO_6 recht beständig; bei etwa 300 °C soll thermische Zersetzung erfolgen, ($S\,23$) nach ($A\,7$).

Entsprechende Verbindungen des Calciums und des Lithiums wie auch des Caesiums, ($K\,11$) nach ($Z\,3$), sind bereits ebenfalls dargestellt worden. Ferner liegen Angaben über Zellabmessungen von Verbindungen unbekannter Zusammensetzung vor ($Z\,2$). Über $K_4XeO_6\cdot 2\,XeO_3$ vergl. S. 292.

XIV. Verbindungen des Kryptons

Als erste Verbindung des Edelgases Krypton wurde Kryptontetrafluorid, KrF_4, im Februar 1963 durch *A. v. Grosse* und Mitarbeiter beschrieben ($G\,10$). Diese Proben wurden anschließend auch bezüglich der magnetischen Kernresonanz des ^{19}F untersucht ($B\,27$). Man fand, daß sich die chemische Verschiebung von ^{19}F beim KrF_4 ($\delta = -254$ ppm, bezogen auf HF) der von XeF_4 ($\delta = -175$ ppm) gut anschließt und ausgezeichnet mit dem für KrF_4 berechneten Wert übereinstimmt.

Nun sind jedoch die Versuche zur Darstellung von KrF_4 kürzlich von anderer Seite wiederholt worden ($Sch\,5$). Dabei hat man nur Kryptondifluorid, KrF_2, nicht aber Kryptontetrafluorid, KrF_4, erhalten. Damit ist zur Zeit zweifelhaft, ob seinerzeit überhaupt KrF_4 dargestellt wurde, das allenfalls auch nur bei sehr tiefen Temperaturen (fl. N_2) haltbar sein dürfte. Ferner dürfte damit feststehen, daß bei höheren Temperaturen bis hin zu 0 °C nur KrF_2 existiert. Die Messungen der magnetischen Kernresonanz des ^{19}F zwischen −50 °C und −30 °C sind daher nach dem heutigen Wissen nicht an KrF_4-Proben, sondern bestenfalls am KrF_2 erfolgt[11].

Man kann damit bezweifeln, ob solche Messungen z.Z. schon treffend gedeutet werden können. − Auch die Existenz des „Bariumkryptats", $BaKrO_4$ (*St6*), das aus KrF_4 durch Hydrolyse in verdünnter $Ba(OH)_2$-Lösung entstehen und thermisch recht beständig sein soll, ist somit fraglich geworden.

Kryptondifluorid, KrF_2

Zuerst wurde Kryptondifluorid, KrF_2, in freilich unwägbarer Menge, nach der sogenannten „Matrixisolierungstechnik" dargestellt (*T2, T6*):

Man kondensierte eine Mischung der Gase Fluor, Krypton und Argon im Verhältnis 1:70:220 bei 20 °K langsam auf das CsJ-Fenster einer IR-Apparatur, bestrahlte dann mit *UV-Licht* (Mitteldruck-Quecksilberlampe) und untersuchte nach dreistündiger Bestrahlung IR-spektroskopisch, ob sich eine Verbindung gebildet hatte. Auf die Bildung von KrF_2 schloß man aus dem Auftreten zweier neuer Banden (bei 580 cm^{-1} und 236 cm^{-1}).

Ferner wurde KrF_2 (in Mengen von 100 mg) durch Aktivierung eines F_2/Kr-Gemisches im Elektronenstrahl erhalten:

In einem Ni-Gefäß (3 l Inhalt, ⌀ 15 cm, Eintrittsfenster eine 0,13 mm Ni-Folie mit nach innen ragender Blende) wurde die Mischung von Krypton mit sehr viel überschüssigem Fluor (Gesamtdruck p = 1 atm bei Raumtemperatur) bei −150 °C dem Elektronenstrahl ausgesetzt. Nach dem Abpumpen des überschüssigen Fluors und des nicht umgesetzten Kryptons wurde dann das feste Reaktionsprodukt umsublimiert. KrF_2 begann bei −60 °C, besser und schneller bei −40 °C bis −30 °C, in die mit Trockeneis oder flüssigem Stickstoff gekühlte Falle zu sublimieren (*M20*).

Auch wurde KrF_2 analog zur Darstellung von XeF_2 (*H3*) und von „KrF_4" (*G10*) aus F_2/Kr-Mischungen durch Anregung mit Hilfe elektrischer Funkenentladungen dargestellt:

In einer sorgfältig getrockneten und vorfluorierten Apparatur aus Pyrexglas (vgl. hierzu auch (*G10*) und (*St4*)) wurde die Gasmischung (F_2:Kr ≈ 2:1 oder 1,1:1) in Intervallen umgepumpt (1300 cm^3/min). Durch ein Kühlbad wurde die Temperatur im Reaktionsraum auf −183 °C gehalten, der Gesamtdruck betrug hierbei ≈ 20 mm Hg. Die Funkenentladungen (Cu-Elektrode, 15 mA, 3000−4000 V) führten zur Reaktion, wobei sich festes KrF_2 bildete und der Druck schnell sank. Durch „Umpumpen" wurde periodisch nach jeweils kürzerer Reaktionszeit neue Gasmischung eingelassen. Man erhielt so 250 mg KrF_2/Stunde.

---

[11] Überdies stimmen die Messungen an KrF_2-Proben mit den Werten überein, die für KrF_4 angegeben wurden (Sch. 5).

Nach Ablauf der Reaktion wurde auf −78 °C erwärmt, die Reaktionsprodukte wie SiF_4 und O_2F_2 verflüchtigten sich hierbei, KrF_2 hinterblieb. Schließlich erfolgte die weitere Reinigung durch Umsublimieren, wobei die letzten Anteile von Verunreinigungen wie SiF_4 und O_2F_2 entfernt wurden. Bezogen auf die eingesetzte Menge an Krypton betrug die Ausbeute an KrF_2 75 %.

Kryptondifluorid bildet farblose, tetragonale Kristalle. Die Abmessungen der Elementarzelle sind: a = 6,533 Å, c = 5,831 Å, c/a = 0,892 ($S\,28$).

Es sind Z = 4 Formeleinheiten in der Elementarzelle vorhanden ($d_{rö}$ = 3,24 g·cm^{-3}; d_{exp} = ?). Das Molvolumen beträgt 37,47 cm^3 und schließt sich damit vortrefflich dem Molvolumen des XeF_2 an:

Molvolumina von XeF_2 und KrF_2

KrF_2 = 37,5 cm^3		BrF_5 = 55,0 cm^3	
XeF_2 = 39,2 cm^3		JF_5 = 57,0 cm^3	
Δ = 1,7 cm^3		Δ = 2 cm^3	

Der Abstand Kr−F im KrF_2 kann, wie aus der folgenden Übersicht hervorgeht, zu Kr−F $\approx$ 1,8 Å abgeschätzt werden:

Abstände in einigen binären Fluoriden

BrF_3 nach ($M\,21$)	BrF_5 nach ($B\,15$, $St\,5$, $W\,11$)
Br−F = 1,810 Å (2 ×)	Br−F = 1,75 Å (2 ×)
1,721 Å (1 ×)	1,82 Å (1 ×)
	1,81 Å (1 ×)
XeF_2 (vgl. S. 235)	1.68 Å (1 ×)
Xe−F = 1,98 Å (2 ×)	

Von anderer Seite wird Kr−F $\approx$ 1,9 Å geschätzt ($C\,17$). Nimmt man entsprechend den Abstand Kr−F zu 1,8$_5$ Å an, so folgt unter Berücksichtigung des sicher auch hier anzutreffenden Abstandes F−F $\approx$ 3,0 Å zwischen den benachbarten F-Teilchen verschiedener Molekeln und aus der Länge der c-Achse (5,831 Å) der Elementarzelle, daß beim KrF_2 die linearen KrF_2-Molekeln schon aus räumlichen Gründen nicht wie beim XeF_2 parallel der tetragonalen c-Achse ausgerichtet sein können. Aus Abstandsbetrachtungen, auf die hier im einzelnen nicht eingegangen wird, gewinnt man den Eindruck, daß die KrF_2-Molekeln parallel der (100)-Ebene der Elementarzelle ausgerichtet sind. Raumgruppe und die Struktur des KrF_2 sind jedoch noch unbekannt; die untersuchten Kristalle zersetzten sich leicht unter dem Einfluß der Röntgenstrahlung. So müssen weitere Untersuchungen abgewartet werden.

Festes Kryptonfluorid sublimiert bereits unterhalb 0 °C schnell; anscheinend zersetzt es sich, wenn nicht bei tiefer Temperatur aufbewahrt, spontan. Der Dampfdruck ist daher im einzelnen noch nicht bestimmt worden. Vermutlich beträgt der Gleichgewichtsdampfdruck von festem KrF_2 bei 0 °C etwa 30 mm Hg (*Sch5*). Bei −78 °C kann KrF_2 längere Zeit praktisch unzersetzt aufbewahrt und auch untersucht werden. Pyrexglas wird unter diesen Bedingungen nicht merklich angegriffen.

Beim Versetzen mit Wasser, verdünnten Laugen, aber auch − im Gegensatz zu Xenondifluorid − mit verdünnten Säuren findet augenblicklich vollständige Zersetzung statt, wobei elementares Krypton und Sauerstoff entweichen.

Bei 20 °K IR-spektroskopisch untersuchte KrF_2-Proben (*T6*) zeigten eine relativ scharfe Bande bei 580 cm^{-1} ($\Delta\nu \approx 3{,}5$ cm^{-1}) und eine zweite Bande bei 236 cm^{-1}. Man hat hieraus auf eine lineare, symmetrische Molekel geschlossen (*T6*). Daß in der KrF_2-Molekel beide F-Teilchen äquivalent sind, folgt übrigens auch aus Messungen der magnetischen Kernresonanz von KrF_2-Proben, die in flüssigem HF gelöst sind (*Sch5*). (Bemerkenswert erscheint, daß in dieser KrF_2/HF-Lösung praktisch kein F-Austausch zwischen HF und KrF_2 beobachtet wurde, ganz im Gegensatz zu XeF_2!)

Ordnet man die beiden beobachteten IR-Banden der asymmetrischen Hauptvalenzschwingung und der Knickschwingung einer solchen linearen, symmetrischen KrF_2-Molekel zu, so erhält man für die entsprechenden Kraftkonstanten folgende Werte:

$$k_r \approx 2{,}59 \text{ mdyn/Å} \quad \text{und} \quad k_\delta/l^2 \approx 0{,}21 \text{ mdyn/Å},$$

diese Werte liegen auffällig nahe an den entsprechenden Werten für XeF_2, die „bond energy" beider Verbindungen sollte also (entgegen der Erwartung) von etwa gleicher Größe sein!

Bezüglich der magnetischen Kernresonanzmessungen (*Sch5*) am KrF_2 vgl. S. 334. Untersucht wurde auch das Elektronen-Spin-Resonanz-Spektrum des Radikals KrF.

Die Bildungsenthalpie des KrF_2 unter Normalbedingungen dürfte nur wenig von Null verschieden sein.

$KrF_2 \cdot 2SbF_5$, der entsprechenden Verbindung des Xenons ähnlich, entsteht bei Einwirkung von SbF_5 auf KrF_2 als farblose Verbindung. Diese schmilzt bei etwa 50 °C, wobei schnell Zersetzung in SbF_5, Kr und F_2 eintritt (*S27*), und reagiert mit organischen Substanzen unter Explosion. Auch mit AsF_5 reagiert Kryptondifluorid (bei −78 °C), aber diese Additionsverbindung konnte wegen ihrer Zersetzlichkeit noch nicht isoliert werden.

Bei der Hydrolyse von $KrF_2 \cdot 2SbF_5$ in etwas saurer oder alkalischer Lösung entsteht neben Krypton nicht nur elementares Fluor, sondern auch ein merklicher Anteil von F_2O.

XV. Analytik von Edelgasverbindungen

Zur Analyse von Edelgasverbindungen hat man sich häufig der Massenspektroskopie, daneben (oft in nicht befriedigendem Ausmaße) der klassischen Methoden der analytischen Chemie bedient. Für die Reinheitsprüfung bedient man sich vorteilhaft der IR-Spektroskopie, die jedoch gelegentlich auch bei dem Erstnachweis kleiner Mengen neu gebildeter Edelgasverbindungen (KrF_2) benutzt wurde.

Massenspektroskopisch sind bislang alle flüchtigen Verbindungen, also XeF_2 (($St2$, $H5$, $M19$, $M10$)), XeF_4 (z.B. ($M19$, $St2$, $S8$)) und XeF_6 ($M14$) sowie KrF_2 ($S24$) einerseits, $XeOF_4$ ($St2$) und XeO_4 ($H27$) andererseits untersucht worden. Man kann so unter günstigen Bedingungen 0,1 % XeF_4 in XeF_2-Proben nachweisen! ($M11$).

Zur quantitativen Analyse hat man XeF_2 mit Wasserstoff bei 400 °C reduziert ($W7$) und Xe sowie HF bestimmt ($C4$). Auch XeF_4 ($C4$) sowie $XeOF_4$ ($C10$) und XeF_6 können derart reduziert werden. Ferner ist zur Zersetzung von XeF_2 die Umsetzung mit verdünnter NaOH-Lösung ($M12$) sowie mit Ammoniakwasser, das etwas Hydraziniumhydroxid enthielt ($H5$), verwendet worden.

Mit überschüssigem Quecksilber reagiert XeF_4 ($K5$) wie auch XeF_6 ($W13$) unter Bildung von Hg_2F_2 bzw. HgF_2 und elementarem Xenon, was man zur Analyse benutzen kann.

Zur Analyse von KrF_2 hat man die Substanzproben mit verdünnter NaOH-Lösung vorsichtig erhitzt und die entstehenden Gase, deren Volumen unter Normalbedingungen zuvor bestimmt wurde, massenspektroskopisch analysiert ($Sch5$).

XVI. Thermochemie der Edelgasverbindungen

Der sicherste Weg, die Bildungsenthalpie und die anderen thermodynamischen Daten einer chemischen Verbindung zu bestimmen, ist noch immer, sie experimentell zu messen.

Handelt es sich um noch unbekannte oder nur vermutete, um sehr zersetzliche oder aus anderen Gründen schwierig zu handhabende Verbindungen oder um solche, deren Bildungsenthalpie aus anderen Gründen nicht bekannt oder nur schlecht zu bestimmen ist, so muß man versuchen, die thermochemischen Eigenschaften abzuschätzen. Es ist dabei bekannt, daß es oft recht leicht fällt, die Entropie einer Verbindung abzuschätzen, da man hier die Entropiewerte analoger Verbindungen heranziehen kann.

Anders steht es mit den Versuchen zur näherungsweisen Bestimmung der Bildungsenthalpie! Es sei nur daran erinnert, wie schwierig es etwa ist, aus den wohlbekannten Bildungsenthalpien der Oxide K_2O, CaO, Sc_2O_3, TiO_2, V_2O_5, CrO_3 einerseits und den gleichfalls bekannten Bildungsenthalpien der Chloride KCl, $CaCl_2$, $ScCl_3$, $TiCl_4$ andererseits verbindliche Aussagen über die Bildungsenthalpie von VCl_5 und $CrCl_6$ zu machen!

Bei Versuchen, Bildungsenthalpien abzuschätzen, stehen mehrere Möglichkeiten zur Verfügung:

1a) **Quantentheoretische Berechnungen** im Sinne einer strengen Theorie. Dieses Verfahren kommt z. Zt. praktisch kaum in Frage. Bereits bei der Berechnung von einfach zusammengesetzten Molekeln leichter Atome treten erhebliche Schwierigkeiten auf.

1b) **Halbempirische quantenchemische** Rechnungen unter Zuhilfenahme experimentell bekannter Daten analoger Verbindungen. Solche Rechnungen sind möglich und werden z. B. bei Anwendung der Ligandenfeldtheorie auf Komplexe der Übergangselemente in gewissem Ausmaße erfolgreich durchgeführt. Auf Festkörper sind solche Rechnungen freilich schwieriger auszudehnen, da die dort zu berücksichtigenden kollektiven Effekte die Rechnungen ungemein erschweren. Bei Verbindungen mit sehr schweren Atomen (und hierzu gehören die Xenonverbindungen) ist zusätzlich eine gewisse Skepsis geboten, zumal gerade[12] bei den Xenonverbindungen erschwerende Umstände hinzukommen.

2a) Nach dem **Born-Haberschen Kreisprozeß** sollte grundsätzlich die Berechnung von Bildungsenthalpien möglich sein, wenn die Verbindung als aus Ionen aufgebaut angesehen werden kann. *Klemm* hat darüber hinaus (*K3*) gezeigt, daß (zumindest bei den leichteren Elementen) auch solche Verbindungen der Rechnung zugänglich sind, die sicherlich überwiegend unpolar gebaut sind, wenn man nur geeignet vorgeht.

In der Tat hat man bereits frühzeitig diesen Kreisprozeß benutzt, um die Bildungsenthalpie der „Edelgasverbindung" $NeCl$ zu berechnen (*G5, E2*). Dieser Versuch ist aus zwei Gründen mißlungen: Einmal hatte man angenommen, daß dem Neonchlorid die Formel $NeCl$ (statt $NeCl_2$ oder allenfalls $NeCl_4$) zukommt, wobei man gemäß Ne^+Cl^- eine im $NaCl$-Typ kristallisierende salzartige Substanz voraussetzte, statt einen unpolaren Aufbau wie bei OF_2, NF_3 oder CF_4 anzunehmen. Zum zweiten hat man dann noch den Abstand $Ne{-}Cl$ im Ne^+Cl^- merklich zu hoch angesetzt. Bei Verwendung eines plausiblen Abstandes hätte sich zwar immer noch eine positive Bildungsenthalpie ergeben; der Betrag wäre

---

[12] Es sei z. B. erwähnt, daß die Spektren des Xenons noch nicht ausreichend analysiert wurden; vgl. S. 318.

aber deutlich niedriger gewesen. Es ist ein faszinierender Gedanke, daß bei einer glücklicheren Wahl der Voraussetzungen wohl schon zu jener Zeit erkennbar sein konnte, daß die berechneten Bildungsenthalpien von XeF_2 und RnF_2 für thermodynamische Stabilität sprechen. Das hätte neue Versuche sinnvoll erscheinen lassen.

2b) Besser ist es, alle Schwierigkeiten, die bei der praktischen Anwendung des Born-Haberschen Kreisprozesses auftreten können, dadurch zu mildern, daß man ihn auf zwei chemisch ähnliche Verbindungen gleichzeitig anwendet, von denen die eine bezüglich ihrer thermochemischen Eigenschaften hinreichend bekannt ist. Dieses Verfahren entspricht dem Vorgehen in 1b) und ist bei der Berechnung von Bildungsenthalpien nicht nur wegen der vereinfachten Rechnung, sondern auch wegen der numerischen Genauigkeit oft gut zu verwenden (*H 17*).

Hier seien zwei Beispiele auf diese Weise diskutiert.

3) Empirische Regeln und einfache Erfahrungssätze der Thermochemie können als ultima ratio verwendet werden, um erste Anhaltspunkte für oder gegen die thermodynamische Stabilität der diskutierten Verbindung zu erhalten.

Auch dieses Verfahren ist bei der Diskussion der Existenzmöglichkeit von Edelgasverbindungen erhebliche Zeit vor ihrer Entdeckung (*H 4*) benutzt worden, und *Bartlett* hat dann später in Anlehnung an *Hoppe* eine ähnliche Betrachtung angestellt (*B 23*), vgl. auch (*H 5*).

1. Empirische Abschätzungen von Bildungsenthalpien

Vergleicht man die konventionellen Bildungsenthalpien analoger Verbindungen (z.B. Na_2O und Ag_2O), so stellt man fest, daß diese Werte zwar für die Praxis zweckmäßig, wegen ihrer Beziehung auf die Standardzustände der Elemente aber nicht immer sehr aufschlußreich und daher für empirische Inter- und Extrapolationen nicht allgemein brauchbar sind. Es ist oft besser (vgl. z.B. (*H 32*)), auf jene Werte der Bildungsenthalpie umzurechnen, die für die Bildung der besagten Verbindung im Standardzustand, aber aus den gasförmigen Einzelatomen der beteiligten Elemente gelten (im folgenden mit $\Delta H_{298}^{\circ *}$ statt mit ΔH_{298}° bezeichnet). Die folgende Übersicht gibt ein Beispiel:

Bildungsenthalpien von Na_2O und Ag_2O

ΔH_{298}° und $\Delta H_{298}^{\circ *}$ nach (*H 32*)

ΔH_{298}° (Na_2O, fest) = $-99{,}4$ kcal/Mol

ΔH_{298}° (Ag_2O, fest) = $-7{,}3$ kcal/Mol

$\Delta H_{298}^{\circ *}$ (Na_2O, fest) = $-210{,}6$ kcal/Mol

$\Delta H_{298}^{\circ *}$ (Ag_2O, fest) = $-204{,}7$ kcal/Mol

R. Hoppe

Man erkennt, daß die thermische Unbeständigkeit des Ag_2O (und damit der „edle" Charakter des Silbers) thermochemisch gesehen wesentlich durch die (im Vergleich zum „unedlen" Natrium) große Sublimationsenthalpie des Silbermetalls bedingt ist.

Als *Woolf* (*W 4*) daher 1951 die Bildungsenthalpie für JF_5 bestimmt hatte und somit unter Benutzung der bereits bekannten Bildungsenthalpie des TeF_6 (*Y 2*) eine erste empirische Extrapolation auf die thermochemischen Eigenschaften der Xenonfluoride möglich erschien (*H 33*), wurden nicht die konventionellen, sondern die so umgerechneten Bildungsenthalpien ($\Delta H_{298}^{\circ *}$) benutzt. Schließlich wurde noch die Zahl der F-Teilchen pro Molekel dadurch berücksichtigt, daß man die Größe $-\Delta H_{298}^{\circ *}/n$ der Verbindung AF_n diskutierte, also die sogenannte „mittlere thermochemische Bindungsenergie" („bond energy"):

Zur Bildungsenthalpie von XeF_4 (H33)

	TeF_6	JF_3	XeF_4
Bildungsenthalpie (kcal/Mol)	−315	−205	($-120 < \Delta H_{298}^{\circ} < 0$)
mittlere thermochemische Bindungsenergie (kcal/Val)	79	64	($50 > $ m.th.B. $ > 20$)

Man erkennt, daß bei aller Unsicherheit, mit der solche Extrapolationen behaftet sind, klar wurde, daß XeF_4 gegen einen Zerfall in die Elemente thermodynamisch stabil sein sollte:

Bei der Reaktion von Xe und F_2 nach $Xe + 2F_2 = XeF_4$ ist ja pro Mol XeF_4 nur die doppelte Dissoziationsenergie der F_2-Molekel (2×36 kcal/Mol), also pro Bindung Xe—F etwa 18 kcal/Val aufzuwenden, und größer als dieser kritische Grenzwert ist die mittlere thermochemische Bindungsenergie nach der oben angeführten Betrachtung offensichtlich.

Bartlett hat dann viel später in gleicher Weise Werte der mittleren thermochemischen Bindungsenergie empirisch extrapoliert (*B 23*). Die von ihm angegebenen Kurven bestechen durch ihren glatten Verlauf, die Extrapolationen sind aber im einzelnen von gleicher Ungenauigkeit wie die von *Hoppe*, da die Sequenz (z.B. AsF_3 —SeF_4—BrF_5—KrF_4) entweder nicht folgerichtig fortgesetzt wird oder (z.B. SbF_3—TeF_4—JF_5—XeF_6) alle Unsicherheiten am Ende einer solchen Reihe (wie z.B. auch bei KCl—$CaCl_2$—$ScCl_3$—$TiCl_4$—VCl_5—$CrCl_6$) gegeben sind.

2. Zur Bildungsenthalpie von XeF_2, KrF_2 und $XeCl_2$

Man kann eine erste Aussage über die Bildungsenthalpie von Xenondifluorid, XeF_2, auf folgendem Wege gewinnen:

1. Es wird zunächst angenommen: Verbindungen wie JF, BrF, BrF_3 und BrF_5, bei denen man die geometrischen Abmessungen der freien Molekel gut kennt, können als aus Ionen aufgebaut angesehen werden.

2. Man kann unter der weiteren Annahme, es liegen *starre* Ionen vor, die Bildungsenthalpien der freien Gasmolekeln unter Standardbedingungen nach dem Born-Haberschen Kreisprozeß besonders einfach berechnen. Es soll hier in diesem Schritt nur der sogenannte „Madelunganteil der Molekelenergie" (MAME) ($H2$) berechnet werden.

3. Der Vergleich zwischen der so berechneten Enthalpie (MAME) und der experimentell bestimmten Bildungsenthalpie der betreffenden Verbindung im Gaszustand gibt darüber Aufschluß, wie groß der durch die offensichtlich unzutreffenden Annahmen 1. und 2. bedingte Fehler pro J–F bzw. Br–F-Bindung ist. (Dieser Fehler geht z.T. auf die kaum zutreffende Annahme reiner Ionenbindung, z.T. auf die aus Gründen der Vereinfachung erfolgten Vernachlässigung zusätzlicher Wechselwirkungen innerhalb der Molekel (Ion-Dipol-Wechselwirkung, Dispersionskräfte, Bornsche Abstoßung etc.) zurück.)

4. Man kann dann unter den gleichen Voraussetzungen die Bildungsenthalpie für XeF_2 berechnen und nun *empirisch* eine entsprechende Korrektur pro Xe–F-Bindung anbringen. Das Ergebnis solcher ganz einfachen Rechnungen ist in Tab. 31 zusammengestellt. Diese läßt folgendes erkennen:

1. Die Korrektur zwischen berechneter und gefundener Bildungsenthalphie, δ, beträgt beim JF –38 und beim BrF (wie auch beim BrF_3) –48 kcal/Mol (bzw. kcal/Val).

2. Wie groß ist δ für XeF_2 anzusetzen? Da man über die Bildungsenthalpien der Fluoride entsprechend niedriger Oxydationsstufen von Selen und Tellur (SeF_2 und TeF_2) nichts weiß, ist eine etwas willkürliche Auswahl von δ nicht zu umgehen.

3. Bleibt man beim Bilde von aus Ionen aufgebauten Verbindungen, so ist bei den Molekeln BrF, BrF_3 und JF in der Korrektur δ (pro Bindung M–F) sicher ein stärkerer Anteil für Ion-Dipol-Wechselwirkungen enthalten. Dieser ist bei der *linearen* XeF_2-Molekel (wie auch beim gleichfalls linearen KrF_2) nicht so stark vorhanden, da das im Xe^{2+} bzw. Kr^{2+}-Teilchen induzierte Gesamtdipolmoment Null ist. Man darf daher wohl $\delta(XeF_2) < \delta(JF)$ sowie $\delta(KrF_2) < \delta(BrF)$ ansetzen und schätzen, daß $\delta(XeF_2) \approx 30$ kcal/Val sowie $\delta(KrF_2) \approx 40$ kcal/Val betragen kann.

4. Mit diesen nach ($H2$) geschätzten δ-Werten erhält man: $\Delta H°$ (XeF_2, gas) $\approx$ –35 kcal/Mol, $\Delta H°(KrF_2$, gas) ≈ 0 kcal/Mol.

Das Ergebnis dieser Betrachtung stimmt mit den vorliegenden Kenntnissen unerwartet gut überein: Aus den „appearance potentials" der massenspektroskopischen Untersuchungen wurde die Bildungs-

Tabelle 31. *Zur Berechnung von Bildungsenthalpien von XeF_2 und KrF_2 nach dem Born-Haberschen Kreisprozeß (H 2)* (unter Anlehnung an bekannte Bildungsenthalpien von BrF, BrF_3, BrF_5 und JF) nach *(S 10, J 8, W 11)*

	JF	BrF	BrF_3
Zur Struktur der Molekel	J–F: 1,94 Å (hier geschätzt)	Br–F: 1,756 Å nach *(W 11)*	Br–F_1: 1,810 Å (2×) Br–F_2: 1,721 Å (1×) ∢ F_1BrF_2: 86,21° ∢ F_1BrF_1: 187,58° nach *(W 11)*
M.F. der Molekel	1,000	1,000	6,782
Aufzuwenden*	J_{gas}^+: +266,1 F_{gas}^-: − 79,5 +186,6	Br_{gas}^+: +301,3 F_{gas}^-: − 79,5 +221,8	nach *(S 10)* Br_{gas}^{3+}: +1629,6 3 F_{gas}^-: − 238,5 +1391,1
MAME*	−171,0	−189,0	−1307,6
Differenz ist .... statt ΔH_{298}° von: .... Diff./Mol: .... Diff./Val. = δ:	+ 15,6 JF: − 22,7 − 38,3 − 38	+ 32,8 BrF: − 14,7 − 47,5 − 48	+ 83,5 BrF_3: − 61,1 − 144,6 − 48

* ΔH_{298}°-Einzelwerte zum Kreisprozeß, stets in kcal/Mol

	BrF$_5$		XeF$_2$	KrF$_2$
Zur Struktur der Molekel...	Br–F$_1$: 1,68 Å –F$_2$: 1,75 Å (2×) –F$_3$: 1,81 Å –F$_4$: 1,82 Å nach (*W 11*)	∢F$_1$BrF$_2$: 85,4° ∢F$_1$BrF$_3$: 80,5° ∢F$_1$BrF$_4$: 86,5°	Xe–F: 1,983 Å nach (*L 6, L 7*)	Kr–F: 1,8 Å (hier geschätzt)
M.F. der Molekel	17,361		3,500	3,500
Aufzuwenden*	nach (*S 10*) Br$^{5+}_{gas}$: +4074 5 F$^-_{gas}$: − 398 $\overline{+3676}$	nach (*F 3*) +4092 − 398 $\overline{+3694}$	nach (*S 10*) Xe$^{2+}_{gas}$: +771 2 F$^-_{gas}$: −159 $\overline{+612}$	nach (*F 3*) Kr$^{2+}_{gas}$: +888,8 2 F$^-_{gas}$: −159,0 $\overline{+729,8}$
MAME**	−3429	−3429	−586	−645,2
Differenz ist	+ 247	+ 265	+ 26	+ 84,6
statt ΔH$^\circ_{298}$ von:	− 102	− 102	2δ: − 60	− 80
Diff./Mol.:	− 349	− 367	also − 34 kcal/Mol	also ≈ 0 kcal/Mol
Diff./Val. = δ:	− 70	− 73	für ΔH$^\circ_{298}$(XeF$_2$, gas)	für ΔH$^\circ_{298}$(KrF$_2$, gas)

* ΔH$^\circ_{298}$-Einzelwerte zum Kreisprozeß, stets in kcal/Mol

** MAME = Madelunganteil der Molekel-Energie

enthalpie von XeF_2 zu $\Delta H^{\circ}_{298}(XeF_2, \text{gas}) = -37 \pm 10$ kcal/Mol, aus Messungen der Gleichgewichtskonstanten im System Xe/F_2 unter Berücksichtigung der aus spektroskopischen Daten bestimmten Entropiewerte $\Delta H^{\circ}_{298}(XeF_2, \text{gas}) = -26$ kcal/Mol bestimmt.

Auch das Ergebnis, daß sich $KrF_2(\text{gas})$ an der Grenze der thermodynamischen Stabilität gegen den Zerfall in die Elemente Kr und F_2 befindet, steht mit dem beobachteten spontanen Zerfall bei $0\,°C$ in bester Übereinstimmung.

Zur Berechnung der Bildungsenthalpie von $XeCl_2(gas)$. Aus den Bildungsenthalpien von JF, JCl und von XeF_2 kann man in ähnlicher Weise die vermutliche Bildungsenthalpie von $XeCl_2$ abschätzen. Das Ergebnis der Rechnung ist in Tab. 32 dargestellt:

Wie unsicher hier die Abschätzung der Korrektur δ für $XeCl_2$ im einzelnen auch sein mag, $XeCl_2$ dürfte thermodynamisch instabil gegen den Zerfall in die Komponenten sein; das stimmt mit den bisher erfolglosen Versuchen, $XeCl_2$ darzustellen, überein (*B23, H14*).

3. Zur Bildungsenthalpie von XeF_4 und XeF_6

Eine analoge Berechnung der Bildungsenthalpie von XeF_4, dessen Gestalt als Gasmolekel ebenso wie im festen Zustand gut bekannt ist, scheitert z. Zt. daran, daß man vom Xenon nur die *ersten drei* Ionisierungsspannungen (*M22*) kennt. Man könnte natürlich versuchen, die vierte Ionisierungsenergie $Xe^{3+} \to Xe^{4+}$ nach *Lisitzin* (*L12*) oder besser nach *Finkelnburg* (*F3*) abzuschätzen. Aber in diesem besonderen Falle zeigt sich, wie hier nicht weiter ausgeführt werden kann, daß diese Schätzung zu ungenau ist; eine weitere Diskussion beim XeF_4 ist daher z. Zt. nicht sinnvoll.

Es kommt hinzu, daß beim Jod die vierte Ionisierungsspannung ebenfalls unbekannt und bezüglich der fünften nur eine Schätzung (*F3*) vorliegt, daß beim Xenon ferner die fünfte Ionisierungsspannung ähnlich wie die vierte nur ganz ungenau zu schätzen wäre und die sechste gleichfalls noch nicht experimentell bestimmt wurde. Analoge Rechnungen sind daher für JF_5 und XeF_6 nicht durchzuführen. Für JF_3 liegt schließlich keine Angabe der Bildungsenthalpie vor, so daß auch diese Verbindung als Bezugsgröße nicht benutzt werden kann.

Man sollte sich an dieser Stelle klar vor Augen halten, daß mithin wichtige experimentelle Informationen über das thermochemische Verhalten von Jod und Xenon in Verbindungen höherer Oxydationsstufen fehlen. Dieser Mangel an experimenteller Information wird sich auch dann bemerkbar machen, wenn an Stelle des aus Ionen aufgebauten Modells ein anderes verwendet wird, in dem vorstehend geschilderte Schwierigkeiten dadurch umgangen werden, daß man die niedrigere effektive Ladung des Xenons berücksichtigt.

Tabelle 32.

Zur Bildungsenthalpie von XeCl$_2$

	JF	JCl	BrCl	XeF$_2$	XeCl$_2$
Aufzuwenden:	J^+_{gas} +266,1 F^-_{gas} − 79,5	J^+_{gas} +266,1 Cl^-_{gas} − 58,3	Br^+_{gas} +301,3 Cl^-_{gas} − 58,3	Xe^{2+}_{gas} +771,6 $2F^-_{gas}$ −159,0	Xe^{2+}_{gas} +771,6 $2Cl^-_{gas}$ −116,6
	+186,6	+207,8	+243,0	+612,6	+655,0
MAME**	−171,0	−143,0	−155,2	−585,7	−500,0
Diff. ist	+ 15,6	+ 64,8	+ 87,8	+ 26,9	+155,0
statt ΔH°_{298} der Verbindung ..	− 22,7	+ 4,1	+ 3,5	− 37,0	2δ* −108,0
Diff./Mol	− 38,3	− 60,7	− 84,3	− 63,9	also + 43,0 kcal/Mol
Diff./Val = δ	− 38	− 61	− 84	− 32	für ΔH°_{298}(XeCl$_2$, gas)

* Hier geschätzt
** Madelunganteil der Molekelenergie.

R. Hoppe

4. Die „mittlere thermochemische Bindungsenergie" einiger Edelgasverbindungen

In der Übersicht Tab. 33 sind die bislang angegebenen Bildungsenthalpien von XeF_2, XeF_4, XeF_6 sowie von XeO_3 mit den daraus berechneten Werten der „mittleren thermochemischen Bindungsenergie" (im folgenden kurz β genannt) zusammengestellt. Im einzelnen ist zu bemerken:

Da XeF_2 (entgegen einer ersten Vermutung ($H3$)) nicht in Xe und XeF_4 disproportioniert, und da ferner bei einer Disproportionierung nach $2\,XeF_2(gas) = XeF_4(gas) + Xe(gas)$ keine Vermehrung der Molekelzahl eintreten würde, sollte die Beziehung gelten

$$\tfrac{1}{2}|\Delta H^\circ_T\,(XeF_4,\ gas)\,|>2|\ \Delta H^\circ_T\,(XeF_6,\ gas)|,$$

[Bei der kaum abzuwägenden Unsicherheit *beider* Bildungsenthalpien kann z. Zt. noch nicht sicher gesagt werden, ob XeF_2 unter Normalbedingungen im thermodynamischen Gleichgewicht disproportionieren sollte.] Die Erfahrung spricht dagegen, besonders auch die neuesten Meßdaten von *Weinstock* ($W6$) bezüglich der Xe/F_2-Gleichgewichte.

Tabelle 33. *Bildungsenthalpien und mittlere thermochemische Bindungsenergie (β) bei Xenonverbindungen*

I. ΔH° experimentell bestimmt

	ΔH° (kcal/Mol)	β (kcal/Val)
$XeF_{2\ gas}$	ΔH°_{532}: -26 ΔH°_{298}: $-25{,}9$ ΔH°_{423}: -37	31 ($W5$) 31,3 ($W6$) 39 ($S8$)
$XeF_{4\ gas}$	ΔH°_{393}: $-57{,}6$ ΔH°_{298}: -45 ΔH°_{423}: -53 $-51{,}5$ ΔH°_{298}: -55	32,0 ($St3$) ≈ 30 ($G17$) 32 ($S8$) 31,2 ($W6$) 31 ($G16$)
$XeF_{6\ gas}$	ΔH°_{393}: -79 ΔH°_{298}: -71	31,5 ($St3$) ≈ 30 ($W6$)
$XeO_{3\ fest}$	ΔH°_{298}: $+96$	-28 ($G7$)

II. ΔH° aus $\Sigma\beta i$ berechnet nach ($H2$)

$XeOF_{2\ gas}$	$(+6)$	$\beta(Xe{-}O) = -28$	$\beta(Xe{-}F) = -32$
$XeOF_{4\ gas}$	(-23)	$\beta(Xe{-}O) = -28$	$\beta(Xe{-}F) = -32{,}3$
$XeO_2F_{2\ gas}$	$(+26)$	$\beta(Xe{-}O) = -28$	$\beta(Xe{-}F) = -32{,}3$
$XeF_{8\ gas}$	(-76)	$\beta \approx -28$ (geschätzt)	

Eine Disproportionierung von XeF_6 und Xe nach

$$2\,XeF_6 + Xe = 3\,XeF_4$$

würde wiederum ohne Vermehrung der Molekelzahl verlaufen. In Übereinstimmung mit den neuesten ΔH-Werten von $(W\,6)$ sollte also auch hier (für nicht zu hohe Temperatur) entsprechend gelten:

$$3\,|\,\Delta H_T^0(XeF_4,\ gas)\,| > 2\,|\,\Delta H_T^0(XeF_6,\ gas)\,|,$$

da keinerlei Hinweise auf das Eintreten dieser Reaktion vorliegen. Diese Beziehung ist also wohl auch erfüllt.

Eine ausführliche Untersuchung bezüglich der Temperaturabhängigkeit der Gleichgewichtskonstanten im System Xe/F_2 ist kürzlich bekannt geworden $(W\,6)$. Die Ergebnisse dieser Untersuchungen sind, was die Gleichgewichtskonstanten anbelangt, in der Tab. 34 zusammengefaßt.

Auch die Entropie der drei binären Xenondifluoride bei $298\,°K$ ist dadurch neu bestimmt worden:

$$S°(XeF_2,\ fest) = 31{,}24\ cl\ \ (W\,6)$$
$$S°(XeF_4,\ fest) = 35{,}0\ cl\ \ \ \ (J\,5)$$
$$= 35{,}26\ cl\ \ (W\,6)$$
$$S°(XeF_6,\ fest) = 42{,}12\ cl\ \ (W\,6)$$

Ferner wurde die Reaktion von XeF_2- bzw. XeF_4-Gas mit NO und NO_2 kinetisch untersucht $(J\,12)$ (zwischen 300 und $350\,°K$, Gesamtdruck $p = 0{,}1$ bis $p = 30$ mm Hg). Man erhielt für die einander folgenden Dissoziationsenergien folgende Werte:

a) $XeF_4 \rightarrow XeF_3 + F;\qquad D° = 48\ kcal/Mol$

b) $XeF_3 \rightarrow XeF_2 + F;\qquad\ \ \ = 15\ kcal/Mol$

c) $XeF_2 \rightarrow XeF\ + F;\qquad\ \ \ = 54\ kcal/Mol$

d) $XeF\ \rightarrow Xe\ \ + F;\qquad\ \ \ = 11\ kcal/Mol$

Bei ihrer Ableitung aus den Meßdaten wurde die mittlere thermische Bindungsenergie von XeF_2 zu $32{,}5$ kcal/Val angenommen. Der Betrag der einzelnen Dissoziationsenergien mag sich daher im einzelnen noch geringfügig ändern, wenn die Bildungsenthalpie von XeF_2 sicherer als zur Zeit bekannt ist. Die charakteristische alternierende Abfolge großer und kleiner Werte für die Dissoziationsenergien wird davon aber im wesentlichen nicht betroffen.

Schließlich kann man aus den β-Werten der Tab. 33 rückschließend erste Anhaltspunkte für die Bildungsenthalpien weiterer Edelgasverbindungen gewinnen, wie dort am Beispiel der Oxidfluoride gezeigt wird.

Tabelle 34.

Gleichgewichtskonstanten im System Xe/F$_2$ nach (W 6) (berechnete Werte in Klammern)

$T\ (^\circ K) =$ Reaktion:	298,15	523,15	573,15	623,15	673,15	774,15
K_2 $Xe + F_2 = XeF_2$	$(1,23 \times 10^{13})$	$(8,79 \times 10^4)$	$(1,02 \times 10^4)$	$(1,67 \times 10^3)$	$(3,59 \times 10^2)$	29,8 $(29,8)$
k_4 $XeF_2 + F_2 = XeF_4$	$(1,34 \times 10^{11})$	$1,4 \times 10^3$ $(1,22 \times 10^3)$	$1,55 \times 10^2$ $(1,47 \times 10^2)$	$27,2$ $(24,9)$	$4,86$ $(5,53)$	$0,502$ $(0,484)$
K_4 $Xe + 2F_2 = XeF_4$	$(1,64 \times 10^{23})$	$(1,07 \times 10^8)$	$(1,49 \times 10^6)$	$(4,16 \times 10^4)$	$(1,99 \times 10^3)$	14,4
k_5 $XeF_4 + F_2 = XeF_6$	—	$0,944$	$0,21$	$0,0558$	$0,0182$	—
K_6 $Xe + 3F_2 = XeF_6$ berechnet für die Modell-Symmetrie: O_h / D_{4h}	$(1,97 \times 10^{29})$ $(1,37 \times 10^{29})$	$(1,02 \times 10^8)$ $(1,02 \times 10^8)$	$(2,99 \times 10^5)$ $(3,00 \times 10^5)$	$(2,29 \times 10^3)$ $(2,30 \times 10^3)$	$(37,1)$ $(36,8)$	$(4,79 \times 10^{-2})$ $(4,61 \times 10^{-2})$

Man sieht, daß $XeOF_2$ instabil gegen einen Zerfall in die Elemente sein sollte und z. B. nach $XeF_2 + {}^1/_2 O_2$ zerfallen könnte. $XeOF_4$ ist eine gegen den Zerfall in die Elemente thermodynamisch stabile Verbindung. Sie sollte jedoch instabil gegen den (thermischen) Zerfall in XeF_4 und ${}^1/_2 O_2$ sein. Über eine Disproportionierung in XeO_2F_2 und XeF_6 kann nichts ausgesagt werden, dafür ist diese Abschätzung (bei der ja konstante β-Werte benutzt wurden) zu ungenau. XeO_2F_2 sollte in $XeF_2 + F_2$ zerfallen können.

Die Werte der Tab. 33 deuten schließlich an, daß — worauf schon mehrfach hingewiesen wurde — XeF_8 eine gegen den Zerfall in die Elemente stabile Verbindung sein sollte. Dagegen ist sie sicherlich instabil gegen den Zerfall in XeF_6 und F_2.

Über die Bildungsenthalpien der Oxoxenate(VIII) kann zur Zeit nichts Sicheres ausgesagt werden. Naturgemäß werden diese Verbindungen, wie alle salzartigen ternären Oxide, durch die sogenannte Komplexbildungsenergie „stabilisiert". Bei der Bildung nach

$$2\,Na_2O + XeO_4 = Na_4XeO_6$$

dürften pro Na-Teilchen 40—70 kcal gewonnen werden ($H\,32$). Die Bildungsenthalpie des Na_4XeO_6 dürfte daher insgesamt negativ sein; vermutlich ist aber Na_4XeO_6 thermodynamisch instabil gegen den Zerfall gemäß:

$$Na_4XeO_6 \rightarrow 2\,Na_2O_2 + Xe + O_2.$$

Die beim Erwärmen auf 300 °C eintretende schnelle Zersetzung spricht immerhin für die prinzipielle Richtigkeit unserer Abschätzung.

XVII. Zur chemischen Bindung in Edelgas-Verbindungen

Seit Sommer 1962 sind zahlreiche Untersuchungen an und über Edelgasverbindungen durchgeführt worden. Der vorliegende Bericht zeigt, daß sich diese Stoffe einfach und zwanglos in den Rahmen des Periodensystems der Elemente einpassen.

Experimentell arbeitende Chemiker wie *Otto Ruff* oder *Don Yost* haben schon vor längerer Zeit, von einfachen chemischen Analogieschlüssen geleitet, versucht, derartige Fluoride des Xenons und Kryptons darzustellen.

Es waren wiederum experimentelle Arbeiten, durch welche die Existenz der ersten, einfachen Edelgasverbindungen bewiesen wurde. So fand *Bartlett* $Xe(PtF_6)_n$ zielbewußt ($B\,6$) nach einer Zufallsentdeckung. Unabhängig von ihm erhielt *Hoppe* XeF_2 ($H\,3$), durch einfache thermochemische Überlegungen von der Stabilität der Xenonfluoride XeF_2 und

XeF_4 überzeugt. Das experimentelle Interesse der Argonne-Gruppe (*C5*) an der Publikation *Bartlett*s führte schließlich in kürzester Zeit direkt zur Synthese von XeF_4.

Seither sind zahlreiche *theoretische* Untersuchungen angestellt worden, die der Existenz, dem Aufbau und den Bindungsverhältnissen in diesen Verbindungen gelten. Diese auf das Ganze gesehen so verdienstvollen Überlegungen sind freilich, vom chemischen Standpunkte aus betrachtet, mit einem gewissen Handicap behaftet: Man würde gewiß heute noch dem an sich richtigen Theorem von der besonderen Stabilität abgeschlossener Edelgas-Elektronenkonfigurationen dogmatisch anhängen und von der Nonexistenz echter Verbindungen der Edelgase überzeugt sein, hätte nicht das Experiment zur Revision der plausiblen, aber unbewiesenen Vorstellungen gezwungen.

Daß gelegentlich auch theoretisch kurz über die Existenz solcher Verbindungen spekuliert wurde (z.B. *P8*, *P9*), überzeugte nicht und blieb auf die experimentelle Erforschung dieses Gebietes ohne nachhaltigen Einfluß.

Im folgenden wird nun versucht, eine kurze Übersicht dessen zu geben, was man zur Zeit über die Bindungsverhältnisse in Edelgasverbindungen weiß. Hierzu erscheinen vier Vorbemerkungen nützlich:

I. Nicht jeder Chemiker mag mit der modernen Theorie der chemischen Bindung enger vertraut sein. Um eine möglichst einfache Darstellung anzustreben, wird daher im folgenden versucht, mehr die *Ergebnisse* solcher theoretischen Untersuchungen darzustellen, ohne zu sehr ins Detail zu gehen. Eine eingehende Darstellung theoretischer Betrachtungen liegt übrigens bereits vor (*M11*).

II. Grundsätzlich erscheint die benutzte spezielle Methode, wenn sie nur unter Beachtung der Grenzen ihrer Gültigkeit bzw. ihrer Leistungsfähigkeit benutzt wurde, für die Beurteilung seitens des Chemikers von geringerem Interesse, vgl. (*K12*).

Es sei in diesem Zusammenhang an die seinerzeit heftig erörterte Streitfrage erinnert, die mit dem Unterschied zwischen magnetisch normalen und Durchdringungskomplexen zusammenhängt: trifft hier das Konzept Paulings (kovalente Bindung zwischen Zentralion und Liganden) oder die anfangs der fünfziger Jahre besonders von *Hartmann* neu benutzte „Ligandenfeldtheorie" (vgl. z.B. (*H31*)) zu? Es zeigte sich dann, daß hier (wie bei anderen Fragen) die Benutzung des einen oder anderen Grenzmodells „zweckmäßiger", aber nicht „richtiger" sein kann, wenn beide korrekt durchdiskutiert werden.

Aussagen wie: Die größere Leichtigkeit, mit der die Edelgase Fluoride statt entsprechender Chloride geben, ist besser durch die 3-Elektronen-4-Zentren-Bindung als durch die Bildung von Hybrid-Orbitalen unter Benutzung der d-Eigenfunktionen des Xenons zu erklären (*N3*), sind vage; da sie keine konkreten thermochemischen Schlüsse zulassen, sollte man sie mit der gebotenen Skepsis aufnehmen.

III. Was die Methoden im einzelnen betrifft, so kann man wohl bzgl. der Bindung in Xenonverbindungen im wesentlichen zwischen 3 verschiedenen Standpunkten unterscheiden:

1. Neben 5s- und 5p- werden auch 5d-Orbitale des Xenons benutzt. Die Existenz aller bekannten binären Xenonfluoride, auch die des noch fraglichen XeF_8, kann im Prinzip erklärt werden.

2. Es werden nur 5s- und 5p-Orbitale des Xenons benutzt. Man nimmt an, daß 5d-Orbitale des Xenons praktisch keine Rolle beim Zustandekommen der chemischen Bindung spielen. Im einzelnen kann man dann nach der Methode der „Molecular Orbitals" oder nach der sogenannten „Valence bond"-Theorie verfahren. In beiden Fällen bereitet es bereits Schwierigkeiten, die Bindungsverhältnisse im XeF_6 zu beschreiben. Für XeF_8 hat z.B. *Coulson* (*C 15*) diskutiert, daß nicht alle F-Teilchen gleichmäßig an Xenon gebunden sind, sondern 4 von ihnen in Form von vorgebildeten F_2-Gruppen in der XeF_8-Molekel vorhanden sind. Vom chemischen Standpunkt aus gesehen erscheint eine solche Annahme nicht sinnvoll. Bei der Hydrolyse von XeF_8 würde sich ja, wenn man XeF_8 nur erst in Händen hätte, aller Wahrscheinlichkeit nach Oxoxenat(VIII) bilden, so wie aus JF_7 Perjodat entsteht. Es gibt ferner andere, hier nicht angeführte Argumente gegen *Coulson*s Vorschlag.

3. Es werden nur 5p-Orbitale des Xenons benutzt. Im Grunde steckt wohl hinter diesen an sich interessanten Ansätzen, die Bindungsverhältnisse zu beschreiben, der Versuch, die „abgeschlossene Elektronenkonfiguration" des Xenons zu retten.

IV. Die benutzte Methode soll daher hier nicht entscheidend sein. Die Frage, ob beim Xenon d-Orbitale berücksichtigt werden oder nicht, charakterisiert z.Zt. wohl im wesentlichen den Standpunkt des betreffenden Bearbeiters mehr als den Stand sicherer Kenntnisse. Dagegen erscheint von besonderer Bedeutung für die Chemie, welche *experimentell nachprüfbaren* Überlegungen sich jeweils aus der theoretischen Bearbeitung ergeben. Die *nachprüfbare Voraussage*, nicht die *einleuchtende Beschreibung bekannter Tatbestände*, läßt den Wert einer theoretischen Untersuchung deutlich erkennen. Von diesem Standpunkt aus sollten die vorliegenden theoretischen Untersuchungen mit beurteilt werden.

Alle Autoren beschäftigen sich mit den Verbindungen der schwereren Edelgase, mit einer Ausnahme: *Pimentel* (*P 11*) versucht zu zeigen, daß HeF_2 (in Analogie zum Ion HF_2^-) stabil sein kann. — Nun kann aber HeF_2 in $He + F_2$ dissoziieren, HF_2^- dagegen nicht in $H^- + F_2$; eine echte Analogie zwischen HF_2^- und HeF_2 besteht daher nicht. Man darf aus diesem Grunde erwarten, daß HeF_2 thermodynamisch gegen den Zerfall in die

R. Hoppe

Elemente instabil und wohl auch unter extremen Bedingungen kaum
haltbar ist; vgl. hierzu auch (*B23*).

1. Benutzung von dsp-Hybrid-Orbitalen zur Beschreibung der Bindung

Nach *Yamada* (*Y4*) ist es am einfachsten, zur Erklärung der Molekel-
gestalt von dem folgenden einfachen Bilde auszugehen:

Zunächst läßt man Ionen entstehen (Beispiel: $Xe^{2+} + 2F^-$), zählt die
Anzahl der beim Xenon verbleibenden Paare einsamer Elektronen ab
(hier 3 Paare) und bildet dann nach *Pauling* ein Hybridorbital, das es gestattet, alle Elektronenpaare unterzubringen (bei XeF_2: dsp^3 oder auch
spd^3, siehe (*A10*) sowie (*A11*); beim XeF_6: sp^3d^4). Zählt man nun die
einsamen Elektronenpaare als virtuelle Liganden [(*S25, G11, G12* sowie
T7, vgl. auch *G9*)], so kann man meist eindeutig die zu erwartende
geometrische Struktur angeben; vgl. hierzu die Abb. 27 bis 29.

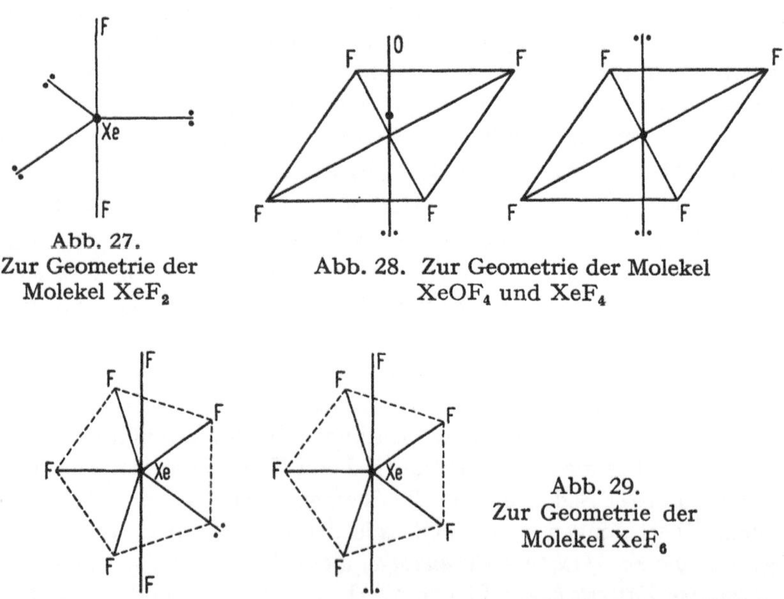

Abb. 27.
Zur Geometrie der
Molekel XeF_2

Abb. 28. Zur Geometrie der Molekel
$XeOF_4$ und XeF_4

Abb. 29.
Zur Geometrie der
Molekel XeF_6

Beim Xenonhexafluorid das einschließlich des einsamen Elektronen-
paares strukturell dem JF_7 entspricht (*G9*), kann man freilich auf diesem Wege nur ausschließen, daß XeF_6 ein reguläres Oktaeder bildet.

Zwischen den beiden möglichen Strukturen nach Abb. 29 kann man
so nicht entscheiden. Dagegen wird für das Anion $[XeO_6]^{4-}$ in Übereinstimmung mit der kristallchemischen Erfahrung (vgl. S. 295ff) eindeutig
oktaedrischer Bau gefordert. Im übrigen fordert *Allen* (*A10*) für das

(noch unbekannte und kaum zu erwartende) XeO_2F_4 (welches nach ihm „potentially exists") eine tetragonale Bipyramide und sagt (was sicher nicht zutrifft) XeF_2O, XeF_2O_2 und XeF_2O_3 (noch unbekannt) als mit gleicher a-priori-Wahrscheinlichkeit (?) existierend voraus; die bis jetzt bekannten thermochemischen Daten weisen daraufhin, daß diese Verbindungen alle instabil gegen den Zerfall in O_2 und das betreffende binäre Fluorid sein dürften, ihre Bildungsenthalpien aber außerdem sicher verschieden sind; vgl. S. 320.

Israeli (*I 5*) erklärt den quadratischen Bau des XeF_4 ebenfalls. Er fordert freilich, im Widerspruch zur bisherigen Erfahrung und der chemischen Erwartung, daß XeF_4 die Verbindungen XeF_4O_4 (!) sowie die Doppelfluoride $XeF_4 \cdot BF_3$ bzw. $XeF_4 \cdot 2BF_3$ bildet, die *nicht* gefunden wurden (*E 3*).

Gegen diese Versuche, die Bindung mit Hilfe von d/s/p-Hybrid-Orbitalen zu beschreiben, wendet *Coulson* (*C 15*) folgendes ein: Die Anregung $5s^25p^6 \rightarrow 5s^25p^55d$, zur Bildung der kollinearen pd-Hybridorbitale von der Form $p_z \pm d_{z^2}$ notwendig, erfordert etwa 10 eV (nach (*M 22*) ist für den Übergang Xe $5p^6$ $^1S_0 \rightarrow$ Xe $5p^5$ ($^2P^o_{3/2}$) 5d $[0\,1/_2]^\circ$ 9,89 eV aufzuwenden), vgl. Abb. 30 und 31. Da bei der Bildung von sp^3d^2-Hybridorbitalen gleich zweimal diese Anregungsenergie aufzuwenden wäre, sei dies aus energetischen Gründen unwahrscheinlich.

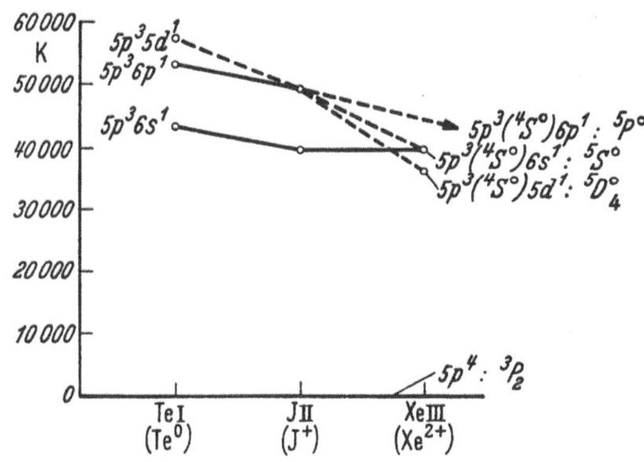

Abb. 30. Relative „reduzierte" Termwerte $\left(\dfrac{T}{n+1}\right)$ der Ionen E^{n+}, E = Te–Xe (in cm^{-1} bezogen auf (Pd)$5s^25p^4$: $^3P_2$) als Nullwert. Jeweils tiefster Term angegeben

Man könnte dieser plausibel klingenden Argumentation im ganzen beipflichten; immerhin muß dann aber in diesem Zusammenhange erwähnt werden, daß beim Schwefel der entsprechende Übergang

$$\text{S: } 3s^2\,3p^4\,{}^3P_2 \rightarrow \text{S: } 3s^2\,3p^3\,({}^4S^\circ)\,3d\,{}^5D^\circ_4$$

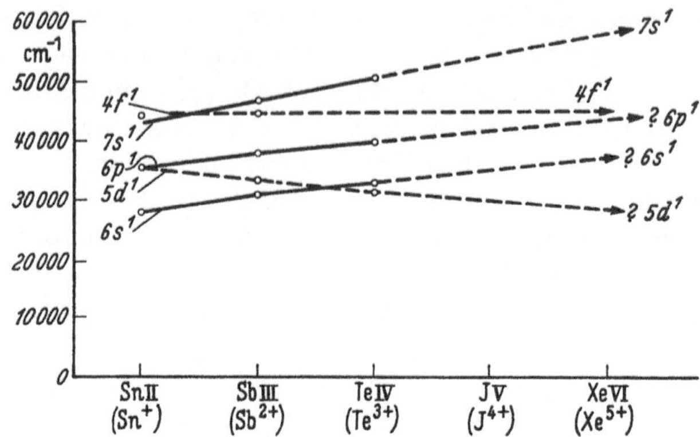

Abb. 31. „Reduzierte" Termwerte $\left(\dfrac{T}{n+1}\right)$ der Ionen E^{n+}, $E = Sn-Xe$ (in cm^{-1}; bezogen auf $(Pd)5s^2(5p^1)$ als Nullwert; Elektronenkonfiguration: $(Pd)5s^2(^2P^\circ)nl^1)$. Jeweils tiefster Term angegeben

eine Anregungsenergie von 8,42 eV verlangt, also einen nicht wesentlich geringeren Energiebetrag. Dennoch ist anscheinend am Vorliegen der sp^3d^2-Hybridisierung im SF_6 bislang nicht ernsthaft gezweifelt worden, führt doch selbst *Coulson* SF_6 in diesem Zusammenhang als Beispiel an! Ferner wendet *Coulson* ein, daß man mit Hilfe der sp^3d^2-Hybridisierung natürlich nur XeF_2 und XeF_4 zwanglos, nicht aber mehr XeF_6 erklären kann, was bereits *Allen* (*A 10*) vor der Entdeckung dieser Verbindung vermuten ließ, XeF_6 existiere nicht!

Coulson verwirft daher Modelle dieser Art mit einem 5d-Beitrag zum Hybrid-Orbital. Auch hierin wird man ihm mit der Einschränkung beipflichten können, daß empirisch gesehen die Art, einsame Elektronenpaare als virtuelle Liganden zu betrachten und dann nach geeigneten, wenn auch vielleicht nicht „realisierbaren" Hybrid-Orbitalen zu suchen, für die Praxis recht brauchbar erscheint. Auch beim JF_7 trifft man ja so die Realstruktur in brauchbarer Näherung.

2. Betrachtungen unter Berücksichtigung von Korrelationseffekten

Allen (*A 9*, *A 12*) hat, freilich ohne ausgedehntere numerische Berechnungen, die Bindung im XeF_4 dadurch zu beschreiben versucht, daß er unter Vernachlässigung möglicher 5d-Anteile des Xenons auf folgendes aufmerksam machte: Nähern sich dem Xe-Atom die 4 zur Bildung von XeF_4 notwendigen F-Partner, so hat jeder von ihnen ein nur mit einem Elektron besetztes Orbital. Bezeichnet man den Spin dieses Elektrons mit α, so wird das entsprechende α-, nicht aber das zum gleichen Orbital gehörende β-Elektron des Xenons „abgestoßen", und die Bindung des Liganden hängt von dem Unterschied in der Überlappung mit den *nun verschiedenen* α- und β-Orbitalen ab. *Coulson* diskutiert diesen Fall ausführlich und kommt zu dem Ergebnis, daß ein solcher Effekt, insoweit er überhaupt vorhanden ist, eine chemische Bindung Xe–F nicht befriedigend erklären kann.

3. Die chemische Bindung in Xenonfluoriden vom Standpunkt der MO-Theorie

Es ist in der Chemie üblich, innerhalb einer Molekel nur Bindungen zwischen direkt benachbarten Teilchen zu betrachten; häufig kann man den Einfluß anderer Atome auf die betrachtete Bindung ganz vernachlässigen.

Nach der „molecular orbital theory", hier kurz MO-Theorie genannt, ist es dagegen nützlich, Wechselwirkungen zwischen nicht „direkt gebundenen" Teilchen mit zu berücksichtigen. Die MO-Theorie verwendet daher delokalisierte Orbitale, die sich auf die gesamte Molekel erstrecken. Der Sonderfall, daß ein Orbital sich im wesentlichen auf das Gebiet zwischen zwei benachbarten Teilchen erstreckt, ist hierin enthalten. Aber eine solche Lokalisierung der Orbitale ist, im Gewande der MO-Theorie, ein Sonderfall, und im allgemeinen sind die Orbitale der MO-Theorie „delokalisiert".

Wegen dieser Erfassung der gesamten Molekel spielt deren Symmetrie eine wichtige Rolle. Symmetriebetrachtungen, speziell unter Zuhilfenahme der Gruppen-Theorie, können daher, auch ohne intensive numerische Rechnungen, oft zu wichtigen qualitativen Ergebnissen führen.

Nach *Rundle* (*R 12*) ergibt sich für XeF_2, um bei dem einfachsten Beispiel zu bleiben, folgendes:

Die Anregungsenergie Xe: $5s^2 5p^6 \rightarrow$ Xe: $5s^2 5p^5 6s$ ist hoch, und daher muß bezweifelt werden (siehe hierzu auch (*J 9, J 2*)), ob überhaupt sp-Orbitale zweckmäßig zu verwenden sind. Besser ist jedenfalls, zunächst reine pσ-Orbitale zu verwenden.

Man hat schon bei den Interhalogenverbindungen vom Typ des JCl_3, JCl_2^- und JCl_4^- solche delokalisierten MOs verwendet (*P 9, C 14, Y 3*), wofür man sich um so berechtigter hielt, als z. B. die Wechselwirkungskonstante $Cl \ldots Cl$ im JCl_2^- (f_{rr}) mit der Konstante der Wechselwirkung J–Cl (f_r) vergleichbar ($f_{rr} \approx \frac{1}{3} f_r$) ist.

Übrigens hat dann *Bersohn* (*B 29*) daran erinnert, daß nach spektroskopischen Untersuchungen am XeF_2 die $F \ldots F$-Wechselwirkungen, verglichen mit der Xe–F-Wechselwirkung, wesentlich geringer sind (*S 3*), und hieraus den Schluß gezogen, daß die Bindungen im XeF_2 doch nicht in dem Maße delokalisiert sind wie beispielsweise im Anion $[JCl_2]^-$. Hierauf hat *Jortner* wiederum bemerkt (*J 9, J 2*), daß hierfür einfach der grundsätzliche Unterschied: XeF_2 (Neutralmolekel) ↔ $[JCl_2]^-$ (Anion) verantwortlich zeichnet, nicht jedoch eine verringerte Delokalisierung der Bindung.

Bei der linearen Molekel F—Xe—F gibt es dann nach *Rundle* (*R12*), wie die Abb. 32 schematisch zeigt, drei Kombinationen von MOs. Neben dem bindenden Zustand (ψ_u), gibt es den lockernden Zustand (ψ_u'); in beiden Fällen partizipieren alle drei „Zentren" an der Bindung. Daneben gibt es, energetisch zwischen beiden Möglichkeiten liegend, den nicht-bindenden Zustand (ψ_g), in dem sich die Elektronen

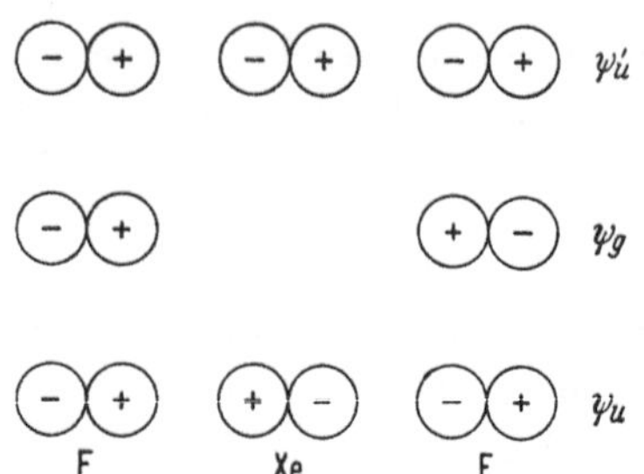

Abb. 32. Zur Bindung in XeF_2 nach (*R12*).

nur an den beiden End-Atomen (hier F) befinden. Im Grundzustand besetzen die 4 an der Bindung beteiligten Elektronen (je 1 Elektron pro F und ein Elektronenpaar vom Xenon) die beiden Zustände ψ_u und ψ_g. Dies ist nur dann möglich, wenn die End-Atome (hier F) eine genügend hohe Elektronegativität besitzen. Dann werden dem Xenon-Teilchen partiell Elektronen entzogen, so daß die Bindung neben dem kovalenten Anteil zusätzlich partiell Ionencharakter bekommt.

Es überrascht dann auch nicht, daß die größte „bond energy" zwischen Xe und F nach (*L13*) bei der *streng linearen* Molekel XeF_2 vorliegt und für gewinkelte Modelle kleinere Werte errechnet werden.

Coulson (*C15*) hat ferner darauf hingewiesen, daß außer einer derartigen pσ-Bindung auch noch π-Bindungen möglich sind, wobei die π-Orbitale zweifach entartet sind. Als energetische Abfolge resultiert nach *Coulson*

$$5s < 1\sigma_u < 1\pi_u < 2\sigma_g < 2\pi_g < 3\pi_u < 3\sigma_u < 5d,$$

und die Elektronenkonfiguration des Elektronengrundzustandes der XeF_2-Molekel kann als

$$1\sigma_u^2\, 1\pi_u^4\, 2\sigma_g^2\, 2\pi_g^4\, 3\pi_u^4$$

geschrieben werden, wobei π_x und π_y immer als π zusammengefaßt wurden. Die π-Schalen sind also vollständig gefüllt, und daher ergibt sich nachträglich das gleiche Bild, das man erhalten hätte, wären alle diese Elektronen bei ihrem Kern geblieben.

Bezüglich der effektiven Ladung des Xenons in den Verbindungen XeF_2 und XeF_4 liegen, wie in diesem Zusammenhang erwähnt sei, verschiedene Angaben vor. Diese dürfte im XeF_2 zwischen $+1,4$ und $+0,6$ liegen, für XeF_4 wird $+2,2$ angegeben; vgl. z. B. (*B 29*). Die auf S. 330 gegebene Elektronenkonfiguration der XeF_2-Molekel gestattet auch ein Verständnis des UV-Spektrums. Das $3\sigma_u$-Niveau ist unbesetzt. So kann man folgende Übergänge erwarten:

a) $3\pi_u \rightarrow 3\sigma_u$: verboten; falls infolge zusätzlicher Wechselwirkungen auftretend, wegen sehr großer Wellenlänge vermutlich außerhalb des sichtbaren Gebietes.

b) $2\sigma_g \rightarrow 3\sigma_u$ (wie auch, mit nur etwas größerer Wellenlänge, $2\pi_g \rightarrow 3\sigma_u$) sind erlaubt, der erste Übergang wurde der sehr starken Bande bei 1580 Å zugeordnet (der zweite Übergang mag der schwachen Bande bei 2300 Å entsprechen) (*W 10*).

Bezüglich weiterer Einzelheiten der Interpretation der Spektren vgl. (*M 11*).

Schließlich erklärt das Modell nach *Coulson* auch, daß die erste Ionisierungsspannung der XeF_2-Molekel (11,5 eV nach (*W 10*)) etwas niedriger als die Ionisierungsspannung des Xenonatoms liegt: Man wird erwarten dürfen, daß ein $3\pi_u$-Elektron abionisiert, und dessen Energie liegt nach den Angaben von S. 330 höher als die des 5p-Elektrons.

In ähnlicher Weise kann die chemische Bindung in der XeF_4- und in der XeF_6-Molekel beschrieben werden. Dabei muß vermerkt werden, daß XeF_6 (nach *Coulson*) dann die Symmetrie O_h besitzen sollte, was nach den bislang vorliegenden Untersuchungen nicht zutrifft. Hier sind weitere Untersuchungen abzuwarten.

Man kann ferner nach *Coulson* aus der hier besprochenen Behandlung der chemischen Bindung im XeF_2 eine Variante ableiten, bei der lokalisierte Orbitale verwendet werden. Dieser Betrachtung entspricht der Vorschlag von *Nesbet* (*N 4*), einen Bindungsmechanismus nach Art des sogenannten „Superaustausches" (wie er z. B. im MnO vorliegt) anzunehmen. *Nesbet* benutzt lokalisierte orthonormale Transformierte von Hartree-Fock-MO's.

Man darf dieser Arbeit wohl mit erheblicher Skepsis gegenüber stehen, lautet doch der erstaunliche Schluß der Betrachtungen dieses Verfassers, daß RnF_2, nicht aber RnF_4 stabil sein soll! (Aus Gründen der Analogie ist ja doch, vom chemischen Standpunkt, neben RnF_2 nicht nur RnF_4 und RnF_6, sondern vermutlich gar ein RnF_8 zu erwarten!)

Schließlich hat *Boudreaux* (*B 39*), unter dem Eindruck, daß XeF_7 (?!) und XeF_8 existieren könnten, bei der Diskussion von XeF_4 die 5d-Orbitale berücksichtigt.

Bevor wir uns der Behandlung des Problems der chemischen Bindung in Edelgasverbindungen nach der VB-Methode zuwenden, muß vermerkt werden, daß nach *Pitzer* (*H 34*) die anfangs so verschieden aussehenden Standpunkte:

a) die Bindung in den Xenonfluoriden ist kovalent, kann durch Hybridorbitale beschrieben werden, 5d-Orbitale des Xenons sind beteiligt; und

b) die Bindung in den Xenonfluoriden ist, wie die Modelle der delokalisierten MOs gut beschreiben, „halbionisch", d-Orbitale sind nicht beteiligt;

kombiniert werden können, wenn man die Betrachtungen im einzelnen verfeinert. Bezüglich der Einzelheiten sei auf die Originalarbeit verwiesen (*H 34*).

4. Betrachtungen mit Hilfe der VB-Theorie

Die von *Slater*, *Pauling* u. a. entwickelte „valence bond theory", im folgenden kurz VB-Theorie genannt, behandelt jede Bindung als Zwei-Zentren-Bindung. Der chemischen Erfahrung wird entnommen, zwischen welchen Atomen innerhalb einer Molekel Bindung anzunehmen ist.

Nach *Smith* (*S 3*) ist aus dem UV-Spektrum der XeF_2-Molekel zu entnehmen, daß die F...F-Wechselwirkungen geringer sind als die Cl...Cl-Wechselwirkungen im $[JCl_2]^-$-Anion (vgl. hierzu S. 329) sind. *Bersohn* (*B 29*) hat daher die Ansicht vertreten, es sei besser, statt der delokalisierten MOs der MO-Theorie die VB-Theorie zu benutzen. Er bildet orthogonale Hybridorbitale aus s-, p- und d-Orbitalen und benutzt diese zur Bildung lokalisierter Elektronenpaar-Bindungen im geläufigen Sinne.

Man kann hier mit *Coulson* einwenden, daß die für die Bildung der Hybridorbitale notwendige Anregungsenergie (vgl. S. 327) zu hoch ist.

Man kann aber auch von den bereits von *Smith* vorgeschlagenen Grenzstrukturen $F-Xe^+\,F^-$ und $F^-\,Xe-F$ ausgehen, zwischen denen Resonanz möglich ist. Bei kovalenter Bindung Xe—F beträgt die Ladung des Xenons +1. Dieser Wert soll etwas niedriger liegen, wenn man die Grenzstruktur F—Xe—F mit berücksichtigt, und etwas höher sein andererseits, weil auch $F^-\,Xe^{2+}\,F^-$ möglich ist. Im ganzen darf man $F^{0,5-}Xe^{1+}F^{0,5-}$ als etwa zutreffendes Bild der mittleren Ladungsverteilung ansehen.

5. Stand unserer Kenntnisse über die chemische Bindung in Edelgasverbindungen

Eine im ganzen akzeptable, alle bekannten Edelgasverbindungen umfassende Theorie der chemischen Bindung gibt es, trotz der bereits vielfältigen Ansätze und Untersuchungen, noch nicht.

Bezüglich des XeF_2 und XeF_4 ist man sich, ob nun 5d-Orbitale des Xenons berücksichtigt werden oder nicht, im ganzen einig; nach den verschiedensten Ansätzen sollte XeF_2 linear und XeF_4 quadratisch gebaut sein. Daß gelegentlich dabei bezüglich der analogen Verbindungen des Kryptons (KrF_4 deutlich beständiger als KrF_2 (*W 18*)) oder des Radons (nur ein Fluorid, RnF_2, zu erwarten (*N 4*)) oder auch sonst (die Anionen RbO_4^- oder CsO_6^{5-} (mit siebenwertigem Alkalimetall!) könnten existieren (*U 1*)) z. T. heftige Widersprüche zur chemischen Erfahrung und Erwartung auftreten, sollte im ganzen nicht bedenklich stimmen.

Die Bindungsverhältnisse im XeF_6, dessen Molekelstruktur noch nicht bekannt ist, bereiten dagegen Schwierigkeiten. Hier sind verschiedene Strukturen zu erwarten, je nachdem, ob 5d-Orbitale berücksichtigt werden oder nicht.

So folgert *Coulson*, der die Möglichkeit eines 5d-Anteiles ja aus energetischen Gründen ablehnt, der Benutzung von reinen 5p-Orbitalen des Xenons entsprechend die Oktaedersymmetrie O_h für XeF_6 — was nach den bislang vorliegenden spektroskopischen Erfahrungen nicht zutreffen dürfte.

Andererseits ist wegen der Analogie zum JF_7 erneut (*K 12*) darauf hingewiesen worden, daß man doch Hybridorbitale vom Typ sp^3d^3 (vgl. (*G 11*)) benutzen sollte. Wie die Abb. 29 zeigt, würde sich die Molekelstruktur des XeF_6 dann von der pentagonalen Bipyramide ableiten, allenfalls auch von einem verzerrten Oktaeder.

Die (noch nicht gesicherte, aber mögliche) Existenz der vermutlich thermodynamisch instabilen, aber gegebenenfalls darstellbaren Verbindung XeF_8 bereitet der Theorie, wenn man nach *Coulson* wiederum eine Hybridisierung ablehnt, größte Schwierigkeiten.

6. Messungen der Magnetischen Kernresonanz und des Mössbauer-Effektes an Edelgasverbindungen

Experimentelle Möglichkeiten, Näheres über die Bindungsverhältnisse zu erfahren, sind grundsätzlich in der Messung der Magnetischen Kernresonanz und durch den Mössbauer-Effekt gegeben.

Erste Untersuchungen der Magnetischen Kernresonanz an XeF_4 (*M 23, S 9*) zeigten bereits, daß keine tetraedrische Anordnung der F-Teilchen vorliegen kann. Nach *Brown* (*B 30*) ist die chemische Verschiebung der F^{19}-Resonanz im XeF_4 dem Betrag nach mit der entsprechenden Größe beim BrF_5, JF_5 und TeF_6 vergleichbar (*G 14*). Dagegen erscheint die Spin-Spin-Kopplungskonstante $Xe^{129}-F^{19}$, vergleicht man sie mit den Spin-Spin-Kopplungskonstanten P–F im PF_3 (*G 15*) und Sb–F im $NaSbF_6$ (*P 12*), recht groß, wie die folgende Übersicht zeigt.

R. Hoppe

Spin-Spin-Kopplungskonstanten in Hz, nach (*B 30*)

$$Xe^{129}-F^{19}: \quad 3860 \quad (B\,14)$$
$$P^{31}-F^{19}: \quad 1400 \quad (G\,15)$$
$$Sb^{121}-F^{19}: \quad 1940 \quad (P\,12)$$

Im Anschluß an diese ersten Untersuchungen sind weitere Messungen der magnetischen Kernresonanz an Xenonverbindungen von *Hindmann* (*H 19*), *Brown* (*B 31, B 30, B 42*), *Rutenberg* (*R 13*) und der Gruppe in Ljubljana (*B 32, B 33, B 38*) durchgeführt und von anderen Autoren ebenfalls diskutiert (*L 14, C 15*), besonders eingehend aber von *Gutowsky* (*J 10, J 11*) theoretisch behandelt worden, vgl. Tab. 35. Gemessen wurde ferner die chemische Verschiebung von F^{19} in KrF_2/HF-Lösungen (*Sch 5*) und die Anisotropie der chemischen Verschiebung des F^{19} der Xenonfluoride (*B 33, K 14, B 41*).

Die chemische Verschiebung des Fluors nimmt vom XeF_2 über XeF_4 zum XeF_6 ab. Dieser Gang ist auch vernünftig: eine größere chemische Verschiebung entspricht nämlich einer stärkeren Abschirmung des F^{19}-Kernes, also einer größeren Elektronenzahl beim F-Teilchen. Aller Erfahrung nach sollte man erwarten, daß die effektive Ladung des F-Teilchens im XeF_6 weniger negativ als die im XeF_4 ist, und diejenige im XeF_4 wiederum dem Betrag nach kleiner als die negative Ladung der F-Teilchen im XeF_2.

Es ist jedoch noch kaum möglich, aus den Messungen auch *quantitative* Aussagen (vgl. z. B. (*P 13*)) abzuleiten. Die Theorien der Spin-Spin-Kopplungskonstanten, die im Falle der Proton-Proton-Kopplungskonstanten in den Molekeln organischer Verbindungen so erfolgreich benutzt wurden (*M 25, K 13*), sind bei schweren Kernen nicht direkt anzuwenden. Auch bezüglich der chemischen Verschiebung muß man sagen, daß ihre nähere Interpretation zur Zeit noch schwierig ist.

Immerhin hat *Gutowsky* (*J 10*) versucht, die chemische Verschiebung in den Xenonverbindungen XeF_2, XeF_4, XeF_6 und $XeOF_4$ mit Hilfe einer von ihm entwickelten allgemeinen Methode (*J 11*) zu berechnen. Er vergleicht die berechneten mit den beobachteten Werten und stellt fest, daß — im Gegensatz zur Ansicht von *Coulson* (*C 15*) — die Beschreibung der Xe—F-Bindung unter Benutzung von spd-Hybrid-Orbitalen bessere Übereinstimmung zwischen berechneter und beobachteter chemischer Verschiebung ergibt als die *ohne* Berücksichtigung der 5d-Orbitale vorgeschlagene Beschreibung der Bindung mittels delokalisierter MOs. Auch die Spin-Spin-Kopplungskonstanten Xe—F und Xe—O in diesen Verbindungen weisen deutlich darauf hin (*Coulson*), daß das Modell lokalisierter Bindungen mit spd-Orbitalen besser anwendbar ist als das Konzept delokalisierter Orbitale ohne Berücksichtigung eines 5d-Anteiles. — Messungen bezüglich des Mössbauer-Effektes sollten ebenfalls Aufschluß über die Bindungsverhältnisse geben können. Wenn bei

Tabelle 35. *Ergebnisse aus Messungen der Magnetischen Kernresonanz*
(Chemische Verschiebung δ des F^{19} und Spin-Spin-Kopplungskonstante $Xe^{129}-F^{19}$; es ist $\delta(F_2) \equiv 0$)

		(H 19)		(B 31)*		(B 30)	(R 13)	
		δ (ppm)	I (Hz)	δ (ppm)	I (Hz)	I (Hz)	δ (ppm)	I (Hz)
XeF_2	fest fl. in HF	612 629 629 $\dfrac{1\ \text{Mol}}{50\ \text{Mol HF}}$	5600	630	5690		$\approx$600 bei 132 °C	
XeF_4	fest fl. in HF	482 456 $\dfrac{0{,}25\ \text{Mol}}{50\ \text{Mol HF}}$	3860	448 (B 38) 452	3864	3860	445 bei 114 °C 450	3836 3860
XeF_6	fest fl. in HF	310 309 473 $\dfrac{8{,}4\ \text{Mol}}{50\ \text{Mol HF}}$					330 340	
$XeOF_4$	fest fl. in HF	328 326		335	1163		329	1127

* Auch die chemische Verschiebung des Xe^{129} gemessen.

einem stabilen Isotop ein tiefliegender Kernzustand angeregt werden kann (z.B. durch einen β-Zerfall), dann verläßt ein gewisser Teil der γ-Strahlung, die beim Übergang des angeregten zum Grundzustand frei wird, den Kern, ohne daß dieser einen Rückstoß erleidet. Diese, in ihrer Energie der Anregungsenergie exakt entsprechende γ-Strahlung kann wiederum andere Kerne anregen, und dieser Resonanzcharakter der Strahlung kann für die Messung ausgenutzt werden. Aus drei Gründen spielt die chemische Struktur eine Rolle:

1. Im γ-Ausstrahler wie im γ-Absorber kann die besondere Umgebung des Kernes z.B. durch Elektronen bestimmter Symmetrie eine Hyperfein-Aufspaltung des Grund- und (oder) des Anregungszustandes bedingen.

2. Falls Grund- und Anregungszustand des Kernes nicht die gleiche räumliche Ausdehnung besitzen, wird die Energie der γ-Strahlung ebenfalls geändert; dieser sogenannte „Isomeren-Effekt" spricht auf die Elektronendichte der s-Zustände im Kern an.

3. Ferner wird die ohne Rückstoß des Kernes emittierte oder absorbierte Strahlung in ihrer Intensität durch die Bindung des betreffenden Atoms im Kristall, durch die Energie der γ-Strahlung selbst und durch die Temperatur beeinflußt.

Im Falle der ^{129}Xe-Verbindungen ist man an der elektrischen Quadrupol-Wechselwirkung zwischen dem Feldgradienten, der am Orte des Xenonkernes durch die Xenon-Orbitale bedingt wird, und dem Quadrupolmoment des angeregten Zustandes interessiert.

Die gemessenen Effekte (*C16*, *P14*, *P17*) sind jedoch, wie auch *Coulson* (*C15*) betont, zu groß, um „Löchern" in der 5p-Schale zu entsprechen. Solche Löcher in der 5p-Schale sollten vorhanden sein, wenn im Sinne der delokalisierten Beschreibung der Xe—F-Bindung reine p-Funktionen des Xenons, nicht aber d-Orbitale berücksichtigt werden. Schließlich hat man darauf hingewiesen, daß man auch aus der Quadrupol-Kopplungskonstanten für ^{131}Xe grundsätzlich Aussagen über die Ladungsverteilung in Xenonverbindungen ableiten könnte (*B29*), doch hängt dies davon ab, ob es möglich sein wird, den Zahlenwert dieser Kopplungskonstanten korrekt zu interpretieren (*C15*).

Schließlich hat man mit Hilfe des Kopplungs-Effektes Anzeichen für die Existenz eines kurzlebigen, planar gebauten $XeCl_4$ beim Zerfall von $K^{129}JCl_4 \cdot H_2O$ gefunden (*P15*).

XVIII. Zur Darstellbarkeit weiterer Edelgasverbindungen

Die Zahl der thermodynamisch stabilen Verbindungen der Edelgase ist, was die binären Halogenide anbelangt, begrenzt. Außer den bereits bekannten Verbindungen des Xenons und dem Kryptondifluorid sind im wesentlichen wohl nur noch die entsprechenden Verbindungen des Radons, unter ihnen freilich mit einer erheblichen Wahrscheinlichkeit das Radonoktafluorid, RnF_8, zu erwarten. Daß Radonfluoride existieren, ist durch orientierende Versuche bekannt (*F6*).

Den bereits bekannten Oxoxenaten(XIII) werden sich wahrscheinlich noch zahlreichere andere Salze anschließen, insbesondere wiederum auch analoge Verbindungen des Radons.

Möglicherweise sind auch noch gewisse Verbindungen des Xenons wie XeF_2Cl_2, falls nicht thermodynamisch stabil, so doch darstellbar.

Man kann sich, insbesondere im Hinblick auf ältere Untersuchungen von *Bode* (*B34, B35*) (vgl. hierzu (*H4*)), fragen, ob nicht auch noch Verbindungen mit zumindest dreiwertigem Alkalimetall, also CsF_3 und RbF_3 oder deren Derivate, darstellbar sind.

Es läßt sich in der Tat abschätzen, daß CsF_3 thermodynamisch gegen einen Zerfall in die Elemente stabil sein dürfte, $\Delta H^{\circ}_{298}(CsF_3,$ fest) $\approx$ -20 kcal/Mol (*H10*). Da aber die Alkalimetalle, im strikten Gegensatz zu den Edelgasen, ihrer Stellung im Periodensystem der Elemente entsprechend zur Bildung stark exothermer, salzartiger Verbindungen (wie z. B. CsF) befähigt sind, dürften derartige Verbindungen, da thermodynamisch instabil gegen den Zerfall in die normale Verbindung (hier CsF) und Halogen (hier F_2), der Darstellung nicht mehr zugänglich sein.

XIX. Schlußwort

Zahlreiche kurze Zusammenfassungen über die Chemie der Edelgase sind bereits erschienen (*B23, C19, F7, F8, H35, H36, K15, N5, P18, S30, T8*). Ferner liegt ein zusammenfassender Bericht mit einer eingehenden Darlegung der theoretischen Betrachtungen über die Bindungsverhältnisse in den Xenonfluoriden und zur Interpretation der Spektren vor (*M11*). Auch ist ein kleines Büchlein erschienen (*M6*). Vorträge, die gelegentlich einer Tagung (April 1963) in Argonne gehalten wurden, sind gleichfalls veröffentlicht worden (*H37*).

Hier wurden alle zur Zeit zugänglichen Arbeiten über die Verbindungen der Edelgase geordnet und versucht, die chemischen Kenntnisse auf diesem Gebiete möglichst umfassend darzulegen. Kristallchemie und Thermochemie der Edelgasverbindungen wurden ausführlich berücksichtigt.

Bei der Zusammenstellung des vorliegenden Berichtes unterstützten mich meine Mitarbeiter. Einige Kollegen waren so liebenswürdig, das Manuskript kritisch durchzusehen. Auch an dieser Stelle gilt ihnen mein Dank.

R. Hoppe

Literatur

A1. *Antropoff, A. v.:* Z. angew. Chem. *37*, 217 (1924); *37*, 695 (1924).

A2. — *Weil, K.,* u. *H. Frauenhof:* Naturwissenschaften *20*, 688 (1932).

A3. *Agron, P. A., G. M. Begun, H. A. Levy, A. A. Mason, C. G. Jones* u. *D. F. Smith:* Science *139*, 842 (1963).

A4. *Appelman, E. H.,* u. *J. G. Malm:* J. Amer. chem. Soc. *86*, 2297 (1964).

A5. *Atoji, M.,* and *W. N. Lipscomb,* („The Structure of SiF_4"): Acta crystallogr. *7*, 597 (1954).

A6. *Asprey, L. B., J. L. Margrave* u. *M. E. Silverthorn:* J. Amer. chem. Soc. *83*, 2955 (1961).

A7. *Appelman, E. H.,* u. *J. G. Malm:* J. Amer. chem. Soc. *86*, 2141 (1964).

A8. — „Noble-Gas Compounds" (Chicago 1963), S. 185.

A9. *Allen, L. C.:* Science *138*, 892 (1962).

A10. — u. *W. D. Horrocks jr.:* J. Amer. chem. Soc. *84*, 4344 (1962).

A11. — „Noble-Gas Compound" (Chicago 1963), S. 317.

A12. — Nature *197*, 897 (1963).

A13. *Antropoff, A. v. H. Frauenhof* u. *K. H. Krüger:* Naturwissenschaften *21*, 315 (1933).

B1. *Boomer, E. H.:* Proc. Roy. Soc. (London), Ser. A. *109*, 198 (1925).

B2. *Beach, J. Y.:* J. chem. Physics *4*, 353 (1936).

B3. *Bagge, E.,* u. *P. Harteck:* Z. Naturforsch. *1*, 481 (1946).

B4. *Booth, H. S.,* u. *K. S. Wilson:* J. Amer. chem. Soc. *57*, 2273 (1935).

B5. *Berzelius, J. J.:* Pogg. Ann. *1*, 34 (1824).

B6. *Bartlett, N.:* Proc. chem. Soc. (London) *1962*, 218.

B7. — u. *D. H. Lohmann:* Proc. chem. Soc. (London) *1960*, 14.

B8. *Bode, H.,* u. *E. Voss:* Z. anorg. allg. Chem. *264*, 144 (1951).

B9. *Bartlett, N.,* u. *D. H. Lohmann:* Proc. chem. Soc. (London) *1962*, 115.

B10. *Bode, H:* Naturwissenschaften *37*, 477 (1950).

B11. *Baker, B. G.,* u. *P. G. Fox:* Nature *204*, 466 (1964).

B12. *Burbank, R. D.:* Acta crystallogr. [Copenhagen] *15*, 1207 (1962).

B13. *Biltz, W.:* „Raumchemie der festen Stoffe" (Leipzig 1934).

B14. *Bohn, R. K., K. Katada, J. V. Martinez* u. *S. W. Buner:* „Noble-Gas Compounds" (Chicago 1963), S. 238.

B15. — — J. chem..Physics *27*, 982 (1957).

B16. — — J. chem. Physics *27*, 981 (1957).

B17. *Brown, H. W.,* u. *G. C. Pimentel:* J. chem. Physics *29*, 883 (1958).

B18. *Burns, J. H., P. A. Agron* u. *H. A. Levy,* Science *139*, 1208 (1963).

B19. — — — „Noble-Gas Compounds" (Chicago 1963), S. 211.

B20. *Brown, T. H., P. H. Kasai* u. *P. H. Verdier:* J. chem. Physics *40*, 3448 (1964).

B21. *Burns, J. H.:* J. physic. Chem. *67*, 536 (1963).

B22. — *J. H. R. D. Ellison* u. *H. A. Levy:* J. physic. Chem. *67*, 1569 (1963).

B23. *Bartlett, N.:* Endeavour *23*, 3 (1964).

B24. — and *N. K. Jha:* „Noble-Gas Compounds" (Chicago 1963), S. 23.

B25. — u. *P. R. Rao:* Science *139*, 506 (1963).

B26. *Byström, A.,* u. *K.-A. Wilhelmi:* Acta chem. scand. *4*, 1131 (1950), zit. n. S. R. XIII (1950) 218.

B27. *Brown, T. H.,* u. *P. H. Verdier:* J. chem. Physics *40*, 2057 (1964).

B28. *Burke, T. G.,* u. *E. A. Jones:* J. chem. Physics *19*, 1611 (1951).

B29. *Bersohn, R.:* J. chem. Physics *38*, 2913 (1963).

B30. *Brown, T. H., E. B. Whipple* u. *P. H. Verdier:* Science *140*, 178 (1963).

B31. – – – „Noble-Gas Compounds" (Chicago 1963), S. 263.

B32. *Blinc, R., P. Podnar, J. Slivnik, B. Volavšek, B., S. Maričič,* and *Z. Veksli:* „Noble-Gas Compounds" (Chicago 1963), S. 270.

B33. – *I. Zupančič, S. Maričič,* u. *Z. Veksli:* J. chem. Physics *39*, 2109 (1963).

B34. *Bode, H.,* u. *E. Klesper:* Z. anorg. allg. Chem. *267*, 97 (1951).

B35. – – Z. anorg. allg. Chem. *313*, 161 (1961/62).

B36. *Burns, J. H., R. D. Ellison* u. *H. A. Levy:* Acta crystallogr. [Copenhagen] *18*, 11 (1965).

B37. *Bilham, J.,* u. *J. W. Linnett:* Nature *201*, 1323 (1964).

B38. *Blinc, R., P. Podnar, J. Slivnik* u. *B. Volavšek:* Phys. Letters *4*, 124 (1963).

B39. *Boudreaux, E. A.:* J. chem. Physics *40*, 246 (1964).

B40. – J. chem. Physics *40*, 229 (1964).

B41. *Blinc, R., I. Zupančič, S. Maričič* u. *Z. Veksli:* J. chem. Physics *40*, 3739 (1964).

B42. *Brown, I. H., E. B. Whipple* u. *P. H. Verdier:* J. chem. Physics *38*, 3029 (1963).

B43. *Bohn, R. K., K. Katada, J. V. Martinez* u. *S. H. Bauer:* „Noble-Gas Compounds" (Chicago 1963), S. 238.

C1. *Coulson, C. A.:* „Valence" (Oxford 1952).

C2. *Claussen, W. F.:* J. chem. Physics *19*, 1425 (1951).

C3. *Claassen, H. H., H. Selig* u. *J. G. Malm:* „Noble-Gas Compounds" (Chicago 1963).

C4. – – – J. Amer. chem. Soc. *84*, 3593 (1962).

C5. *Chernick, C. L.,* u. *H. H. Claassen* et al.: Science [Washington] *138*, 136 (1962).

C6. *Clifford, A. F.,* u. *G. R. Zeilenga:* Science [Washington] *143*, 1431 (1964).

C7. *Chernick, C. L.:* „Noble-Gas Compounds" (Chicago 1963), S. 35.

C8. *Claassen, H. H., C. L. Chernick* u. *J. G. Malm:* J. Amer. chem. Soc. *85*, 1927 (1963).

C9. – J. chem. Physics *30*, 968 (1959).

C10. *Chernick, C. L., H. H. Claassen, J. G. Malm* and *P. L. Plurien:* „Noble Gas Compounds" (Chicago 1963), S. 106.

C11. *Campbell, R.,* u. *P. L. Robinson:* J. chem. Soc. [London] *1956*, 3454.

C12. *Claassen, H. H., C. L. Chernick* and *J. G. Malm:* „Noble-Gas Compounds" (Chicago 1963), S. 287.

C13. – u. *G. Knapp:* J. Amer. chem. Soc. *86*, 2341 (1964).

C14. *Cornwell, C. D.,* u. *R. S. Yamasaki:* J. physic. Chem. *27*, 1060 (1957).

C15. *Coulson, C. A.:* J. chem. Soc. [London] *1964*, 1442.

C16. *Chernick, C. L., C. E. Johnson, J. G. Malm, M. R. Perlow* u. *G. J. Perlow:* Phys. Letters *5*, 103 (1963).

C17. *Claassen, H. H., G. L. Goodman, J. G. Malm* u. *F. Schreiner:* J. chem. Physics *42*, 1229 (1965).

C18. – *B. Weinstock* u. *J. G. Malm:* J. chem. Physics *28*, 285 (1958).

C19. *Chernick, C. L.:* Record of Chem. Prog. *24*, 139 (1963).

D1. *Damianowich, H.:* Proc. 8. Amer. Sci. Congr. 7, 137 (1942), zitiert nach (*S1*).

D2. *Davy, H.:* J. Phys. *77*, 456 (1813).

D3. *Durie, R. A.,* Proc. Roy. Soc. [London] A *207*, 388 (1951).

D4. *Dennis, L. M.*, u. *A. W. Laubengayer:* Z. physik. Chem. A *130*, 520 (1927).

D5. *Dudley, F. B., G. Gard* u. *G. H. Cady:* Inorg. Chem. *2*, 228 (1963).

D6. *Denbigh, K. G.*, u. *R. Whytlaw-Gray:* Nature [London] *131*, 763 (1933).

D7. *Donnay, J. D. H., G. Donnay, E. G. Cox, O. Kennard*, and *M. Y. King:* „Crystal Data", 2. Aufl. (Washington 1963).

E1. *Emeléus, H. J.*, and *J. S. Anderson:* „Modern Aspects of Inorganic Chemistry" (London 1952).

E2. *Eucken, A.*, u. *H. Wicke:* „Grundriß der physikalischen Chemie", 10. Auflage (Leipzig 1959).

E3. *Edwards, A. J., J. H. Holloway* u. *R. D. Peacock:* Proc. chem. Soc. [London] *1963*, 275.

E4. *Emeléus, H. J.*, u. *A. G. Sharpe:* J. chem. Soc. [London] *1949*, 2206.

E5. *Edgell, W. F.:* „The Rare Gases" (New York), S. 97.

E6. *Edwards, A. J., J. H. Holloway*, and *R. D. Peacock:* „Noble-Gas Compounds" (Chicago 1963), S. 71.

E7. *English, W. D.*, u. *J. W. Dale:* J. chem. Soc. [London] *1953*, 2498.

F1. *Forcrand, R. de:* C. R. hebd. Séances Acad. Sci. *176*, 355 (1923); *181*, 15 (1925).

F2. *Falconer, W. E.*, u. *J. R. Morton:* Proc. chem. Soc. [London] *1963*, 95.

F3. *Finkelnburg, W.*, u. *W. Humbach:* Naturwissenschaften *42*, 35 (1955).

F4. *Falconer, W. E.*, and *J. R. Morton:* „Noble-Gas Compounds" (Chicago 1963), S. 245.

F5. Zahlenwerte aus *Foex, G.:* „Constantes selectionées diamagnetisme et paramagnetisme" (Masson et Cie., Paris 1957).

F6. *Fields, P. R., L. Stein* u. *M. H. Zirin:* J. Amer. chem. Soc. *84*, 4164 (1962).

F7. *Feltz, A.:* Z. Chem. *4*, 41 (1964).

F8. *Fong, K. S.*, u. *S.-Y. Hung:* Huaxue Tongbao (chem.) *1964*, 8.

G1. „Gmelins Handbuch der Anorganischen Chemie", 8. Auflage, System-Nr. 1 (Leipzig 1926).

G2. *Godchot, M., G. Cauquil* u. *R. Calas:* C. R. hebd. Séances Acad. Sci. *202*, 759 (1936).

G3. *Gay-Lussac, L. J.:* Ann. Chim. [1] *91*, 48 (1814).

G4. *Gore, G.:* Phil. Mag. *41*, 309 (1871).

G5. *Grimm, H. G.*, u. *K. F. Herzfeld:* Z. Phys. *19*, 141 (1923).

G6. *Gard, G. L., F. B. Dudley*, and *G. H. Cady:* „Noble-Gas Compounds" (Chicago 1963), S. 109.

G7. *Gunn, S. R.:* „Noble-Gas Compounds" (Chicago 1963), S. 149.

G8. „Gmelins Handbuch der Anorganischen Chemie", 8. Auflage, System-Nr. 8 (Berlin 1933).

G9. *Gillespie, R. J.:* „Noble-Gas Compounds" (Chicago 1963), S. 333.

G10. *Grosse, A. v., A. D. Kirshenbaum, A. G. Streng* u. *L. V. Streng:* Science [Washington] *139*, 1047 (1963).

G11. *Gillespie, R. J.*, u. *R. S. Nyholm:* Quart. Rev. (chem. Soc., London) *11*, 339 (1957).

G12. – Canad. J. Chem. *38*, 818 (1960).

G13. *Gellings, P. J.:* Z. physik. Chem., N.F. *43*, 123 (1964).

G14. *Gutowsky, H. S.*, u. *C. J. Hoffmann:* J. chem. Physics *19*, 1259 (1951).

G15. — *D. W. McCall* u. *C. P. Slichter:* J. chem. Physics *21*, 279 (1953).

G16. *Gunn, S. R.*, u. *S. M. Williamson:* Science [Washington] *140*, 177 (1963).

G 17. *Gunn, S. R.,* u. *S. M. Williamson:* „Noble-Gas Compounds" (Chicago 1963), S. 133.

H 1. Vgl. bei *G. Herzberg:* „Molecular Spectra and Molecular Structure" (Princeton, N.Y. 1950).

H 2. *Hoppe, R.:* 1964/65, unveröffentlicht.

H 3. – *W. Dähne, H. Mattauch* u. *K. M. Rödder:* Angew. Chem. *74,* 903 (1962), siehe auch Angew. Chem. internat. Edit. *1,* 599 (1962).

H 4. – *H. Mattauch, K. M. Rödder,* and *W. Dähne:* „Noble-Gas Compounds" (Chicago 1963), S. 98.

H 5. – – – – Z. anorg. allg. Chem. *324,* 214 (1963).

H 6. – Angew. Chem. *62,* 339 (1950).

H 7. – u. *W. Klemm:* Z. anorg. allg. Chem. *268,* 364 (1952).

H 8. – Z. anorg. allg. Chem. *292,* 28 (1957).

H 9. – Dipl.-Arbeit (Univ. Kiel, 1950).

H 10. – – 1961, unveröffentlicht.

H 11. – 1963, unveröffentlicht.

H 12. *Holloway, J. H.,* u. *R. D. Peacock:* Proc. chem. Soc. [London] *1963,* 275.

H 13. *Haller, I.,* u. *G. C. Pimentel:* J. Amer. chem. Soc. *84,* 2855 (1962).

H 14. *Hoppe, R., H. Mattauch* u. *K. M. Rödder:* 1962/63, unveröffentlicht.

H 15. *Hyman, H. H.,* and *L. A. Quarterman:* „Noble-Gas Compounds" (Chicago 1963), S. 275.

H 16. *Hoppe, R.,* u. *C. Hebecker:* Z. anorg. allg. Chem. *335,* 85 (1965).

H 17. – u. *H.-G. Schnering:* unveröffentlicht.

H 18. – – u. *E. Vielhaber:* im Druck.

H 19. *Hindman, J. C.,* u. *A. Svirmickas:* „Noble-Gas Compounds" (Chicago 1963), S. 251.

H 20. *Hoppe, R.:* Z. anorg. allg. Chem. *283,* 196 (1956).

H 21. *Holloway, J. H.,* u. *R. D. Peacock:* Proc. chem. Soc. [London] *1962,* 389.

H 22. *Herzberg, G.:* „Infrared and Raman Spectra" (Princeton, N.Y. 1945).

H 23. *Hamilton, W. C.,* and *J. A. Ibers:* „Noble-Gas Compounds" (Chicago 1963), S. 195.

H 24. *Hargreaves, G. B.,* u. *R. D. Peacock:* J. chem. Soc. [London] *1960,* 2373.

H 25. *Hoppe, R.,* u. *W. Dähne:* Naturwissenschaften *49,* 254 (1962).

H 26. *Hargreaves, G. B.,* u. *R. D. Peacock:* J. chem. Soc. [London] *1958,* 2170.

H 27. *Huston, J. L., M. H. Studier* u. *E. N. Sloth:* Science [Washington] *143,* 1161 (1964).

H 28. *Hoppe, R.:* Habilitationsschrift (Münster 1958).

H 29. *Hamilton, W. G., J. A. Ibers* u. *D. R. MacKenzie:* Science [Washington] *141,* 532 (1963).

H 30. *Helmholz, L.:* J. Amer. chem. Soc. *59,* 2036 (1937).

H 31. *Hartmann, H.,* u. *H. L. Schläfer:* Angew. Chem. *66,* 768 (1954).

H 32. *Hoppe, R.:* Z. anorg. allg. Chem. *296,* 104 (1958).

H 33. – 1949, unveröffentlicht.

H 34. *Hinze, J.,* and *K. S. Pitzer:* „Noble-Gas Compounds" (Chicago 1963), S. 340.

H 35. *Hoppe, R.:* Angew. Chem. *76,* 455 (1964), siehe auch Angew.Chem. internat. Edit. *3,* 538 (*1964*).

H 36. *Hyman, H. H.:* J. chem. Educat. *41,* 174 (1964).

H 37. – „Noble-Gas Compounds" (Chicago 1963).

H 38. Vgl. bei *Hoppe, R.,* Angew. Chem. (im Druck).

I1. *Ibers, J. A.*, u. *W. C. Hamilton:* Science [Washington] *139*, 106 *(1963)*.

I2. *Iskraut, A., R. Taubenest* u. *E. Schumacher:* Chimia [Zürich] *18*, 188 (1964).

I3. *Ibers, J. A., W. C. Hamilton* u. *D. R. MacKenzie:* Inorg. Chem. *3*,112 (1964).

I4. — Acta crystallogr. [Copenhagen] *9*, 225 (1956).

I5. *Israeli, Y. J.:* Bull Soc. chim. France *6*, 1336 (1963).

I6. — Bull. Soc. chim. France *3*, 649 (1964).

J1. *Janssen, M.:* C. R. hebd. Séances Acad. Sci. *67*, 838 (1868).

J2. *Jortner, J., E. G. Wilson,* and *S. A. Rice:* „Noble-Gas Compounds" (Chicago 1963), S. 358.

J3. — — — J. Amer. chem. Soc. *85*, 814 (1963).

J4. — — — J. Amer. chem. Soc. *85*, 815 (1963).

J5. *Johnston, W. V., D. Pilipovich,* and *D. E. Sheehan:* „Noble-Gas Compounds" (Chicago 1963), S. 139.

J6. *Jaselskis, B.,* u. *S. Vas:* J. Amer. chem. Soc. *86*, 2078 (1964).

J7. — Science [Washington] *143*, 1324 (1964).

J8. JANAF, Thermochemical Data, Dow Chemical Company, Thermal Laboratory, Midland (1961).

J9. *Jortner, J., S. A. Rice* u. *E. G. Wilson:* J. chem. Physics *38*, 2302 (1963).

J10. *Jameson, C. J.,* u. *H. S. Gutowsky:* J. chem. Physics *40*, 2285 (1964).

J11. — — J. chem. Physics *40*, 1714 (1964).

J12. *Johnston, H. S.,* u. *R. Woolfolk:* J. chem. Physics *41*, 269 (1964).

J13. *Jaselskis, B.:* Science [Washington] *146*, 263 (1964).

K1. *Kossel, W.:* Ann. Physik [4] *49*, 229 (1916).

K2. *Knox, G. J.:* Philos. Mag. [3] *16*, 185 (1840).

K3. *Klemm, W.:* Z. physik. Chem. B *12*, 1 (1931).

K4. *Khutoretskii, V. M.,* u. *V. A. Shpanskii:* Doklady Akad. Nauk, USSR *155* (2) 379 (1964).

K5. *Kirshenbaum, A. D., L. V. Streng, A. G. Streng* u. *A. v. Grosse:* J. Amer. chem. Soc. *85*, 360 (1963).

K6. *Kilpatrick, M.:* „Noble-Gas Compounds" (Chicago 1963), S. 155.

K7. *Kirshenbaum, A. D.,* u. *A. v. Grosse:* 145th National Meeting of the American Chemical Society, New York (Sept. 1963).

K8. — — Science [Washington] *142*, 580 (1963).

K9. *Koch, C. W.,* and *S. M. Williamson:* „Noble-Gas Compounds" (Chicago 1963), S. 181.

K10. — — J. Amer. chem. Soc. *86*, 5439 (1964).

K11. — — unveröffentlicht, nach *(Z3)*.

K12. *Kaufmann, J. J.:* J. chem. Educat. *41*, 183 (1964).

K13. *Karplus, M., D. H. Anderson, T. C. Farrar* u. *H. S. Gutowsky:* J. chem. Physics *27*, 597 (1957).

K14. — *C. W. Kern* u. *D. Lazdins:* J. chem. Physics *40*, 3738 (1964).

K15. *Krépinský, J.,* u. *C. Parkanyi:* Chem. Listy (Czech) *57*, 1233 (1963).

L1. Vgl. die Angaben in: *Landolt-Börnstein,* „Zahlenwerte und Funktionen aus Physik, Chemie, Astronomie, Geophysik und Technik", Springer, Berlin 1951 (Bd. I, Teil 2 und 3).

L2. *Lebeau, P.:* C. R. hebd. Séances Acad. Sci. *141*, 1018 (1905).

L3. — u. *A. Damiens:* C. R. hebd. Séances Acad. Sci. *182*, 1340 (1926).

L4. — — C. R. hebd. Séances Acad. Sci. *188*, 1253 (1929).

L5. *Lavrovskaya, G. K., V. E. Skurat* u. *V. L. Tal'roze:* Doklady Akad. Nauk USSR *154*, (5) 1160 (1964).

L6. *Levy, H. A.,* u. *P. A. Agron:* J. Amer. chem. Soc. *85*, 241 (1963).

L7. – – „Noble-Gas Compounds" (Chicago 1963), S. 221.

L8. *Lehmann, H. A.,* u. *G. Krüger:* Z. anorg. allg. Chem. *267,* 324 (1952).

L9. *Lord, R. C., M. A. Lynch jr., W. C. Schumb* u. *E. J. Slowinski jr.:* J. Amer. chem. Soc. *72,* 522 (1950).

L10. *Latimer, W. M.:* „Oxidation Potentials", 2. Auflage, Prentice Hall 1952.

L11. *Lammers, P.,* u. *J. Zemann:* Z. anorg. allg. Chem. *334,* 225 (1965).

L12. *Lisitzin, E.:* Comm. Phys.-Math. Soc. Sci. fenn. *10,* H4 (1938).

L13. *Lohr, L. L. jr.* u. *W. N. Lipscomb:* J. Amer. chem. Soc. *85,* 240 (1963).

L14. *Lazdins, D., C. W. Kern* u. *M. Karplus:* J. chem. Physics *39,* 1611 (1963).

M1. *Manley, J. J.:* Philos. Mag. [7] *4,* 699 (1927).

M2. *Mandelcorn, L.:* Chem. Reviews *59,* 827 (1959).

M3. *Moissan, H.:* Ann. chim. Physics [6] *24,* 224 (1891).

M4. – Ann. chim. Physics [6] *12,* 472 (1887) und [6] *24,* 224 (1891).

M5. – u. *P. Lebeau:* C. R. hebd. Séances Acad. Sci. *130,* 865, 984, 1436 (1900).

M6. – – Bull. Soc. Chim. [3] *27,* 251 (1902).

M7. – C. R. hebd. Séances Acad. Sci. *102,* 1543 (1886) und *103,* 202 (1886).

M8. *MacKenzie, D. R.,* u. *R. H. Wiswall:* Inorg. Chem. *2,* 1064 (1963).

M9. – – „Noble-Gas Compounds" (Chicago 1963), S. 81.

M10. *Milligan, D. E.,* u. *D. R. Sears:* J. Amer. chem. Soc. *85,* 823 (1963).

M11. *Malm, J. G., H. Selig, J. Jortner,* and *S. A. Rice:* „The Chemistry of Xenon".

M12. – *B. D. Holt,* and *R. W. Bane:* „Noble-Gas Compounds" (Chicago 1963), S. 167.

M13. *Maričič, S., Z. Veksli, J. Slivnik* u. *B. Volavšek:* Croat. chem. Acta *35,* 77 (1963).

M14. *Malm, J. G., I. Sheft* u. *C. L. Chernick:* J. Amer. chem. Soc. *85,* 110 (1963).

M15. *Morton, J. R.,* u. *W. E. Falconer:* J. chem. Physics *39,* 427 (1963).

M16. *Mahieux, F.:* C. R. hebd. Séances Acad. Sci. *257,* 1083 (1963).

M17. – C. R. hebd. Séances Acad. Sci. *258,* 3497 (1964).

M18. *McDowell, R. S.,* u. *L. A. Asprey:* J. chem. Physics *37,* 165 (1962).

M19. *Marsel, J.,* u. *V. Vrscaj:* Croat. Chem. Acta *34,* 191 (1962).

M20. *MacKenzie, D. R.:* Science [Washington] *141,* 1171 (1963).

M21. *Magnuson, D. W.:* J. chem. Physics *27,* 223 (1957).

M22. *Moore, C.:* „Atomic Energy Levels", Circular of the National Bureau of Standards, 467 Washington 1958.

M23. *Maričič, S.,* u. *Z. Veksli:* Croat. Chem. Acta *34,* 189 (1962).

M24. *Muetterties, E. L.,* u. *W. D. Phillips:* J. Amer. chem. Soc. *81,* 1084 (1959).

M25. *McConnel, H. M.:* J. chem. Physics *24,* 460 (1956); „Noble-Gas Compounds" (Chicago 1963), S. 269.

M26. *Musher, J. I.:* Science [Washington] *141,* 736 (1963).

M27. *Martins, J.,* u. *E. B. Wilson jr.:* J. chem. Physics *41,* 570 (1964).

M28. *Moody, G. J.,* u. *J. D. R. Thomas:* „Noble Gases and Their Compounds" (New York 1964).

N1. *Nikitin, B. A.:* Acad. Sci. USSR *24,* 562 (1939).

N2. *Natta, G.:* „Structure of Silicon Tetrafluoride". Gazz. chim. ital. *60,* 911 (1930).

N3. *Noyes, R. M.:* J. Amer. chem. Soc. *85,* 2202 (1963).

N4. *Nesbet, R. K.:* J. chem. Physics *38,* 1783 (1963).

N5. *Nielding, A. B.:* Uspekhi Khim. *32,* 501 (1963).

P1. *Paneth, F.:* Angew. Chem. *37,* 421 (1924).

P2. *Powell, H. M.:* J. chem. Soc. [London] *1950,* 298, 300, 468.

P3. *Prideaux, E. B. R.:* J. chem. Soc. [London] *89,* 316 (1906).

P4. — Proc. chem. Soc. [London] *21,* 238 (1905).

P5. *Pascal, P.:* „Nouveau Traité de Chimie Minérale", Paris 1956.

P6. *Peacock, R. D., H. Selig* u. *I. Sheft:* Proc. chem. Soc. [London] *1964,* 285.

P7. *Pysh, E. S., J. Jortner* u. *S. A. Rice:* J. chem. Physics *40,* 2018 (1964).

P8. *Pauling, L.:* J. Amer. chem. Soc. *55,* 1895 (1933).

P9. *Pimentel, G. C.:* J. chem. Physics *19,* 446 (1951).

P10. *Pitzer, K. S.:* Science [Washington] *139,* 414 (1963).

P11. *Pimentel, G. C.,* u. *R. D. Spratley:* J. Amer. chem. Soc. *85,* 826 (1965).

P12. *Proctor, W. G.,* u. *F. C. Yu:* Physic. Rev. *81,* 20 (1951).

P13. *Phillips:* in „Determination of Organic Structures by Physical Methodes" Bd. 2 (New York 1962).

P14. *Perlow, G. J., C. E. Johnson,* and *M. R. Perlow:* „Noble-Gas Compounds" (Chicago 1963), S. 279.

P15. — u. *M. R. Perlow:* J. chem. Physics *41,* 1157 (1964).

P16. *Pimentel, G. C., R. D. Spratley* u. *A. R. Miller:* Science [Washington] *143,* 674 (1964).

P17. *Perlow, G. J.,* u. *M. R. Perlow:* Rev. mod. Physics *36* (1) Part II, 353 (1964).

P18. *Peacock, R. D.,* u. *J. H. Holloway:* Sci. Progr. [London] *52,* 42 (1964).

R1. *Ruff, O.,* u. *E. Ascher:* Z. anorg. allg. Chem. *176,* 258 (1928).

R2. — u. *H. Krug:* Z. anorg. allg. Chem. *190,* 270 (1930).

R3. — u. *A. Braida:* Z. anorg. allg. Chem. *214,* 81 (1933).

R4. — u. *W. Menzel:* Z. anorg. allg. Chem. *202,* 49 (1931).

R5. — u. *R. Keim:* Z. anorg. allg. Chem. *193,* 176 (1930).

R6. — u. *W. Plato:* Ber. dtsch. Chem. Ges. *37,* 673 (1904).

R7. — *J. Fischer* u. *F. Luft:* Z. anorg. allg. Chem. *172,* 417 (1928).

R8. — u. *H. Graf:* Ber. dtsch. Chem. Ges. *39,* 67 (1906).

R9. — u. *W. Menzel:* Z. anorg. allg. Chem. *213,* 206 (1933).

R10. *Reuben, J., D. Samuel, H. Selig* u. *J. Shamir:* Proc. chem. Soc. [London] *1963,* 270.

R11. *Raman, S.:* Inorg. Chem. *3,* 634 (1964).

R12. *Rundle, R. E.:* J. Amer. chem. Soc. *85,* 112 (1963).

R13. *Rutenberg, A. C.:* Science [Washington] *140,* 993 (1963).

S1. *Sidgwick, N. V.:* „The Chemical Elements", Bd. 1 (Oxford 1950).

S2. *Smith, D. F.:* Science [Washington] *141,* 1039 (1963).

S3. — J. chem. Physics *38,* 270 (1963).

S4. — „Noble-Gas Compounds" (Chicago 1963), S. 39.

S5. — „Noble-Gas Compounds" (Chicago 1963), S. 295.

S6. *Siegel, S.,* u. *E. Gebert:* J. Amer. chem. Soc. *85,* 240 (1963).

S7. — — „Noble-Gas Compounds" (Chicago 1963), S. 193.

S8. *Svec, H. J.,* u. *G. D. Flesch:* Science [Washington] *142,* 954 (1963).

S9. *Slivnik, J., B. Brčič, B. Volavšek, A. Šmalc, B. Frlec, R. Zemljič, A. Anžur* u. *Z. Veksli:* Croat. Chem. Acta *34,* 187 (1962).

S10. „Selected Values of Chemical Thermodynamic Properties". Circular of the National Bureau of Standards 500 (Washington 1952).

S11. *Slivnik, J., B. Brčič, B. Volavšek, J. Marsel, V. Vrščaj, A. Šmalc, B. Frlec* u. *Z. Zemljič:* Croat. Chem. Acta *34,* 253 (1962).

S12. *Sheft, I., T. M. Spittler* u. *F. H. Martin:* Science [Washington] *145,* 701 (1964).

S13. *Selig, H.:* Science [Washington] *144,* 537 (1964).

S14. — *R. D. Peacock* u. *I. Sheft:* Science [Washington] *146,* 431 (1964).

S15. *Slivnik, J., B. Volavšek, J. Marsel, V. Vrščaj, A. Šmalc, B. Frlec* u. *Z. Zemljič:* Croat. Chem. Acta *35,* 81 (1963).

S16. *Sharp, D. W. A.:* In „Advances in Fluorine Chemistry", Bd. I (London 1960).

S17. *Smith, D. F.:* J. Amer. chem. Soc. *85,* 816 (1963).

S18. *Selig, H., H. H. Claassen, C. L. Chernick, J. G. Malm* u. *J. L. Huston:* Science [Washington] *143,* 1322 (1964).

S19. *Smith, D. F.:* Science [Washington] *140,* 899 (1963).

S20. *Siebert, H.:* Z. anorg. allg. Chem. *275,* 225 (1954).

S21. *Shen, S. T., Y. T. Yao* u. *T. Wu:* Physic. Rev. *51,* 235 (1937).

S22. *Siebert, H.:* Z. anorg. allg. Chem. *273,* 21 (1953).

S23. *Selig, H.,* u. *L. Kreider:* Unveröffentlicht, zitiert nach [*A 7*].

S24. *Sloth, E. N.,* u. *M. H. Studier:* Science [Washington] *141,* 528 (1963).

S25. *Sidgwick, N. V.,* u. *H. M. Powell:* Proc. chem. Soc. [London] A *176,* 153 (1940).

S26. *Skaupy, F.:* Z. Physik *5,* 408 (1920).

S27. *Selig, H.,* u. *R. D. Peacock:* J. Amer. chem. Soc. *86,* 3895 (1964).

S28. *Siegel, S.,* u. *E. Gebert:* J. Amer. chem. Soc. *86,* 3896 (1964).

S29. *Sanderson, R. T.:* Inorg. Chem. *2,* 660 (1963).

S30. *Serre, J.:* Bull. Soc. chim. France *3,* 671 (1964).

Sch1. *Schmeißer, M.,* u. *E. Scharf:* Angew. Chem. *72,* 324 (1960).

Sch2. *Schumacher, E.,* u. *M. Schaefer:* Helv. chim. Acta *47,* 150 (1964).

Sch3. *Schnering, H.-G.:* Habilitationsschrift (Münster 1964).

Sch4. — *H. Wöhrle* u. *H. Schäfer:* 1962, unveröffentlicht.

Sch5. *Schreiner, F., J. G. Malm* u. *J. C. Hindmann:* J. Amer. chem. Soc. *87,* 25 (1965).

St1. *Stackelberg, M. v.* et al.: Z. Elektrochem., Ber. Bunsenges. physik. Chem. *58,* 25 (1954).

St2. *Studier, M. H.,* u. *E. N. Sloth:* J. physic. Chem. *67,* 925 (1963).

St3. *Stein, L.,* u. *P. L. Plurien:* „Noble-Gas Compounds" (Chicago 1963), S. 144.

St4. *Streng, A. G., A. D. Kirshenbaum, L. V. Streng* u. *A. v. Grosse:* „Noble-Gas Compounds" (Chicago 1963), S. 73.

St5. *Stephenson, C. V.,* u. *E. A. Jones:* J. chem. Physics *20,* 1830 (1952).

St6. *Streng, A. G.,* u. *A. v. Grosse:* Science [Washington] *143,* 242 (1964).

T1. *Thorpe, T. E.:* Chem. News *32,* 232 (1875).

T2. *Turner, J. J.,* and *G. C. Pimentel:* „Noble-Gas Compounds" (Chicago 1963), S. 101.

T3. *Templeton, D. H., A. Zalkin, J. D. Forrester* u. *S. M. Williamson:* J. Amer. chem. Soc. *85,* 242 (1963).

T4. — — — — „Noble-Gas Compounds" (Chicago 1963), S. 203.

T5. — — — — J. Amer. chem. Soc. *85,* 817 (1963).

T6. *Turner, J. J.,* u. *G. C. Pimentel:* Science [Washington] *140,* 974 (1963).

T7. *Tsuchida, R.:* Rev. physic. Chem. Japan *13,* 31 (1939).

T8. *Tommila, E.:* Suomen Kemistilehti A *36,* 209 (1963).

U1. *Urch, D. S.:* Nature *203,* 403 (1964).

V1. *Villard, P.:* C. R. hebd. Séances Acad. Sci. *123,* 377 (1896).

W1. *Wyckoff, R. W. G.:* „Crystal Structures", Bd. I (New York 1963).

W2. *Waller, J. G.:* Nature *186,* 429 (1960).

R. Hoppe

W3. *Wiberg, E.,* u. *K. Karbe:* Z. anorg. allg. Chem. *256,* 307 (1948).
W4. *Woolf, A. A.:* J. chem. Soc. [London] *1951,* 231.
W5. *Weinstock, B., E. E. Weaver,* and *C. P. Knop:* „Noble-Gas Compounds"
     (Chicago 1963), S. 50.
W6. – – – 148th National Meeting of the American Chemical Society
     (Chicago, September 1964).
W7. *Weeks, J. L., C. L. Chernick* u. *M. S. Matheson:* J. Amer. chem. Soc.
     84, 4612 (1962).
W8. – and *M. S. Matheson:* „Noble-Gas Compounds" (Chicago 1963),
     S. 89.
W9. *Wartenberg, H. v., A. Sprenger* u. *J. Taylor:* Z. physik. Chem., Boden-
     stein-Festband (Leipzig 1931), S. 61.
W10. *Wilson, E. G., J. Jortner* u. *S. A. Rice:* J. Amer. chem. Soc. *85,* 813
     (1963).
W11. *Wibenga, E. H., E. E. Havinga,* and *K. H. Boswijk:* „Advances in In-
     organic Chemistry and Radiochemistry" (New York 1961), Bd. 3.
W12. *Williamson, S. M.,* u. *C. W. Koch:* Science [Washington] *139,* 1046
     (1963).
W13. *Weaver, E. E., B. Weinstock* u. *C. P. Knop:* J. Amer. chem. Soc. *85,* 111
     (1963).
W14. *Westman, S.,* u. *A. Magnéli:* Acta chem. scand. *11,* 1587 (1957).
W15. *Wyckoff, R. W. G.:* „Crystal Structures", Bd. II (New York 1963).
W16. *Williamson, S. M.,* and *C. W. Koch:* „Noble-Gas Compounds" (Chi-
     cago 1963), S. 158.
W17. – – 145th National Meeting of the American Chemical Society (New
     York, September 1963).
W18. *Waters, J. H.,* u. *H. B. Gray:* J. Amer. chem. Soc. *85,* 825 (1963).
W19. *Wade, C. G.,* u. *J. S. Waugh:* J. chem. Physics *40,* 2063 (1964).
Y1. *Yost, D. N.,* u. *A. L. Kaye:* J. Amer. chem. Soc. *55,* 3890 (1933).
Y2. – u. *W. H. Claussen:* J. Amer. chem. Soc. *55,* 885 (1933).
Y3. *Yamasaki, R. S.,* u. *C. D. Cornwell:* J. physic. Chem. *30,* 1265 (1959).
Y4. *Yamada, S.:* Rev. physic. Chem. Japan *33,* 39 (1963).
Z1. *Zalkin, A., J. D. Forrester, D. H. Templeton, S. M. Williomson* u.
     C. W. Koch: Science [Washington] *142,* 501 (1963).
Z2. – – – Inorg. Chem. *3,* 1417 (1964).
Z3. – – – *S. M. Williamson* u. *C. W. Koch:* J. Amer. chem. Soc. *86,* 3569
     (1964).

(Eingegangen am 7. Juli 1965)

Fortschr. chem. Forsch. 5, Heft 2, S. 347—393 (1965)

Edelgasreaktionen in der Strahlenchemie

Dr. Günther v. Bünau

Max-Planck-Institut für Kohlenforschung, Abteilung Strahlenchemie,
Mülheim/Ruhr

Inhaltsverzeichnis

1. Einleitung

Vor etwa 40 Jahren wurde von *Lind* und *Bardwell* die Feststellung gemacht, daß die Geschwindigkeit der Bildung von Radiolyseprodukten bei der α-Bestrahlung verschiedener Gase durch Zusatz von Edelgasen stark erhöht werden konnte (*92*). Offenbar wurde ein großer Teil der vom Edelgas absorbierten Strahlungsenergie an das Substrat weitergegeben. Nach der spektroskopischen Entdeckung des angeregten He$_2^*$ (*63*) war der Befund von *Lind* und *Bardwell* wahrscheinlich der erste Beweis für eine chemische Betätigung der Edelgase überhaupt. *Lind* und *Bardwell* sprachen damals von einem katalytischen Einfluß des Edelgases auf die Radiolyse. Heute würde man das Edelgas einen Sensibilisator genannt haben.

Im Bereich der Photochemie blieb der Effekt der Edelgas-Sensibilisierung jedoch noch lange Zeit verborgen. Zwar wurde schon bald nach der Entwicklung der *Harteck*schen Xenonlampe (*53*) durch die Arbeiten von *Groth* bekannt, daß schon geringe Spuren von Verunreinigungen Emissionsspektrum und Intensität der Xenonlampe entscheidend beeinflussen konnten (*45*). Auch zeigte sich schon damals ein gewisser Edelgas-Einfluß auf die Quantenausbeute von photochemischen Reaktionen (*46*). Klar nachgewiesen wurde die Edelgas-Sensibilisierung jedoch erst 1954 bei der photochemischen Bildung von Ammoniak und Hydrazin aus Stickstoff und Wasserstoff (*47*). Nach *Groths* Entdeckung wurde über weitere Fälle photochemischer Edelgas-Sensibilisierung nur vereinzelt berichtet. Erst in jüngster Zeit haben die Ergebnisse der sensibilisierten Radiolyse eine erneute, intensivere Suche nach sensibilisierten Photolysen erforderlich gemacht (*17*).

Kurz nach *Lind*s und *Bardwell*s Entdeckung beobachtete *Penning*, daß die Funkenzündspannung in Edelgasen durch Spuren von Verunreinigungen stark herabgesetzt werden konnte (127). Dieser in der Folge nach *Penning* benannte Effekt wird heute als eine durch (angeregtes) Edelgas sensibilisierte Ionisierung der Beimischung aufgefaßt. Inzwischen hat der Penning-Effekt in der Plasmaphysik große praktische Bedeutung erlangt. In der Gaschromatographie spielt der Penning-Effekt als Prinzip des Argon-Detektors eine gewisse Rolle (*100*).

Für das Verständnis der strahlenchemischen Edelgasreaktionen wurde der massenspektrometrische Nachweis der dimeren Edelgasionen He_2^+, Ne_2^+ etc. durch *Hornbeck* und *Molnar* (*65*) insofern besonders bedeutungsvoll, als durch sie die massenspektrometrische Untersuchung einer Fülle von anderen Reaktionen der angeregten oder ionisierten Edelgasatome inspiriert wurde (*145, 122, 54, 89*). Durch diese Untersuchungen sind so enge Beziehungen zwischen der Strahlenchemie und der Massenspektrometrie entstanden, daß die Behandlung relevanter Aspekte der Massenspektrometrie ein fester Bestandteil der strahlenchemischen Literatur geworden ist (*95*). Inzwischen sind die Grenzen zwischen Massenspektrometrie und Strahlenchemie durch die Massenanalyse von Zwischenprodukten bei der strahlenchemischen Äthylen-Polymerisation vollends aufgehoben worden (*77*).

Das heute vorliegende Material über Zwischenreaktionen der Edelgase in der Strahlenchemie kommt also im wesentlichen aus vier Quellen: aus dem Studium von Atom- und Ionenstoßprozessen, die in massenspektrometrischen Anordnungen und in Molekularstrahlversuchen ablaufen, aus Untersuchungen von elektrischen Entladungsvorgängen sowie aus Informationen, die bei der Radiolyse und der Vakuum-UV-Photolyse gewonnen werden. In den folgenden Kapiteln soll mehr eine Bestandsaufnahme dieses Materials als eine kinetische oder theoretische Behandlung allgemeiner Edelgasreaktionstypen versucht werden. Nach einer kurzen Erwähnung der Untersuchungsmethoden (Kap. 2) folgt eine nach Summenformeln alphabetisch geordnete Zusammenstellung der Substrate in Edelgasreaktionen (Kap. 3) und eine Liste der bisher näher bekannten oder diskutierten Zwischenreaktionen von angeregten und ionisierten Edelgasatomen (Kap. 4). Die Kap. 3 und 4 sind insofern komplementär, als für manche in Kap. 3 behandelten Edelgaseffekte die eindeutige Zuordnung zu einer speziellen Reaktionsfolge noch aussteht, während andererseits manche in Kap. 4 aufgeführten, direkt nachgewiesenen Edelgasreaktionen für Systeme von chemischem Interesse keine große Bedeutung haben und daher in Kap. 3 nicht erscheinen.

Bezüglich der strahlenchemischen Synthesen in Substanz faßbarer Edelgasverbindungen, die hier nicht näher behandelt werden sollen, sei

G. v. Bünau

auf den Beitrag von *Hoppe* (*64*; dieses Heft) sowie auf das Buch von
H. H. Hyman verwiesen (*69, 101, 148, 154*). Auch auf Reaktionen der
Edelgase untereinander, die zu ungeladenen (*86, 63*) oder geladenen
(122, 54) Dimeren führen, kann nur hingewiesen werden.

2. Experimentelle Methoden

2.1. Massenspektrometrische Untersuchungen

In den Ionenquellen der Massenspektrometer laufen im Prinzip die gleichen Elektronen- und Ionenstoßprozesse ab wie bei der Radiolyse von
Gasen. Bei der Stoßionisierung werden dem Molekül in der Regel außer
der Ionisierungsenergie noch Anregungsenergie-Beträge zugeführt, die
einen Zerfall des entstehenden Ions bewirken. Die Geschwindigkeit, mit
der dieser Zerfall abläuft, ist nach der statistischen Theorie der Massenspektren insbesondere von der Höhe der Anregungsenergie und vom Typ
der Zerfallsreaktion abhängig. Bei niedrigen Drucken in der Ionenquelle
ist die Intensitätsverteilung der beim Zerfall primär entstehenden Fragment-Ionen (das Massenspektrum) vom Druck unabhängig. Bei höheren
Drucken wird das Massenspektrum vom Druck abhängig, weil in der
Ionenquelle chemische Reaktionen zwischen den Fragment-Ionen und
den in großem Überschuß vorhandenen, ungeladenen Molekülen ablaufen, die zu sekundären Ionen führen.

Für den Strahlenchemiker interessant ist, daß sich die Geschwindigkeitskonstante, k, solcher bimolekularer (Ionen-Molekül-)Reaktionen
aus massenspektrometrischen Messungen entnehmen läßt (*43, 122, 56,
89*). Definitionsgemäß gilt

$$k = Q_R \cdot v \tag{1}$$

v ist die Relativgeschwindigkeit der Stoßpartner; der Reaktionsquer-
schnitt Q_R kann als Produkt eines Stoßquerschnitts Q und eines Faktors
$P \leq 1$ aufgefaßt werden, der ein Maß für die Wahrscheinlichkeit ist, daß
die bimolekulare Reaktion beim Stoß abläuft:

$$Q_R = P \cdot Q \tag{2}$$

Q ist im Prinzip der theoretischen Berechnung zugänglich. In eine solche
Berechnung geht die potentielle Energie ein, die das ungeladene Molekül
im Feld des Ions hat. Gut bewährt hat sich die Annahme, daß die potentielle Energie, V, durch den aus der Elektrostatik bekannten Ausdruck
für die Wechselwirkung zwischen einem punktförmigen Ion und einem
im ungeladenen Molekül induzierten Dipol wiedergegeben werden kann:

$$V = - \frac{\alpha\, e^2}{2\, r^4} \tag{3}$$

350

wo α die Polarisierbarkeit des ungeladenen Moleküls, e die Elementarladung und r den jeweiligen Abstand zwischen Ion und Molekül bezeichnet. Mit diesem Ansatz ergibt sich für die Geschwindigkeitskonstante ein einfacher Ausdruck, in den das Verhältnis der Ionenströme von Sekundär- und Primärion, I_S/I_P, die Masse m und der mittlere Laufweg l der Primärionen innerhalb der Ionenquelle sowie die Gasdichte der ungeladenen Moleküle, N_v, und die Ziehspannung, U_z, eingehen:

$$k = \frac{I_S}{I_P N_v} \sqrt{\frac{e U_z}{2 m l}} \tag{4}$$

Bei höheren Geschwindigkeiten der Ionen werden Abweichungen von Gl. (4) festgestellt (*42, 56*).

In Massenspektrometern mit Elektronenstoß-Ionenquellen bereitet die Untersuchung von Ionen-Molekül-Reaktionen bei Gasdrucken über etwa 10^{-3} Torr große experimentelle Schwierigkeiten. Für den Strahlenchemiker hat daher die Entwicklung von Massenspektrometern, in denen die Ionisierung durch α-Strahlen geschieht, ein besonderes Interesse (*77, 112*). Auch Verfahren, bei denen die Ionenerzeugung in einer elektrischen Entladung extern erfolgt (*121, 123, 80, 81*), erlauben den Nachweis von Ionen-Molekül-Reaktionen, die unter den Bedingungen der Gasphasen-Radiolyse ablaufen.

Besonders gut lassen sich Ionen-Molekül-Reaktionen in Massenspektrometern konventioneller Bauart nach dem Verfahren von *Cermak* und *Herman* (*19*) untersuchen. Ionenquellen spezieller Bauart erlauben auch die Untersuchung von Ionen-bildenden Reaktionen angeregter Spezies (*20, 59*) sowie die Identifikation von neutralen Bruchstücken (*10*). Durch Hintereinanderschaltung zweier Massenspektrometer (Tandem-Massenspektrometer) hat *Lindholm* in den letzten Jahren eine große Zahl von Ionen-Molekül-Reaktionen nachgewiesen, die unter Ladungsaustausch ablaufen (*97, 85, 49*). Andere Typen von Tandem-Massenspektrometern sind von *Giese* und *Maier* (*42*) und von *Weiner, Hertel* und *Koski* (*155*) beschrieben worden. Da die Primärionen im Tandem-Massenspektrometer hohe kinetische Energien haben, können sie auch stark endotherme Reaktionen eingehen.

2.2. Ionenstrom-Messungen

Angeregte Moleküle M* können unter Ionenbildung reagieren, wenn das Ionisierungspotential des Substrats S unter dem Anregungspotential von M liegt (Penning-Effekt):

$$M^* + S \rightarrow M + S^+ + e \tag{5}$$

Wenn ein solcher Prozeß in einer Ionenkammer abläuft, in der das beim Ionisierungsprozeß entstehende Elektron wiederum beschleunigt wird und weitere Moleküle M anregt, dann kann es zu einer starken Vervielfachung der Elektronen kommen. Strahlenchemisch ausgenutzt wurde die Elektronen-Multiplikation kürzlich von *Collinson*, *Todd* und *Wilkinson* (*26*), vgl. Abschn. 3. Im Bereich der Vakuum-UV-Photolyse entspricht die sensibilisierte Photoionisation dem Penning-Effekt (*150, 151*).

Besonders störend macht sich der Penning-Effekt bei der Bestimmung des W-Wertes, der mittleren Energie zur Erzeugung eines Ionenpaares bei Bestrahlung, bemerkbar, der aus Sättigungsstrom-Messungen ermittelt wird (*52, 73, 131, 156, 157*). Schon winzige Spuren von Verunreinigungen erhöhen den Sättigungsstrom beträchtlich und täuschen einen zu niedrigen W-Wert vor. Der W-Wert des Heliums war infolgedessen lange Zeit nur sehr ungenau bekannt (*71, 114*).

Andererseits läßt sich der Penning-Effekt nach *Platzman* auch dazu ausnutzen, die Ionisierungswahrscheinlichkeit von Reaktion (5) zu bestimmen, die nicht − wie früher angenommen − gleich eins ist (*130*). Nach *Platzman* wird in Reaktion (5) eine Zwischenstufe S* durchlaufen, in der das Substratmolekül sehr hoch angeregt vorliegt (höher als dem Ionisierungspotential von S entspricht: superexcited state). Aus diesem Zustand erfolgt Preionisation

$$S^* \rightarrow S^+ + e \tag{6}$$

oder, damit konkurrierend, Dissoziation in Bruchstücke:

$$S^* \rightarrow \text{Bruchstücke} \tag{7}$$

Platzman hat angegeben, wie man aus dem Inkrement der Ionisation bei Gegenwart einer gegebenen Verunreinigung auf die Ionisierungswahrscheinlichkeit der Bruttoreaktion (5) schließen kann. In Tab. 1 sind Zahlenwerte dieser Ionisierungswahrscheinlichkeit enthalten. Da in den Dissoziationsprozeß (7) die Masse der Bruchstücke eingeht, kann man aus dem Isotopeneffekt der Ionisierungswahrscheinlichkeit Hinweise auf den Typ der Zerfallsreaktion entnehmen (*70*).

2.3. Radiationschemische Methoden

Die Energie-Ausbeute von Radiolyseprodukten aus einer bestrahlten Mischung wird gelegentlich auf die nur von einer Komponente absorbierte Strahlungsenergie bezogen. Zum Nachweis der radiationschemischen Sensibilisierung genügt es, Unterschiede in den so berechneten Energie-Ausbeuten zwischen dem reinen und dem Mischsystem festzu-

Tabelle 1. *Ionisierungswahrscheinlichkeit η bei Energieübertragung im Stoß zwischen metastabilen Edelgasatomen und Substratmolekülen, nach Platzman* (*130*)

Substrat	Metastabile Atome Termwert $\begin{cases} eV: \\ Å: \end{cases}$	He* 20,57 603		Ne* 16,67 744		Ar* 11,64 1065	
		η	Lit.	η	Lit.	η	Lit.
H_2		0,92	(*72*)	0,83	(*72*)	0	
N_2		0,89	(*72*)			0	
O_2		0,9	(*52*)			0	
CO_2		0,87	(*72*)			0	
CH_4		0,83	(*16*)			0	
C_3H_8						0,30	(*111*)
nC_4H_{10}						0,36	(*111*)
C_2H_4		0,73	(*72*)			0,26	(*72, 111*)
C_2H_2		0,79	(*115*)	0,77	(*115*)	0,76	(*111, 115*)
C_6H_6						0,40	(*111, 115*)
$C_6H_5-CH_3$						0,39	(*111*)
C_2H_5OH						0,30	(*111*)
$(CH_3)_2CO$						0,18	(*111*)
CH_3I						0,52	(*111*)

stellen. Im Fall der Edelgas-Sensibilisierung sind jedoch die Sensibilisator-Effekte häufig so deutlich, daß die Frage interessiert, wie groß der Bruchteil der vom Mischsystem insgesamt absorbierten Energie ist, der vom Sensibilisator auf das Substrat übertragen wird. Man muß dann bei der Berechnung der gesamten absorbierten Strahlungsenergie berücksichtigen, daß das Elektronenbremsvermögen pro Elektron von der Ordnungszahl abhängt (*38, 18*).

Für die Deutung der Sensibilisierung ist es wichtig zu wissen, daß bei der Bestrahlung reiner Edelgase die Zahl der Ionen die der angeregten Edelgasatome beträchtlich übersteigt (*18*). Tab. 2 enthält solche Zahlenwerte sowie Angaben darüber, welcher Bruchteil der insgesamt absorbierten Strahlungsenergie in Ionisierungs- und Anregungsvorgängen und in der kinetischen Energie derjenigen Elektronen dissipiert wird, die zur Ionisierung oder Anregung energetisch nicht in der Lage sind (Subexcitationselektronen). In Edelgas-Substrat-Mischungen können noch zusätzliche Ionen durch den Penning-Effekt entstehen.

Im Fall der reinen Edelgase macht die kinetische Energie der Subexcitationselektronen einen großen Bruchteil der Gesamtenergie aus. In Gasmischungen bestimmt die Komponente mit dem niedrigsten Anregungsniveau die Zahl und die gesamte kinetische Energie der Subexcitationselektronen. Besonders in Mischungen von Substraten mit Helium oder Neon kann es daher vorkommen, daß ein großer Bruchteil der Se-

G. v. Bünau

Tabelle 2. *Zur Energie-Dissipation in Edelgasen* (*18*)

	Die gesamte absorbierte Strahlungsenergie verteilt sich prozentual, wie folgt, auf			Zahl der angeregten Atome pro Ionenpaar
	Ionisierungen	Anregungen	Kinet. Energie d. Subexc.-Elektr.	
He	61	21	18	0,5
Ne	63	20	17	0,4
Ar	72	12	16	0,2
Kr	72	13	15	0,3
Xe	70	16	14	0,3

kundärelektronen nur das Substrat, nicht aber das Edelgas anregen oder ionisieren kann. Insgesamt führt dieser Effekt dazu, daß die Sensibilisierung in ihrer Bedeutung für das betreffende System gemindert wird.

Wesentlich schwieriger als der bruttomäßig leicht zu führende Nachweis einer Energie-Übertragung ist die Identifizierung der Energie-Übertragung mit einem bestimmten Mechanismus. Hinweise auf mechanistische Einzelheiten können in der Regel nur aus der Synopse einer Vielzahl von einzelnen Befunden abgeleitet werden. Als methodisch besonders wertvoll soll hier nur die Verwendung von markierten Substraten hervorgehoben werden, vgl. Kap. 3.

2.4. Photochemische Methoden

Die photochemische Edelgas-Sensibilisierung ergibt sich aus Unterschieden zwischen den Quantenausbeuten im reinen und im Mischsystem. Einzelne Edelgasreaktionen lassen sich mit Hilfe sämtlicher auch sonst in der Gaskinetik verwendeten Verfahren nachweisen.

Eine zusammenfassende Darstellung der Ergebnisse und Arbeitsmethoden in der Vakuum-UV-Photochemie ist kürzlich von *McNesby* und *Okabe* gegeben worden (*107*).

3. Edelgas-Sensibilisierungen

3.1. B_5H_9, Pentaboran-9

Bei der Bestrahlung von Mischungen aus 29 Mol-% Pentaboran-9 und 71 Mol-% Edelgas mit 2 MeV Deuteronen fanden *Subbanna, Hall* und *Koski* (*149*), daß der G-Wert des Diborans mit dem Ionisierungspotential des zugesetzten Edelgases ansteigt (von ca. 0,3 beim Xenon auf ca.

3,5 beim Helium). Demgegenüber durchläuft der G-Wert der Dekaboran-16-Bildung ein flaches Minimum von ca. 0,1 bei der Argon-sensibilisierten Reaktion.

Zur Deutung ihrer Befunde formulieren die Autoren die Ladungsübertragung (Ed = He, Ne, Ar, Kr, Xe)

$$Ed^+ + B_5H_9 \rightarrow Ed + B_5H_9^+, \tag{8}$$

die für alle Edelgase exotherm ist, und nehmen an, daß eine um so stärkere Fragmentierung des gebildeten Pentaboran-9-Ions — und damit eine um so stärkere Bildung niedriger Borane — eintritt, je größer die Differenz der Ionisierungspotentiale von Boran und Edelgas ist.

Später untersuchten *Hertel* und *Koski* die Reaktionen der Edelgasionen mit Pentaboran-9 unter den Bedingungen der Tandem-Massenspektrometrie (*61*). Zwar ließen sich in keinem Falle $B_5H_9^+$-Ionen nachweisen, doch nahm die Fragmentierung erwartungsgemäß in der Reihe Xe...He zu. Bei der Reaktion mit Xenon-Ionen entstanden fast ausschließlich $B_5H_7^+$- und $B_5H_5^+$-Ionen. In allen anderen Fällen ging die Fragmentierung noch über die Stufe des $B_5H_5^+$-Ions hinaus.

3.2. BrH, Bromwasserstoff

Zubler, Hamill und *Williams* untersuchten die durch Röntgenstrahlen induzierte Zersetzung von Bromwasserstoff in Gegenwart von überschüssigem Argon, Krypton und Xenon (*159*). Nach dem von den Autoren angenommenen Zersetzungsmechanismus lassen sich Ionenpaarausbeuten bis 4,0 auf Ladungsaustauschprozesse zurückführen. Experimentell gefunden werden zum Teil höhere Ausbeuten (s. Tab. 3), für die Anregungsübertragungen verantwortlich gemacht werden.

Tabelle 3. Ionenpaarausbeuten der Bromwasserstoff-Zersetzung bei Röntgenbestrahlung nach *Zubler, Hamill* und *Williams* (*159*)

direkte	sensibilisierte Bestrahlung		
	Argon	Krypton	Xenon
4,6	4,7	4,0	4,7

3.3. Br$_2$, Brom

Argon-Brom-Mischungen werden in Gas-Lasern verwendet, vgl. (*126*).

3.4. CCl$_2$F$_2$, Dichlordifluormethan

Dichlordifluormethan erhöht die Ionisation in Argon geringfügig (*111*).

G. v. Bünau

3.5. CCl₄, Tetrachlorkohlenstoff

Reaktionen von Argon-Ionen mit Tetrachlorkohlenstoff-Molekülen sind unter den Bedingungen der Tandem-Massenspektrometrie nachgewiesen worden (*155*).

3.6 CO, Kohlenmonoxid

Die Radiolyse von Kohlenmonoxid läßt sich durch alle Edelgase außer durch Xenon sensibilisieren (*146, 135*). Da nur das Ionisierungspotential des Xenons unter dem des Kohlenmonoxids liegt, ist der Ladungsaustausch (Ed = He, Ne, Ar, Kr):

$$Ed^+ + CO \rightarrow CO^+ + Ed \tag{9}$$

zur Deutung der Sensibilisierung herangezogen worden (*146*). Eine Schwierigkeit bei dieser Erklärung besteht darin, daß der Ladungsaustausch im Falle des Xenons in der umgekehrten Richtung verlaufen und das Xenon daher die Kohlenmonoxid-Radiolyse inhibieren müßte:

$$CO^+ + Xe \rightarrow Xe^+ + CO \tag{10}$$

Tatsächlich wird eine Inhibierung durch Xenon im Falle der strahleninduzierten Oxydation von Kohlenmonoxid nachgewiesen (*24*). Im Fall der Kohlenmonoxid-Radiolyse ist Xenon jedoch ganz ohne Einfluß. *Rudolph* und *Lind* nehmen daher an, daß der Ladungsaustausch in diesem Fall zwar nach Reaktion (10) verläuft, daß aber das angeregte Xenon zum Ausgleich dafür mit dem Kohlenmonoxid unter Bildung reaktiver Zwischenprodukte reagieren kann.

Zu einer ähnlichen Folgerung in bezug auf die Rolle des Xenons bei der Kohlenmonoxid-Radiolyse gelangten auch *Dondes*, *Harteck* und *Weyssenhoff*, die G-Werte bei der γ-Bestrahlung von Kohlenmonoxid in Gegenwart von überschüssigem Argon, Krypton und Xenon bestimmten. Darüber hinaus unternehmen *Dondes*, *Harteck* und *Weyssenhoff* jedoch den Versuch, auch die Sensibilisierung durch Argon und Krypton auf Zwischenreaktionen der angeregten Edelgasatome zurückzuführen (*29*).

3.7. CO₂, Kohlendioxid

Schon kleine Konzentrationen von Kohlendioxid erhöhen die Ionisierung in α-bestrahltem Helium beträchtlich. Möglicherweise findet eine Energie-Übertragung vom angeregten He_2^* auf Kohlendioxidmoleküle statt (*72*). Eine geringfügige Erhöhung der Ionisierung läßt sich auch in Argon nachweisen (*111, 139*). Da der metastabile Anregungszustand des Argons unter dem Ionisierungspotential des Kohlendioxids liegt, ist die Beteiligung von höheren Anregungszuständen des Argons zu diskutieren (*111*).

3.8. CHN, Cyanwasserstoff

Siehe Abschn. 3.14.

3.9. CH_3J, Methyljodid

Siehe Tab. 1, Abschn. 2.2.

3.10. CH_4, Methan

Die Xenon-sensibilisierte Photolyse von gasförmigem Methan bei 1470 Å ergibt fast ausschließlich Wasserstoff und Äthan in etwa äquivalenten Mengen mit einer Quantenausbeute der Größenordnung von 1 (*17*). Im Fall von (1:1)-Mischungen aus CH_4 und CD_4 enthält das Wasserstoffprodukt beträchtliche Mengen HD ($HD^2/H_2 \cdot D_2 = 1,2$) und das Äthanprodukt besteht in der Hauptsache aus C_2H_6, $C_2H_3D_3$ und C_2D_6. Die Bestrahlung von festem Methan in einer Xenonmatrix bei 20 °K ergibt dagegen fast keine Produkte (*6*).

Ausloos, *Rebbert* und *Lias* bestrahlten festes Methan bei 20 °K sowohl in Substanz als auch in Argon- und Kryptonmatrizen (*6*) mit einer Kryptonlampe. Unter diesen Bedingungen entstehen Produkte bei der direkten Photolyse und in der Argonmatrix mit sehr ähnlichen Ausbeuten, da in beiden Fällen nur das Methan die 1236 Å-Linie der Kryptonlampe absorbiert. Bei Verwendung einer (1:1)-Mischung aus CH_4 und CD_4 ist auch das Verhältnis von $H_2:HD:D_2$ im Wasserstoffprodukt in beiden Fällen etwa das gleiche ($HD^2/H_2 \cdot D_2 \approx 0,1$). Im Kryptonmatrix-Experiment, wo die eingestrahlten Photonen überwiegend vom Krypton absorbiert werden, wurde jedoch $HD^2/H_2 \cdot D_2 = 0,44$ gefunden; obendrein entstand relativ viel mehr CH_3CD_3 als bei der direkten Photolyse. Die Befunde stehen in Übereinstimmung mit der Vorstellung, daß die Reaktion

$$Kr^* + CH_4 \rightarrow Kr + CH_3 + H \tag{11}$$

einen wesentlichen Beitrag zur Methylradikalbildung liefert. Der niedrige Wert von $HD^2/H_2 \cdot D_2$ und der Nachweis von $C_2D_4H_2$ und $C_2D_2H_4$ im Äthanprodukt deuten jedoch darauf hin, daß auch der Prozeß

$$Kr^* + CH_4 \rightarrow Kr + CH_2 + H_2 \tag{12}$$

eine Rolle spielt. Die nachfolgende Einschiebungsreaktion von Methylen mit Methan könnte ca. 30 % des gefundenen Äthanprodukts erklären.

Bei der Bestrahlung von Helium-Methan-Gemischen mit Photonen aus einer Mikrowellenentladung in Helium entstehen nach *Walker* und *Back* (neben geringen Mengen höherer Kohlenwasserstoffe) vor allem Wasserstoff, Äthan, Äthylen und Acetylen mit Ionenpaarausbeuten von 4,0; 0,37; 0,31 und 0,11. *Walker* und *Back* nehmen an, daß die angeregten Heliumatome in ihrem System vor allem die 584 Å-Resonanzlinie emittieren. Neben der direkten Methanphotolyse bei 584 Å scheint die Helium-sensibilisierte Reaktion eine Rolle zu spielen. Das folgt aus Messungen des (Sättigungs-)Ionenstroms in bestrahlten Helium-Neon-Methan-Gemischen. Ohne Neon- und Methan-Zusatz fließt bereits bei der Bestrahlung von reinem Helium ein „Untergrundstrom", der sich auf Elektrodenreaktionen metastabiler Heliumatome zurückführen läßt (7). Schon geringe Mengen von zugesetztem Neon reduzieren diesen Untergrundstrom durch Reaktion mit den metastabilen Heliumatomen erheblich (um ca. 70 %). Bei Zusatz von Methan steigt der Ionenstrom wieder an, weil dann Ionen-bildende Reaktionen zwischen angeregtem Helium und Methan, wie z. B.

$$He^* + CH_4 \rightarrow He + CH_4^+ + e \tag{13}$$

oder

$$He^* + CH_4 \rightarrow HeH^+ + CH_3 + e \tag{14}$$

energetisch möglich werden. Da die Wasserstoffausbeute in bestrahlten Helium-Methan-Gemischen durch Neonzusatz praktisch nicht beeinflußt wird, vermuten *Walker* und *Back*, daß Wasserstoff in der Helium-sensibilisierten Reaktion in viel geringerem Maße als bei der direkten Photolyse entsteht (*153*).

Meisels, Hamill und *Williams* bestimmten Ionenpaarausbeuten von Produkten bei der Radiolyse von Methan-Argon- und Methan-Krypton-Gemischen (s. Tab. 4) in Abhängigkeit der Zusätze Propylen, Propylen + Wasserstoff, Jod und Jodwasserstoff sowie bei Gegenwart von elektrischen Feldern (*108, 109*). Aus ihren Ergebnissen schließen die Autoren, daß Argon und Krypton nur in den Primärprozeß der Radiolyse eingreifen, und zwar im wesentlichen durch Ladungsübertragungen wie

$$Ar^+ + CH_4 \rightarrow Ar + CH_3^+ + H \tag{15}$$

$$Kr^+ + CH_4 \rightarrow Kr + CH_4^+ \tag{16}$$

$$\rightarrow Kr + CH_3^+ + H \tag{17}$$

Neben diesen Reaktionen berücksichtigen die Autoren auch die analogen Reaktionen der dimeren Edelgasionen Ar_2^+ und Kr_2^+, die in Hornbeck-Molnar-Prozessen (65) entstehen könnten. Auf diese Weise gelingt es, die gefundenen Ausbeuten auf Ionenreaktionen allein zurückzuführen, ohne daß ein Beitrag von Reaktionen der angeregten Edelgasatome mit den Methanmolekeln angenommen werden muß (vgl. Kap. 2.3.).

Tabelle 4. *Ionenpaarausbeuten bei der Radiolyse von Argon-Methan- und Krypton-Methan-Mischungen nach Meisels, Hamill und Williams (109)*

| | Produkte | | | |
	Wasserstoff	Äthan	Propan	Butan
Ar-CH_4	2,0	0,65	0,1	0,05
Kr-CH_4	1,26	0,60	0,1	

Bei hohen Konversionen des eingesetzten Methans wird das Entstehen von Produkten mit höherem Molekulargewicht durch Argonzusatz gefördert und durch Xenonzusatz gehemmt. Das Verhältnis von Normalbutan/Isobutan ist bei der Argon-sensibilisierten Radiolyse etwa dreimal so groß wie bei der Xenon-sensibilisierten Radiolyse (66). Die Wasserstoffausbeute wächst bei der Edelgas-sensibilisierten Radiolyse in der Reihenfolge Kr < Xe < Ar, während die Äthanausbeute in der umgekehrten Reihenfolge ansteigt (23).

Helium, Neon, Argon und Krypton fördern, Xenon dagegen hemmt nach Untersuchungen von *Pratt* und *Wolfgang* die Tritium-Markierung von Methan in Tritium-Methan-Mischungen (132). Einige Ergebnisse von *Pratt* und *Wolfgang* sind in Tab. 5 wiedergegeben. Da beim Zerfall des Tritiums HeT^+ entsteht, könnte die Reaktion

$$HeT^+ + CH_4 \rightarrow He + CH_4T^+ \tag{18}$$

eine Rolle spielen, bei der 67—89 kcal/Mol frei werden. CH_4T^+ entsteht daher in Reaktion (18) wahrscheinlich als angeregtes Gebilde und zerfällt dann sofort unter Bildung von $CH_2T^+ + H_2$. Neben dieser Reaktionsfolge, die schließlich unter anderem zu markiertem Methan führt und durch Xenon-Zusatz nicht beeinflußt werden kann, findet Radiolyse des Methans durch die beim Tritium-Zerfall freiwerdenden β-Teilchen statt. Für die Bildung von markiertem Methan auf diesem zweiten Wege nehmen *Pratt* und *Wolfgang* einen Mechanismus an, in dem Ionen-Molekül-Reaktionen von CH_4^+ und CH_5^+ vorkommen. Beide Spezies könnten in exothermer Reaktion Ladung auf Xenonatome übertragen.

G. v. Bünau

Tabelle 5. *Ausbeute an Tritium-markierten Produkten in Tritium-Methan-Mischungen, bezogen auf gleiche Anfangskonzentrationen an Tritium und auf 100000 Zählimpulse beim Methanprodukt in einer Probe ohne Zusatz; nach Pratt und Wolfgang (132)*

Produkt	Zusatz			
	$-$	Xe	I_2	$Xe + I_2$
CH_4	100000	12400	11900	13300
C_2H_6	44800	3240	2360	2280
C_2H_4	0	0	2710	1500
C_3H_8	8020	2190	191	182
$i\text{-}C_4H_{10}$	2400	88	86	55
$n\text{-}C_4H_{10}$	3500	960	192	158
CH_3I	$-$	$-$	1980	3500

Schwieriger als die Hemmung durch Xenon ist die (geringfügige) Erhöhung der Markierungsgeschwindigkeit durch die anderen Edelgase zu verstehen. *Pratt* und *Wolfgang* vermuten, daß Edelgasreaktionen entsprechend (18) ablaufen. Die Entstehung der Edelgashydridionen, die diesem Schritt vorgelagert sein muß, ist jedoch obskur.

Kürzlich hat *Hummel* unter Verwendung eines 4 MeV-Linearbeschleunigers die Methanradiolyse in Abhängigkeit von der Konzentration an zugesetztem Argon und Xenon durchgeführt (67). Es zeigte sich, daß die G-Werte der Wasserstoff- und der Äthylenbildung bei Argonzusatz wachsen, während die G-Werte der Äthan-, Propan- und Butanbildung ein flaches Maximum bei mittleren Argonkonzentrationen durchlaufen. Xenon erniedrigt sämtliche G-Werte. *Hummel* vermutet, daß die Zunahme im G-Wert der Wasserstoffbildung bei Argonzusatz vor allem auf die Reaktion

$$Ar^* + CH_4 \;\rightarrow\; Ar + CH_4^* \tag{19}$$

zurückzuführen ist, auf die ein Zerfall des angeregten Methans in Methylen und Wasserstoff folgen müßte. Diese Vorstellung steht in Übereinstimmung mit der Beobachtung, daß Methanzusatz die Gesamtionisation bei der α-Bestrahlung von Argon nicht wesentlich erhöht (111, 130). Eine solche Erhöhung der Gesamtionisation tritt nämlich bei Zusatz von Methan zu α-bestrahltem Helium auf und wird auf die Reaktion

$$He^* + CH_4 \;\rightarrow\; He + CH_4^+ + e \tag{20}$$

zurückgeführt, s. Tab. 1.

Ausloos und *Lias* untersuchten die Radiolyse von CH_4–CD_4 (1:1) Mischungen (3). Bei Gegenwart von ca. 1% Jod hatte weder Xenonnoch Kryptonzusatz Einfluß auf das Verhältnis $HD^2/H_2 \cdot D_2$ im Wasserstoffprodukt.

Einen sehr deutlichen Einfluß haben Argon-, Krypton- und Xenonmatrizen auf die Produkte der Radiolyse von Methan bei 20 und 77°K (6). Gegenüber der direkten Radiolyse von festem CH_4/CD_4-(1:1)-Gemisch wird das Verhältnis $HD^2/H_2 \cdot D_2$ in der Argonmatrix erniedrigt und in der Krypton- und Xenonmatrix erhöht, s. Tab. 6. Der Wirkungsgrad der Energieübertragung von der Edelgasmatrix auf das zugesetzte Methan nimmt in allen Fällen mit steigender Verdünnung des Methans ab. Das Verhältnis $HD^2/H_2 \cdot D_2$ nimmt jedoch nur im Fall der Argonexperimente mit wachsender Verdünnung ab. Eine überzeugende Deutung dieser Phänomene steht noch aus.

Tabelle 6. *G-Werte und Verteilung des Wasserstoffprodukts bei der Radiolyse von festem Methan-Methan-(d_4)-(1:1)-Gemisch bei 20 und 77°K; nach Ausloos, Rebbert und Lias (6)*

T	Edelgas / CH_4	G-Werte H_2	G-Werte C_2H_6	Relative Ausbeuten D_2	Relative Ausbeuten HD	Relative Ausbeuten H_2	$\dfrac{HD^2}{H_2 \cdot D_2}$
20	0	2,97	2,15	17,3	27,0	55,7	0,76
20	Ar: 143	1,32	0,72	38,8	19,7	41,5	0,24
20	Kr: 62,5	2,51	1,72	18,2	33,9	47,9	1,32
20	Xe: 50,6	0,86	0,52	8,9	30,7	60,4	1,75
77	0	2,87	2,30	17,4	27,0	55,6	0,75
77	Ar: 44,6	2,28	0,93	20,5	20,9	58,6	0,36
77	Kr: 4,1	4,69		17,0	26,7	56,2	0,75

3.11. CH_4O, Methanol

Baxendale und *Sedgwick* untersuchten die Xenon-sensibilisierte γ-Radiolyse von Methanoldampf (9). Zwischen 10 und 40 Mol-% Methanol sind die G-Werte von Wasserstoff, Glykol und Kohlenmonoxid konstant. Das Wasserstoffprodukt bei der Xenon-sensibilisierten CH_3OD-Radiolyse besteht ganz überwiegend aus gleichen Teilen H_2 und HD. Unter der Annahme, daß Xenon lediglich in einem Ladungsaustausch mit Methanol reagiert:

$$Xe^+ + CH_3OH \rightarrow Xe + CH_3OH^+ \qquad (21)$$

schätzen *Baxendale* und *Sedgwick* die Ausbeuten von Wasserstoff und Glykol zu 9,1 und 4,55 ab, was nur um ca. 10% von den experimentell gefundenen Werten abweicht, s. Tab. 7. Eine gewisse Diskrepanz zwischen dieser Abschätzung und dem experimentellen Ergebnis besteht jedoch insofern, als Kohlenmonoxid nur dann als Produkt erwartet werden kann, wenn auch angeregte Xenonionen zum Ladungsaustausch beitragen, bzw. wenn außer dem Ladungsaustausch noch eine Anregungsenergie-Übertragung ins Spiel kommt.

Tabelle 7. *G-Werte bei der Radiolyse von Methanoldampf; nach Baxendale und Sedgwick (9)*

	H_2	Produkt $(CH_2OH)_2$	CO
direkt	10,4	3,1	0,84
Xe-sensibilisiert	8,3	4,0	0,45

Lindholm und *Wilmenius* haben den von *Baxendale* und *Sedgwick* angenommenen Mechanismus der Methanolradiolyse in Zweifel gezogen (*99*). Unter den Bedingungen der Tandem-Massenspektrometrie war es nicht möglich, Methanolionen als Produkt des Ladungsaustauschs (21) nachzuweisen. Statt dessen fanden *Lindholm* und *Wilmenius* nur CH_2OH^+-Ionen. Methanolionen, die nach (21) entstehen, dissoziieren daher offenbar sehr schnell. Einstweilen ist es jedoch noch nicht ausgeschlossen, daß eine bimolekulare Reaktion des Methanolions in der Gasphasenradiolyse mit dem Dissoziationsprozeß konkurrieren kann.

3.12. CH_5N, Methylamin

Ladungsübertragungen auf Methylamin sind von *Sjögren* mit dem Tandem-Massenspektrometer nachgewiesen worden (*141*).

3.13. C_2F_6, Hexafluoräthan

Kevan und *Hamlet* untersuchten den Einfluß von Xenon- und Argonzusatz auf die γ-Radiolyse des Hexafluoräthans. In beiden Fällen ist der Sensibilisationseffekt nur gering; Xenon hemmt und Argon fördert den Hexafluoräthanverbrauch bei der Bestrahlung geringfügig, s. Tab. 8.

Tabelle 8. *G-Werte bei der Radiolyse von Hexafluoräthan; nach Kevan und Hamlet (79)*

	CF_4	C_2F_2 ?	Produkt cyclo- C_3F_6	C_3F_8	C_4F_{10}	$-C_2F_6$
direkt	1,6	0,03	0,30	0,21	0,14	1,9
C_2F_6:Xe (= 55:45)	1,4	0,03	0,21	0,22	0,15	1,7
C_2F_6:Ar (= 35:65)	1,8	0,06	0,34	0,46	0,15	2,5

Die Erhöhung des G-Wertes von Octafluorpropan bei Argonzusatz wird von *Kevan* und *Hamlet* auf eine Ionen-Molekül-Reaktion zurückgeführt, da der zusätzlich gebildete Anteil des Octafluorpropans durch Sauerstoff nicht abgefangen werden kann. Für den Mechanismus der Energieübertragung nehmen *Kevan* und *Hamlet* Ladungsaustausch an (*79*):

$$Ar^+ + C_2F_6 \rightarrow Ar + C_2F_6^+ \tag{22}$$

$$Xe + C_2F_6^+ \rightarrow Xe^+ + C_2F_6 \tag{23}$$

3.14. C_2N_2, Dicyan

Die durch weiche Röntgenstrahlen ausgelöste Polymerisation von Dicyan und Cyanwasserstoff wird durch Argon, Krypton und Xenon in etwa gleichem Ausmaß sensibilisiert (*8*). Bemerkenswert ist daran, daß von den Edelgasen das Xenon ein niedrigeres Ionisierungspotential hat als Dicyan bzw. Cyanwasserstoff. *Bardwell* und *Naylor* schlossen daraus, daß die Energieübertragung vom Edelgas auf das Substrat in diesem Fall nicht von den Edelgasionen ausgehen könne. Später wiesen *Melton* und *Rudolph* das Ion $XeC_2N_2^+$ nach, das in Xenon-Dicyan-Mischungen neben den polymeren Ionen $(CN)_n^+$ bei der α-Radiolyse entsteht (*113*). *Melton* und *Rudolph* fanden auch, daß bei Zusatz von Xenon zum Dicyan die Intensität der CN^--Ionen drastisch erhöht wird. Durch diese Untersuchungen ist ein ionischer Polymerisationsmechanismus sehr wahrscheinlich geworden. Unklar bleibt jedoch zunächst noch, auf welche Weise das Ion $XeC_2N_2^+$ in diesem System gebildet wird, dessen mögliche Beteiligung bei der Polymerisation des Dicyans schon viel früher von *Eyring*[1] postuliert worden war.

3.15. C_2H_2, Acetylen

Die direkte Radiolyse des Acetylens liefert im wesentlichen nur Cupren (*93*) und Benzol (*134*) als Produkte. Bei der Bestrahlung von Edelgas-Acetylen-Mischungen läßt sich eine Sensibilisierung der Cuprenbildung nachweisen (*92, 133, 125, 116*). Dagegen wird die Benzolbildung durch Zusatz von Helium, Argon, Krypton und Xenon nicht beeinflußt; nur der von der Acetylen-Komponente absorbierte Bruchteil der gesamten aufgenommenen Strahlungsenergie führt jeweils zur Benzolbildung (*30, 37*). Eine Ausnahme bildet lediglich Neon, das zur Sensibilisierung der Benzolbildung befähigt ist (*37*). Auch bei der Bestrahlung von Mischun-

---

[1] J. chem. Physics 7, 972 (1939).

gen aus Acetylen, Argon und Wasserstoff wird eine verstärkte Benzolbildung gefunden (*37, 32*). Andererseits wird die Benzolbildung bei Gegenwart von Radikalfängern gehemmt (*104*).

Zur Deutung dieser Befunde nehmen *Futrell* und *Sieck* an, daß der Ladungsaustausch zwischen Edelgas und Acetylen der wesentliche Mechanismus der Energieübertragung ist. Während beim Ladungsaustausch mit Xenon-, Krypton- und Argonionen nur Acetylenmolekülionen entstehen können, führt die Reaktion mit Neon- bzw. Heliumionen überwiegend zur Bildung der Fragmentionen C_2H^+ bzw. C_2^+ (*98*). Im Fall des Neons würde also der dissoziative Ladungsaustausch

$$Ne^+ + C_2H_2 \rightarrow Ne + C_2H^+ + H \tag{24}$$

ablaufen. Die Annahme von Reaktion (24) würde eine mögliche Erklärung sowohl der besonderen Rolle des Neons als auch der Wirkungen von Radikalfängern sowie von Argon + Wasserstoff bei der Acetylenradiolyse liefern. Im letzteren Fall erhält man gleichfalls H-Atome durch die bekannte Reaktion

$$Ar^+ + H_2 \rightarrow ArH^+ + H \tag{25}$$

sowie eventuell noch zusätzlich bei der Neutralisierung von ArH^+. Allerdings müßte man annehmen, daß beim Ladungsaustausch zwischen Acetylen und Heliumion die Reaktion

$$He^+ + C_2H_2 \rightarrow He + C_2^+ + H_2 \tag{26}$$

abläuft; eine Reaktion also, die eine Überschußenergie von ca. 8 eV hätte. Denn wenn in Reaktion (26) zwei H-Atome entstünden, müßte man auch bei Zusatz von Helium eine verstärkte Benzolbildung bei der Acetylenradiolyse erwarten. Obwohl der direkte Nachweis von Reaktion (26) zur Stützung der von *Futrell* und *Sieck* gegebenen Interpretation noch aussteht, so scheint doch zumindest festzustehen, daß Benzol- und Cuprenbildung in zwei voneinander völlig unabhängigen Reaktionsfolgen vor sich gehen. Während die Benzolbildung wahrscheinlich über radikalische Zwischenstufen verläuft, ist für die Cuprenbildung auch ein ionischer Polymerisationsmechanismus zu diskutieren (*30*). Gegen einen ionischen Mechanismus spricht jedoch der Temperaturkoeffizient der unsensibilisierten Reaktion (*32*). Außerdem zeigt der Wirkungsgrad, mit dem die Sensibilisierung der Polymerisation durch die einzelnen Edelgase erfolgt, keine Korrelation zu den Ionisierungspotentialen der Edelgase (*37*). Auch die zusätzliche Ionenbildung, die durch Reaktion von Acetylen mit den angeregten Atomen von Helium, Neon und Argon zu erwarten ist (*72, 111, 115, 130*), macht sich nicht in einer besonderen Wirksamkeit gerade dieser Edelgase bemerkbar.

3.16. C_2H_4, Äthylen

Die Xenon-sensibilisierte Vakuum-UV-Photolyse des Äthylens bei 1470 Å liefert Wasserstoff, Acetylen, Äthan und Butan als Photolyseprodukte mit praktisch den gleichen relativen Ausbeuten wie die direkte Photolyse. Es scheint daher, daß das Xenon als Photosensibilisator lediglich zur Anregungsenergie-Übertragung befähigt ist (*17*).

Walker und *Back* untersuchten die Helium-sensibilisierte Vakuum-UV-Photolyse des Äthylens in einer fensterlosen Versuchsanordnung bei 584 Å. Die Ionenpaarausbeute an Wasserstoffprodukt ergab sich dabei zu 0,7. Über den Mechanismus der Helium-sensibilisierten Photolyse lassen sich zur Zeit noch keine definitiven Angaben machen. Anregungsenergie-Übertragungen und intermediäre HeH^+-Bildung werden als mögliche Zwischenreaktionen diskutiert (*153*).

Aus Ionenstrom-Messungen in bestrahltem Helium (*72*), Neon (*70*) und Argon (*70, 72, 111*) bei Gegenwart kleiner Mengen Äthylen läßt sich entnehmen, daß Anregungszustände dieser Edelgase mit Äthylenmolekülen unter Bildung geladener Produkte reagieren können. Aus dem Fehlen einer Gesamtdruck-Abhängigkeit der Überschußionisierung in Helium-Äthylen-Mischungen (die in anderen Fällen gefunden wird) haben *Jesse* und *Sadauskis* geschlossen, daß angeregte Heliummoleküle, He_2^*, an der betreffenden Zwischenreaktion beteiligt sein könnten (*72*).

In der Xenon-sensibilisierten Äthylenradiolyse nimmt der Wirkungsgrad der Energieübertragung vom Xenon auf das Äthylen mit steigendem Partialdruck des Xenons ab. In Experimenten mit CH_2D_2 entstehen HD und D_2 mit ungefähr den gleichen relativen Ausbeuten wie bei der direkten Radiolyse. Das Verhältnis von H_2/D_2 ist jedoch im Fall der Xenon-Sensibilisierung höher (2,3 gegenüber 1,8 bei der direkten Radiolyse) und entspricht etwa dem Verhältnis von H_2/D_2 bei der 1236-Å-Photolyse des Äthylens (*1*).

3.17. C_2H_6, Äthan

Bei der Helium-sensibilisierten Vakuum-UV-Photolyse des Äthans entsteht Wasserstoff mit einer Ionenpaarausbeute von ca. 0,7. Anregungsübertragung und HeH^+-Bildung sind nach *Walker* und *Back* mögliche Zwischenreaktionen (*153*).

v. Bünau und *Schindler* untersuchten die Xenon-sensibilisierte Vakuum-UV-Photolyse des Äthans bei 1470 Å, die mit einer Quantenausbeute der Größenordnung von 1 verläuft (*17*). Gegenüber der direkten Photolyse spielen molekulare Eliminierungsprozesse, die zur Bildung von Wasserstoff, Acetylen und Äthylen führen, bei der Xenon-sensibili-

G. v. Bünau

Tabelle 9. *Relative Produkt-Ausbeuten in der direkten und der Xenon-sensibilisierten Vakuum-UV-Photolyse des Äthans bei 1470 Å (bezogen auf Äthanverbrauch = 100), nach v. Bünau und Schindler (17)*

| | Produkt | | | | | |
	H_2	CH_4	C_2H_2	C_2H_4	C_3H_8	C_4H_{10}
direkt	116	7	35	17	6	6
sensibilisiert	94	5	18	12	12	9

sierten Reaktion eine relativ geringere Rolle. Radikalkombinationsprodukte wie Propan und Butan treten dagegen in verstärktem Maße auf, s. Tab. 9. Bei Verwendung von C_2H_6/C_2D_6-(1:1)-Mischungen wird im Fall der Xenon-Sensibilisierung ein höherer Anteil von HD am Wasserstoffprodukt nachgewiesen: $HD^2/H_2 \cdot D_2 = 0{,}3$ gegenüber $4 \cdot 10^{-3}$ bei der direkten Photolyse.

Die Krypton-sensibilisierte Äthanphotolyse bei 1236 Å führt zu völlig anderen Ergebnissen, s. Tab. 10. Zur Zeit ist noch nicht geklärt, auf welche Weise angeregte Edelgase als Sensibilisatoren in den Reaktionsmechanismus der Photolyse eingreifen.

Tabelle 10. *Relative Produkt-Ausbeuten in der direkten und der Krypton-sensibilisierten Vakuum-UV-Photolyse des Äthans bei 1236 Å (bezogen auf Äthanverbrauch = 100) nach v. Bünau und Schindler (17)*

| | Produkt | | | | | |
	H_2	CH_4	C_2H_2	C_2H_4	C_3H_8	C_4H_{10}
direkt	63	28	21	22	16	7
sensibilisiert	62	33	8	40	8	4

Die Xenon-sensibilisierte γ-Radiolyse von Äthan-1,1,1-d_3 wurde von *Stief* und *Ausloos* untersucht. Durch den Xenonzusatz wird die Ausbeute an Wasserstoffprodukt (nicht aber der G-Wert, vgl. *18*) stark erhöht (*147*). Die relativen Ausbeuten an H_2, HD und D_2 werden jedoch durch die Xenon-Sensibilisierung nicht beeinflußt.

Nach *v. Bünau* sind die G-Werte des Äthan-Verbrauchs bei der direkten und der durch Argon und Krypton sensibilisierten Radiolyse praktisch gleich (= *9, 7*). Die Übertragung der absorbierten Strahlungsenergie vom Edelgas auf das Äthan erfolgt in diesen Fällen quantitativ (*18*). Bei der Xenon-sensibilisierten Radiolyse ist der Wirkungsgrad der Energieübertragung dagegen nur etwa 0,5. Da die Energieübertragung vermutlich über Ladungsaustauschprozesse verläuft, steht im Fall des Argons und Kryptons mehr Überschußenergie als im Fall des Xenons zur Fragmentierung des entstehenden Äthanions zur Verfügung.

3.18. C_2H_6O, Äthanol

Äthanolzusatz erhöht die Ionisation in Argon bei α-Bestrahlung (*11*); vgl. auch Abschn. 2.2. und Kap. 4.

3.19. C_3H_6, Propylen

Edelgashydridionen können mit Propylen unter Protonenübertragung reagieren (*4*); vgl. auch Abschn. 3.33. und Kap. 4.

3.20. C_3H_6, Cyclopropan

In der Vakuum-UV-Photolyse des Cyclopropans bei 1470 Å zeigt Xenon einen Sensibilisationseffekt, der auf eine erhöhte Beteiligung von Radikalreaktionen schließen läßt (*17*).

Smith, *Corman* und *Lampe* wiesen nach, daß Argon, Krypton und Xenon die Radiolyse von Cyclopropan sensibilisieren (*142*). Wasserstoffzusatz inhibiert die Argon-Sensibilisierung. Die Autoren nehmen an, daß die Bildung von ArH^+ in diesem Fall mit der Ladungsübertragung konkurriert.

3.21. C_3H_6O, Aceton

Tanaka und *Steacie* bestrahlten Mischungen aus Krypton und Aceton mit einer Kryptonresonanzlampe (*150, 151*). Aus Messungen des Ionenstroms in der Bestrahlungszelle ergab sich, daß Krypton die Photoionisierung des Acetons sensibilisieren kann. Die Ergebnisse stehen in Übereinstimmung mit einer Anregungsenergie-Übertragung:

$$Kr^* + CH_3COCH_3 \rightarrow Kr + CH_3COCH_3^* \tag{27}$$

Die kinetische Analyse zeigt, daß das angeregte Aceton anschließend dissoziieren oder pre-ionisieren kann.

Eine Konkurrenz von Dissoziation und Pre-ionisierung ergibt sich auch aus Ionenstrom-Messungen bei der α-Radiolyse von Argon-Aceton-Gemischen, s. Abschn. 2.2.

3.22. C_3H_8, Propan

Die Xenon-Sensibilisierung der Vakuum-UV-Photolyse des Propans bei 1470 Å bewirkt eine Herabsetzung der relativen Ausbeuten an Propylen und Äthylen, die bei der direkten Photolyse neben Wasserstoff als Hauptprodukte entstehen (*17*).

G. v. Bünau

Futrell und *Tiernan* untersuchten die durch Helium, Argon, Krypton und Xenon sensibilisierte Radiolyse von C_3H_8–NO- und C_3H_8–C_3D_8–NO-Gemischen (*38*), s. Tab. 11. Bei den Versuchen mit C_3H_8–C_3D_8–NO-Gemischen enthielten die gefundenen Methane und Propylene im wesentlichen nur die ungemischten Wasserstoffisotope. Das Äthanprodukt bestand dagegen aus einer nahezu äquimolaren Mischung von C_2H_6,

Tabelle 11. *Ionenpaarausbeuten bei der Edelgas-sensibilisierten Radiolyse von Propan-NO-Gemischen; nach Futrell und Tiernan* (*38*)

		Produkt				
		CH_4	C_2H_2	C_2H_4	C_2H_6	C_3H_6
	He	0,5	0,15	0,11	0,12	0,21
	Ar	0,29	0,04	0,10	0,27	0,30
Sensibilisator	Kr	0,1		0,19	0,49	0,28
	Xe	0,21		0,12	0,27	0,22

C_2H_5D, C_2HD_5 und C_2D_6. Auch bei den Acetylenen war eine weitgehende Isotopenmischung festzustellen, die auf einen bimolekularen Bildungsmechanismus hinwies. Äthylen entsteht im Fall der Xenon- und Krypton-Sensibilisierung im wesentlichen ungemischt; bei der direkten, der durch Argon und insbesondere bei der durch Helium sensibilisierten Radiolyse kommt auch die Bildung von C_2H_3D und C_2HD_3 ins Spiel.

Unter der Annahme, daß der Ladungsaustausch der wesentliche Mechanismus der Energieübertragung ist, berechneten *Futrell* und *Tiernan* aus massenspektrometrischen Daten Ionenpaarausbeuten, die mit den experimentell gefundenen im allgemeinen gut übereinstimmten. Lediglich im Fall der Helium-sensibilisierten Reaktion ergaben sich stärkere Abweichungen. *Futrell* und *Tiernan* haben Argumente dafür gebracht, daß sich diese Abweichungen auf die chemischen Wirkungen der Subexcitationselektronen zurückführen lassen, s. Abschn. 2.3.

In einer späteren Arbeit haben *Futrell* und *Tiernan* nachgewiesen, daß die Argon-sensibilisierte Propanradiolyse durch Wasserstoffzusatz inhibiert werden kann (*39*). Zur Deutung dieses Effekts nehmen die Autoren an, daß die Argonhydridionen-Bildung mit dem Ladungsaustausch konkurriert, s. Abschn. 3.33.

Bei der Untersuchung der Radiolyse von $CD_3CH_2CD_3$ stellten *Ausloos*, *Lias* und *Sandoval* fest, daß Xenonzusatz die relative Ausbeute an H_2 im Wasserstoffprodukt stark erhöht (*5*). Entsprechend ließ sich auch eine Erhöhung der D_2-Ausbeute bei der Xenon-sensibilisierten Radiolyse von $CH_3CD_2CH_3$ nachweisen. *Ausloos*, *Lias* und *Sandoval* schlossen daraus, daß mindestens 10 % des Wasserstoffprodukts in einer Anregungsübertragung entstehen:

$$Xe^* + CD_3CH_2CD_3 \rightarrow Xe + CD_3CH_2CD_3^* \tag{28}$$

wobei der Wasserstoff aus dem angeregten Propan vom mittleren C-Atom eliminiert wird.

Einen weiteren Hinweis auf die intermediäre Bildung angeregter Propanmoleküle entnahmen die Autoren aus der Beobachtung, daß das Verhältnis CD_4/CD_3H in den durch Xenon und Krypton sensibilisierten Radiolysen von $CD_3CH_2CD_3$ größer als bei der direkten Radiolyse ist.

Für das Verhältnis $C_2H_4D_2/C_2H_3D_3$ findet man bei der direkten wie auch bei den durch Helium, Neon, Argon und Krypton sensibilisierten Radiolysen von $CH_3CD_2CH_3$ immer den Wert 2,3, während im Fall der Xenon-sensibilisierten Reaktion ein Wert von nur 1,2 gefunden wird. In entsprechender Weise ergibt sich bei der Xenon-sensibilisierten Radiolyse von $CD_3CH_2CD_3$ für das Verhältnis $C_2H_2D_4/C_2H_3D_3$ ein Wert von 1,15, während in allen anderen Fällen 1,75 erhalten wird. Zur Deutung dieses abweichenden Verhaltens der Xenon-Sensibilisierung diskutieren *Ausloos*, *Lias* und *Sandoval* die Möglichkeit einer intermediären Bildung von $XeC_2H_5^+$, das in einer Hydridübertragung zum Äthan weiterreagieren könnte:

$$XeC_2H_5^+ + C_3H_8 \;\rightarrow\; Xe + C_2H_6 + C_3H_7^+ \tag{29}$$

3.23. C_3H_8O, Propanol

Ladungsübertragungen auf n-Propanol sind von *Pettersson* mit dem Tandem-Massenspektrometer nachgewiesen worden (*128*).

3.24. C_4H_6, Butadien

Nach Untersuchungen von *Bardwell* und *Naylor* läßt sich die durch Röntgen-Bestrahlung induzierte Polymerisation des Butadiens mit Neon, Argon, Krypton und Xenon sensibilisieren (*8*).

3.25. C_4H_8, Buten

Edelgashydridionen sind zur Protonenübertragung auf Buten befähigt (*4*), s. Abschn. 3.33.

3.26. C_4H_{10}, n-Butan

Borkowski und *Ausloos* untersuchten den Einfluß von Neon, Argon, Krypton und Xenon auf die γ-Radiolyse von nC_4H_{10}–nC_4D_{10}–I_2-Mischungen (*15*). Sie nehmen an, daß der Ladungsaustausch zwischen Edelgasion und Butanmolekül Hauptmechanismus der Edelgas-Sensibilisierung ist. Es wird dann um so weniger Energie auf das Butan übertragen und folglich findet um so geringere Fragmentierung des dabei gebildeten Butanions statt, je niedriger das Ionisierungspotential des reagierenden Edelgases ist. Mit dieser Vorstellung deuten *Borkowski* und *Ausloos* z. B. die Beobachtung, daß das Verhältnis C_3D_5H/C_3D_6 im Propylenprodukt, sowie das Verhältnis Propylen/Propan im Fall der Argon-sensibilisierten Reaktion höher als bei der direkten Radiolyse und im Xenon-Experiment ist, s. Tab. 12, indem sie für Propan- und Propylenbildung Hydridionenübertragungs-Prozesse auf $C_3H_7^+$ bzw. $C_3H_5^+$-Ion verantwortlich machen. Da das letztere Ion im Sinne der statistischen Theorie der Massenspektren aus dem ersteren gebildet wird, ist auch erklärbar, daß der G-Wert des Propans im Argonexperiment niedriger ist als bei der direkten und der Xenon-sensibilisierten Radiolyse. Aus den Ausbeuten an C_2D_5H und C_2D_6 schätzen *Borkowski* und *Ausloos* angenäherte Werte für das Verhältnis $C_2D_5^+/C_3D_7^+$ ab, das mit dem Ionisierungspotential des

Tabelle 12. *Relative Ausbeuten bei der Radiolyse von $n\text{-}C_4H_{10}\text{-}n\text{-}C_4D_{10}$-Mischungen in Gegenwart von Spuren Jod; nach Borkowski und Ausloos (15)*

		$\dfrac{C_2D_5H}{C_2D_6}$	$\dfrac{\text{Propylen}}{\text{Propan}}$	$\dfrac{C_3D_5H}{C_3D_6}$	$\dfrac{C_2D_5^+}{C_3D_7^+}$ (ber.)
sensibilisiert	Ne	0,72	0,66	0,56	0,72
	Ar	0,75	0,53	0,60	1,1
	Kr	0,55			0,64
	Xe	0,36	0,20	0,40	0,24
direkt		0,43	0,28	0,48	0,33

Edelgases ansteigt. Der Wert für Neon fällt allerdings heraus, was von den Autoren auf die chemischen Wirkungen der Subexcitationselektronen zurückgeführt wird, s. Abschn. 2.3.

Unter Ausnutzung des Penning-Effekts haben *Collinson*, *Todd* und *Wilkinson* die Argon-sensibilisierte β-Radiolyse des n-Butans in elektrischen Feldern von ca. 2000 Volt/cm durchgeführt (26). Butankonzentrationen der Größenordnung von einigen hundert ppm bewirkten eine erhebliche Elektronen-Vervielfachung nach dem Schema

$$\text{Ar} \quad \begin{cases} \longrightarrow \text{Ar}^+ + e \\[4pt] \longrightarrow \text{Ar}^* \end{cases} \tag{30}$$

$$\text{Ar}^* + C_4H_{10} \;\rightarrow\; \text{Ar} + C_4H_{10}^+ + e \tag{31}$$

$$e + \text{el. Energie} \;\rightarrow\; e_{En} \tag{32}$$

$$e_{En} + \text{Ar} \;\rightarrow\; \text{Ar}^* + e \tag{33}$$

Die relativen Produktausbeuten erwiesen sich als stark konzentrations- und feldabhängig. Bei Erniedrigung der elektrischen Feldstärke wächst die Ionenpaarausbeute für den Butanverbrauch, was auf eine stärkere Beteiligung der direkten Anregung des Butans hinweist.

Nur ein Teil der Butanmoleküle, auf die die metastabilen Argon- atome Anregungsenergie übertragen, werden gemäß Reaktion (31) ioni- siert. Der Rest zerfällt in neutrale Bruchstücke (*130, 70*), s. Abschn. 2.2.

3.27. C_4H_{10}, iso-Butan

Borkowski und *Ausloos* untersuchten die Radiolyse von Mischungen aus $(CH_3)_3CD$ und $(CH_3)_3CH + (CD_3)_3CD$ mit den Edelgasen Argon, Krypton und Xenon (jeweils in Gegenwart von Spuren Jod). Die relativen Pro- duktausbeuten bei der sensibilisierten Radiolyse variieren parallel mit dem Ionisierungspotential des Edelgases. *Borkowski* und *Ausloos* nehmen an, daß der Ladungsaustausch zwischen Edelgasion und Isobutanmole- kül der wesentliche Mechanismus der Energieübertragung ist. Da die Ionisierungspotentiale der Edelgase verschieden hoch über dem Ioni- sierungspotential des Isobutans liegen, werden dem Isobutanmolekül bei der Ladungsübertragung Energiebeträge verschiedener Höhe zuge- führt, wodurch die relative Häufigkeit der verschiedenen Fragmentie- rungsweisen des entstehenden Isobutanions beeinflußt wird. Der Ver- gleich zeigt, daß im Fall der direkten Radiolyse die durchschnittlich dem Isobutanmolekül zugeführte Energie zwischen den Ionisierungspoten- tialen von Xenon und Krypton liegt (*14*).

3.28. C_5H_{12}, n-Pentan

Die Edelgas-sensibilisierte γ-Radiolyse von äquimolaren, mit 5 % NO zusätzlich versetzten n-Pentan—n-Pentan-d_{12}-Mischungen wurde von *Ausloos* und *Lias* in Gegenwart und Abwesenheit von elektrischen Fel- dern untersucht (*2*). Die Wirkung der Edelgase Neon, Argon, Krypton und Xenon läßt sich durch die Annahme von Ladungsübertragungen auf das Pentan befriedigend erklären, insofern als sich aus den Experimen- ten eine Parallelität zwischen Ionisierungspotential des Edelgases (= über- tragene Energie) und Fragmentierung des Pentans entnehmen läßt. Aus dem Vergleich der sensibilisierten Radiolyse des Pentans mit der Radio- lyse im elektrischen Feld und mit der Vakuum-UV-Photolyse haben *Aus- loos* und *Lias* den Schluß gezogen, daß auch Anregungsübertragungen von den metastabilen Zuständen der Edelgase neben dem Ladungsaus- tausch eine Rolle spielen. Im Fall der durch Neon sensibilisierten Reaktion diskutieren die Autoren eine Anregung der Pentanmoleküle durch Subexcitationselektronen, s. Abschn. 2.3.

Bezüglich der Protonenübertragung auf Pentan durch Edelgashydridionen s. Abschn. 3.33.

3.29. C_6H_6, Benzol

Benzolzusatz erhöht die Ionenbildung in Argon bei der α-Bestrahlung (*11*), s. Abschn. 2.2.

3.30. C_7H_8, Toluol

Toluolzusatz erhöht die Ionenbildung in Argon bei der α-Bestrahlung, s. Abschn. 2.2.

3.31. C_7H_8O, Anisol

Tanaka und *Steacie* haben nachgewiesen, daß die Photoionisierung des Anisols bei 1470 Å durch Xenon sensibilisiert werden kann (*150, 151*). Der Photoionisierungsprozeß wird von den Autoren als mechanistisch zweistufig aufgefaßt: nach der Anregungsübertragung konkurrieren in einem zweiten Schritt Dissoziationsprozesse mit der Preionisierung.

3.32. Cs, Cäsium

Angeregte Edelgasatome können mit Cäsiumatomen unter Addukt-Ionenbildung reagieren (*58*); vgl. Kap. 4.

3.33. H_2, Wasserstoff

Nach Ergebnissen von *Thompson* und *Schaeffer* (*152*) verläuft der Austausch von H und D bei Po-α-Bestrahlung eines äquimolaren H_2–D_2-Gemisches im wesentlichen über eine Kette von Propagationsschritten wie

$$H_3^+ + D_2 \rightarrow H_2 + HD_2^+ \tag{34}$$

Zusatz kleiner Mengen der Edelgase Helium, Neon und Argon erhöht die Kettenlänge geringfügig; Zusatz von Krypton und Xenon reduziert die Kettenlänge drastisch. Diese Befunde lassen sich nach *Thompson* und *Schaeffer* mit der Annahme erklären, daß die Protonenaffinität des Wasserstoffmoleküls größer ist als die von Helium, Neon und Argon, aber kleiner als die von Krypton und Xenon, s. Tab. 13. Folglich läuft die Ketten-Initiation

$$Ed^+ + H_2 \rightarrow EdH^+ + H \tag{35}$$

$$EdH^+ + H_2 \rightarrow Ed + H_3^+ \tag{36}$$

nur mit Ed = He, Ne und Ar ab, während andererseits die Ketteninhibierung

$$H_3^+ + Ed \rightarrow EdH^+ + H_2 \tag{37}$$

nur mit Kr und Xe möglich wäre (*137*).

Die Kettenlänge der radiationschemischen H—D-Austauschreaktion im System $H_2 + D_2$ ist außerordentlich empfindlich gegenüber kleinen Mengen von Verunreinigungen. *Thompson* und *Schaeffer* berechneten aus einem diffusionskinetischen Ansatz eine theoretische Kettenlänge von $2 \cdot 10^7$ für ihr System. Experimentell gefunden wurden jedoch nur Kettenlängen von ca. $2 \cdot 10^4$.

Bei Zusatz größerer Mengen Edelgas wird der Austausch auch im Fall von Helium, Neon und Argon gehemmt. *Thompson* und *Schaeffer* deuteten dies durch die Annahme, daß die Reaktion

$$H_2^+ + Ed \rightarrow EdH^+ + H \tag{38}$$

für alle Edelgase möglich sei. Da diese Reaktion jedoch nur mit der Bildung des Kettenträgers konkurriert, nicht aber diesen aus dem System entfernt, ist die Hemmung gemäß Reaktion (38) ein verhältnismäßig kleiner Effekt.

In massenspektrometrischen Untersuchungen ist die Bildung von ArH^+ und KrH^+ gemäß Reaktion (35) sichergestellt worden (*143*). Über die entsprechende Reaktion des Xenonions ist bisher noch nichts bekannt geworden (*145*). XeH^+ bildet sich jedoch bei der Reaktion von Xenonionen mit Methan (*32*).

Dagegen verläuft die Bildung von HeH^+ und NeH^+ nicht — wie früher angenommen (*138, 50, 120*) — ausschließlich oder überwiegend nach Reaktion (35), sondern vor allem nach (38). Das ergab sich zunächst aus den Auftrittspotentialen von HeH^+ und NeH^+, die nach Messungen von *Kaul*, *Lauterbach* und *Taubert* bei ca. 16,5 bzw. 15,9 eV liegen, also weit unter dem Ionisierungspotential des Heliums bzw. Neons und nur wenig über dem des Wasserstoffs, 15,4 eV. Die Differenz von 0,9 bzw. 0,5 eV erklärt sich aus der Endothermizität von Reaktion (38) (*62, 75*).

Man kann aus der Endothermizität ΔH_{38} von Reaktion (38) einen Zahlenwert für die theoretisch interessante Protonenaffinität $P(Ed)$ von Helium bzw. Neon erhalten, s. Tab. 13:

$$P(Ed) = D(H^+\!-\!H) - \Delta H_{38} \tag{39}$$

Der experimentelle Wert von P(He) steht in guter Übereinstimmung mit dem theoretischen Wert 41 kcal/Mol (68, 31). Für die anderen Edelgase gilt

$$P(Ed) = IP(H) - IP(Ed) + D(H-H) - \Delta H_{35} \qquad (40)$$

Da ΔH_{35} negativ ist (Reaktion (35) ist exotherm) erhält man aus den anderen Größen in Gl. 40 einen Minimalwert für P(Ed).

Aus Messungen mit dem Tandem-Massenspektrometer haben später auch *Giese* und *Maier* geschlossen, daß Reaktion (38) für primäre Ionenenergien von 1—10 eV allein für die HeH^+-Bildung in Frage kommt (40, 42). Zu einem ähnlichen Ergebnis gelangten *v. Koch* und *Friedman* beim Studium der Energieabhängigkeit der Ionenausbeuten von He^+, H_2^+ und

Tabelle 13. *Protonenaffinitäten, P, der Edelgase (in eV)*

	He	Ne	Ar	Kr	Xe
P	1,8	2,2	3,0	$\geqslant 4$	$\geqslant 6$
Lit.	(31)	(75)	(55)	(143)	
	(75)				

HeH^+ (84). *v. Koch* und *Friedman* vermuteten, daß im Falle des Heliums Reaktion (38) gegenüber (35) bevorzugt ist, weil die bei (35) frei werdende Energie von 8,3 eV im wesentlichen als Schwingungsenergie der HeH^+-Bindung auftritt und daher die sofortige Dissoziation des HeH^+-Ions bewirkt. Indessen wird auch H^+ nicht in nachweisbaren Mengen gebildet (40). Offenbar verlaufen also Stöße zwischen He^+-Ionen und H_2-Molekülen in der Regel elastisch. Der Fall ist insofern bemerkenswert, als er eins der seltenen Beispiele für eine sehr langsame, stark exotherme Ionen-Molekül-Reaktion darstellt, die nach chemischer Erfahrung keine Aktivierungsenergie haben sollte (36).

Pahl und *Weimer* (123, 121) sowie *Knewstubb* und *Tickner* (80) haben Apparaturen beschrieben, in denen Ionen aus Gasentladungen direkt in den Analysatorraum eines Massenspektrometers beschleunigt werden. Bei der Untersuchung von Entladungen in Argon bzw. Krypton zeigte sich, daß ArH^+ bzw. KrH^+ schon bei Gegenwart geringer Spuren von wasserstoffhaltigen Verunreinigungen nachgewiesen werden kann. Zusatz von etwa 1 % Wasserstoff zum Argon führt bereits zum Vorherrschen der ArH^+-Ionen in der Gasentladung (80). *Knewstubb* und *Tickner* vermuten, daß die ArH^+-Bildung nur zu einem kleinen Teil auf die Reaktion (35) zurückzuführen ist, im wesentlichen aber durch Reaktion von angeregtem Argon mit H-Atomen erfolgt:

$$Ar^* + H \rightarrow ArH^+ + e \qquad (41)$$

Auch *Pahl* nimmt an, daß Reaktion (41) bei der Gasentladung in Argon-Wasserstoff-Gemischen abläuft (*123*). Aus der Abhängigkeit der Ionenausbeuten von H_2^+, ArH^+ und H_3^+ vom Gasdruck in der Entladungsröhre schließt *Pahl* ferner, daß ArH^+ auch entsprechend Reaktion (38) entstehen kann, und daß insbesondere bei höheren Partialdrucken von Wasserstoff auch die Reaktion

$$ArH^+ + H_2 \rightarrow H_3^+ + Ar \tag{42}$$

eine Rolle spielt. Reaktion (42) sollte schwach exotherm sein (*75, 137*).

Die intermediäre Bildung von Edelgashydridionen und H-Atomen spielt wahrscheinlich in einer Reihe von strahlenchemischen Systemen eine große Rolle (*88*). *Maschke* und *Lampe* haben den Xenon-sensibilisierten H—D-Austausch im System Deuterium-Methan untersucht und deuten ihre Ergebnisse durch Annahme der Reaktionen (35), (37) und (38). Da in zwei dieser Reaktionen sowie bei der Neutralisierung des XeH^+-Ions Wasserstoffatome entstehen, läßt sich die kinetische Behandlung der Austauschreaktion stark vereinfachen (*105*).

Auf Edelgashydridionen-Bildung ist auch das Phänomen der Inhibierung von Edelgas-sensibilisierten Radiolysen durch Wasserstoff zurückgeführt worden (*142, 39*). Die Vermutung, daß das Edelgashydridion in diesen Fällen nur noch zur Neutralisationsreaktion befähigt ist, muß inzwischen als fragwürdig angesehen werden. Neuere Ergebnisse von *Ausloos* und *Lias* haben nämlich gezeigt, daß ArH^+ und KrH^+ zur Übertragung von Protonen auf n-Pentan, Cyclopropan, Äthylen, Propylen und Buten in der Lage sind (*4*). Im Fall des n-Pentans ist auch Protonenübertragung vom XeH^+ möglich.

In diesem Zusammenhang sei die Beobachtung von *Okabe* erwähnt, der bei der Mikrowellenentladung in einer Mischung von 10 % Wasserstoff in Argon (1 Torr Gesamtdruck) eine nahezu monochromatische Emission der Lyman-α-Linie erhielt (*119*). Die Rolle, die das Argon dabei spielt, ist jedoch noch nicht geklärt.

Die Edelgas-Sensibilisierung der Synthese von Wasser aus Wasserstoff und Sauerstoff ist von *Lind* und Mitarbeitern untersucht worden (*92, 94*).

3.34. H_2O, Wasser

Bei der Untersuchung von Glimmentladungen in Argon und Krypton stellten *Knewstubb* und *Tickner* fest, daß schon geringe Spuren von Wasser die Konzentration der Ar_2^+-Ionen stark erniedrigen konnten und daß das Auftreten der Ionen ArH^+ und H_3O^+ nicht restlos unterbunden werden konnte (*80*). Zur Deutung dieser Befunde diskutieren *Knewstubb* und *Tickner* Reaktionen der Spezies Ar_2^+, Ar^+ und Ar^* mit einer wasserstoffhaltigen Verunreinigung XH (nicht notwendigerweise Wasser), die zur Bildung des ArH^+-Ions führen könnte. Anschließend könnte die Reaktion

$$ArH^+ + H_2O \rightarrow Ar + H_3O^+ \tag{43}$$

ablaufen, da die Protonenaffinität des Wassers vermutlich größer als die des Argons ist, s. Abschn. 3.33.

Wasserdampfzusatz erhöht die Ionenrekombinationsrate bei der Mikrowellenentladung in Xenon (*21*). Zur Zeit ist es nicht möglich, spezielle Xenonreaktionen in diesem System für die beobachteten Effekte verantwortlich zu machen.

3.35. H_2S, Schwefelwasserstoff

Siehe Kap. 4.

3.36. H_3N, Ammoniak

Bei der Bestrahlung von Ammoniak mit Deuteronen läßt sich ein starker Edelgaseinfluß auf die Hydrazinausbeute feststellen (*90*). Besonders drastisch wirkt Krypton, das den G-Wert der Hydrazinbildung etwa

Tabelle 14. *G-Werte der Hydrazin-Bildung bei der Radiolyse von Ammoniak nach Lampe, Weiner, Johnston und Koski* (*90*)

direkt	sensibilisiert mit	
	Neon	Krypton
0,5	0,16	2,2

vervierfacht, s. Tab. 14. Äthylenzusatz hat keinen Einfluß auf die Hydrazinausbeute bei der Krypton-sensibilisierten Reaktion. Das unterschiedliche Verhalten von Krypton und Neon als Sensibilisatoren führen die Autoren auf Unterschiede im Ladungsaustausch-Prozeß zwischen Edelgasion und Ammoniakmolekül zurück:

$$Ne^+ + NH_3 \rightarrow Ne + NH_2^+ + H \tag{44}$$

$$Kr^+ + NH_3 \rightarrow Kr + NH_3^+ \tag{45}$$

Dawson und *Tickner* untersuchten die Glimmentladung in Helium bei Gegenwart von Ammoniak mit einer massenspektrometrischen Methode (*28*). Schon Spuren von Ammoniak erhöhen die Ionenbildung in der Glimmentladung beträchtlich. *Dawson* und *Tickner* führen dies auf die Reaktion

$$He^* + NH_3 \rightarrow He + NH_3^+ + e \tag{46}$$

zurück. Außer Ammoniakion werden noch NH_2^+ und kleinere Mengen NH^+ nachgewiesen.

3.37. Hg, Quecksilber

Siehe Kap. 4.

3.38. I$_2$, Jod

Siehe Kap. 4.

3.39. K, Kalium

Angeregte Edelgasatome können mit Alkalimetallatomen unter Addukt-Ionenbildung reagieren (*58*), vgl. Kap. 4.

3.40. Li, Lithium

Vgl. Abschn. 3.39 und Kap. 4.

3.41. NO, Stickstoff(II)-oxid

Die Krypton-sensibilisierte Photoionisation des Stickstoff(II)-oxids ist von *Tanaka* und *Steacie* untersucht worden (*150, 151*). *Tanaka* und *Steacie* diskutieren die Möglichkeit, daß die Photoionisierung über ein angeregtes Stickoxid NO* erfolgt:

$$Kr^* + NO \rightarrow Kr + NO^* \tag{47}$$

dessen Preionisierung mit der Dissoziation in die Atome konkurriert.

Bei der Mikrowellenentladung in Argon-Stickoxid-Mischungen beobachtete *Okabe* Emissionen von Sauerstoffatomen (*119*). Eine Argonreaktion, die zur Bildung der angeregten O-Atome führt, erscheint möglich, ist aber von *Okabe* nicht diskutiert worden.

G. v. Bünau

3.42. N_2, Stickstoff

Groth hat als erster eine Edelgas-sensibilisierte Vakuum-UV-Photolyse bei der Bestrahlung von Krypton-Stickstoff-Wasserstoff-Mischungen sicher nachgewiesen (*47*). Dabei bilden sich Ammoniak und Hydrazin mit Quantenausbeuten von 0,033 bzw. 0,11. *Groth* nimmt an, daß eine Energieübertragung vom angeregten Krypton auf das Stickstoffmolekül stattfindet, das anschließend in Atome zerfällt (*48*).

3.43. N_2O, Stickstoff(I)-oxid

Gorden und *Ausloos* untersuchten die γ-Radiolyse von $N^{15}N^{14}O$ in Gegenwart von überschüssigem Krypton und Xenon (*44*). Beide Edelgase sensibilisieren die Zersetzung des Stickstoffmonoxids. Ladungsaustausch kann jedoch nur im Fall der Krypton-sensibilisierten Reaktion angenommen werden, da das Ionisierungspotential des Xenons unter dem des Stickstoffmonoxids liegt. Die Ergebnisse von *Gorden* und *Ausloos* deuten darauf hin, daß die intermediäre Bildung von N-Atomen im Fall der Edelgas-Sensibilisierung eine geringere Rolle spielt als bei der direkten Radiolyse.

3.44. Na, Natrium

Angeregte Edelgasatome können mit Natriumatomen unter Addukt-Ionenbildung reagieren (*58*); vgl. Kap. 4.

3.45. O_2, Sauerstoff

Mischungen aus Sauerstoff mit Neon oder Argon eignen sich zur Herstellung von Gas-Lasern, die bei 8446 Å emittieren (entsprechend dem Übergang $3p\ ^3P_2 \rightarrow 3s\ ^3S_1^\circ$ bei atomarem Sauerstoff). Das $3p\ ^3P$-Niveau des O-Atoms wird in der Reaktion

$$\text{Ne}(^3P_1 \text{ bzw. } ^3P_0) + O_2 \rightarrow \text{Ne} + O + O(3p\ ^3P) \tag{48}$$

erreicht. Metastabile Argonatome können dagegen bei der Reaktion mit Sauerstoff nur das $2\ ^1S$- bzw. das $2\ ^1D$-Niveau des O-Atoms populieren, das eine Lebensdauer der Größenordnung von Zehntelsekunden hat. Das obere Laser-Niveau wird anschließend durch Elektronenstoß erreicht (*126*).

Die Bildung der angeregten Spezies XeO (*60, 78*), ArO (*27*) und KrO (*86*) bei elektrischen Entladungen in Edelgas-Sauerstoff-Mischungen ist spektroskopisch sichergestellt worden.

4. Spezielle Edelgasreaktionen

Tab. 15 enthält eine Zusammenstellung der bisher bekannt gewordenen Reaktionen angeregter und ionisierter Edelgasatome. Manche in der Tabelle aufgeführten Reaktionen können noch nicht als gesichert angesehen werden, sind jedoch in der jeweils zitierten Arbeit ausführlicher behandelt worden.

Folgende Haupttypen von Reaktionen lassen sich unterscheiden:

$$\begin{aligned}
&\text{1. Anregungsübertragung:} && \text{Ed}^* + \text{S} \rightarrow \text{Ed} + \text{S}^* \\
&\text{2. Ladungsaustausch:} && \text{Ed}^+ + \text{S} \rightarrow \text{Ed} + \text{S}^+ \\
&\text{3. Verbindungsbildung:} && \text{a) Ed}^* + \text{S} \rightarrow \text{EdS}^* \\
& && \text{b) Ed}^+ + \text{S} \rightarrow \text{EdS}^+
\end{aligned}$$

In allen vier Fällen können die gebildeten reaktiven Zwischenprodukte noch in Fragmente zerfallen. Die Reaktionen 3 a) und b) können als Zwischenreaktionen der zweistufig gedachten Prozesse 1. und 2. aufgefaßt werden. Im einzelnen mag dies eine Frage der Zweckmäßigkeit sein.

Zur besseren Übersicht der Tabelle sind in Zusammenhang mit dem Literaturhinweis Symbole verwendet worden, die die Art der zitierten Arbeit betreffen: m bezieht sich auf massenspektrometrische, r auf radiationschemische, p auf photochemische und t auf tandem-massenspektrometrische Arbeiten.

Tabelle 15. *Liste der Edelgasreaktionen*

Reaktion				Literatur
B_5H_9	$+ \text{He}^+$	$\rightarrow$ He	$\left.\rule{0pt}{7.5ex}\right\} + B_5H_9^+$	*(61*, t)
	$+ \text{Ne}^+$	$\rightarrow$ Ne		*(61*, t)
	$+ \text{Ar}^+$	$\rightarrow$ Ar		*(61*, t)
	$+ \text{Kr}^+$	$\rightarrow$ Kr		*(61*, t)
	$+ \text{Xe}^+$	$\rightarrow$ Xe		*(61*, t)
CCl_4	$+ \text{Ar}^*$	$\rightarrow$ $\text{Ar} + CCl_4^*$		*(155*, t)
CO	$+ \text{He}^*$	$\rightarrow$ $\text{He} + \text{C}^* + \text{O}^*$		*(126*, r)
	$+ \text{Ne}^*$	$\rightarrow$ $\text{Ne} + \text{C}^* + \text{O}$		*(126*, r)
	$+ \text{Ar}^*$	$\rightarrow$ $\text{Ar} + \text{C} + \text{O}$		*(29*, r)
	$+ \text{Kr}^*$	$\rightarrow$ $\text{Kr} + \text{CO}^*$		*(29*, r)
	$+ \text{Xe}^*$	$\rightarrow$ $\text{Xe} + \text{CO}^*$		*(29*, r); *(135*, r)
	$+ \text{Ar}^*$	$\rightarrow$ ArCO^*		*(117*, m)
	$+ \text{Ar}^*$	$\rightarrow$ ArCO^+	$\left.\rule{0pt}{4.5ex}\right\} + e$	*(117*, m)
	$+ \text{Kr}^*$	$\rightarrow$ KrCO^+		*(117*, m)
	$+ \text{Xe}^*$	$\rightarrow$ XeCO^+		*(117*, m)
	$+ \text{He}^+$	$\rightarrow$ He	$\left.\rule{0pt}{4.5ex}\right\} + CO^+$	*(96*, t); *(41*, t); *(146*, r)
	$+ \text{Ne}^+$	$\rightarrow$ Ne		*(96*, t); *(41*, t); *(146*, r)
	$+ \text{Ar}^+$	$\rightarrow$ Ar		*(96*, t); *(41*, t); *(146*, r)

	Reaction	References
	$+ Kr^+ \leftrightarrow Kr + CO^+$	$(96, t);\ (29, r);\ (146, r)$
	$+ ArCO^* \rightarrow Ar + C_2O_2^+ + e$	$(117, m)$
	$+ KrCO^+ \rightarrow Kr + C_2O_2^+$	$(117, m)$
CO^+	$+ Xe \rightarrow Xe^+ + CO$	$(135, m);\ (24, r)$
	$+ Ar \rightarrow ArC^+$	$(117, m)$
	$+ Kr \rightarrow KrC^+ \quad \} + O$	$(117, m)$
	$+ Xe \rightarrow XeC^+$	$(117, m)$
CO_2	$+ Ne^+ \rightarrow Ne$	$(97, t)$
	$+ Ar^+ \rightarrow Ar$	$(97, t)$
	$+ Kr^+ \rightarrow Kr \quad \} + CO_2^+$	$(97, t)$
	$+ Ar^{2+} \rightarrow Ar^+$	$(97, t)$
	$+ Kr^{2+} \rightarrow Kr^+$	$(97, t)$
CH_4	$+ Ar^* \rightarrow Ar + CH_4^*$	$(67, r);\ (118, r)$
	$+ Ar^* \rightarrow Ar$	$(67, r)$
	$+ Kr^* \rightarrow Kr \quad \} + CH_2 + H_2$	$(6, p)$
	$+ Kr^* \rightarrow Kr + CH_3 + H$	$(6, p)$
	$+ Xe^* \rightarrow XeCH_4^+ + e$	$(34, m)$
	$+ He^* \rightarrow He$	$(20, m);\ (118, r)$
	$+ Ne^* \rightarrow Ne \quad \} + CH_4^+ + e$	$(20, m);\ (118, r)$
	$+ He^+ \rightarrow He$	$(82, t);\ (84, m)$
	$+ Ne^+ \rightarrow Ne$	$(82, t);\ (97, t)$
	$+ Ar^+ \rightarrow Ar$	$(82, t);\ (110, m)$
		$(19, m);\ (108, m)$
		$(109, m);\ (3, r)$
		$(33, m);\ (97, t)$
	$+ Kr^+ \rightarrow Kr \quad \} + CH_4^+ + e$	$(82, t);\ (33, m)$
		$(19, m);\ (109, m)$
		$(110, m);\ (97, t)$
	$+ Xe^+ \rightarrow Xe$	$(82, t)$
	$+ Ar^{++} \rightarrow Ar^+$	$(97, t)$
	$+ Kr^{++} \rightarrow Kr^+$	$(97, t)$
	$+ Xe^{++} \rightarrow Xe^+$	$(82, t)$
	$+ Ar^+ \rightarrow ArH^+$	$(33, m)$
	$+ Kr^+ \rightarrow KrH^+ \quad \} + CH_3$	$(33, m)$
	$+ Xe^+ \rightarrow XeH^+$	$(106, r);\ (34, m);\ (6, r)$
	$+ Ar^+ \rightarrow ArCH_3^+$	$(33, m)$
	$+ Kr^+ \rightarrow KrCH_3^+ \quad \} + H$	$(33, m)$
	$+ Xe^+ \rightarrow XeCH_3^+$	$(34, m)$
	$+ Ar^+ \rightarrow ArCH_2^+$	$(33, m)$
	$+ Kr^+ \rightarrow KrCH_2^+ \quad \} + H_2$	$(33, m)$
	$+ Xe^+ \rightarrow XeCH_2^+$	$(34, m)$
	$+ Ar_2^+ \rightarrow 2\,Ar \quad \} + CH_4^+$	$(109, r)$
	$+ Kr_2^+ \rightarrow 2\,Kr$	$(109, r)$
	$+ HeH^+ \rightarrow He + CH_3^+ + H_2$	$(132, r)$
CH_4^+	$+ Xe \rightarrow Xe^+ + CH_4$	$(67, r);\ (132, r)$
	$+ Xe \rightarrow XeH^+ + CH_3$	$(106, r)$

CH_3OH	$+ He^*$	$\rightarrow$	$He + e$		$(20, m)$
	$+ Ne^*$	$\rightarrow$	$Ne + e$		$(20, m)$
	$+ Ar^*$	$\rightarrow$	$Ar + e$		$(20, m)$
	$+ He^+$	$\rightarrow$	He		$(158, t)$
	$+ Ne^+$	$\rightarrow$	Ne		$(158, t)$
	$+ Ar^+$	$\rightarrow$	Ar		$(158, t)$; $(19, m)$
	$+ Kr^+$	$\rightarrow$	Kr	$\Big\} + CH_3OH^+$	$(158, t)$; $(19, m)$
	$+ Xe^+$	$\rightarrow$	Xe		$(158, t)$; $(19, m)$
					$(9, r)$; $(99, t)$
	$+ He^{2+}$	$\rightarrow$	He^+		$(158, t)$
	$+ Ne^{2+}$	$\rightarrow$	Ne^+		$(158, t)$
	$+ Ar^{2+}$	$\rightarrow$	Ar^+		$(158, t)$
	$+ Kr^{2+}$	$\rightarrow$	Kr^+		$(158, t)$
	$+ Xe^{2+}$	$\rightarrow$	Xe^+		$(158, t)$
CH_3NH_2	$+ He^+$	$\rightarrow$	He		$(141, t)$
	$+ Ne^+$	$\rightarrow$	Ne		$(141, t)$
	$+ Ar^+$	$\rightarrow$	Ar	$\Big\} + CH_3NH_2^+$	$(141, t)$
	$+ Kr^+$	$\rightarrow$	Kr		$(141, t)$
	$+ Xe^+$	$\rightarrow$	Xe		$(141, t)$
C_2F_6	$+ Ar^+$	$\rightarrow$	$Ar + C_2F_6^+$		$(79, r)$
$C_2F_6^+$	$+ Xe$	$\rightarrow$	$Xe^+ + C_2F_6$		$(79, r)$
C_2H_2	$+ He^*$	$\rightarrow$	$He + e$		$(20, m)$; $(115, r)$
	$+ Ne^*$	$\rightarrow$	$Ne + e$		$(20, m)$; $(115, r)$
	$+ Ar^*$	$\rightarrow$	$Ar + e$		$(20, m)$; $(115, r)$; $(111, r)$
	$+ He^+$	$\rightarrow$	He		$(98, t)$; $(37, r)$
	$+ Ne^+$	$\rightarrow$	Ne		$(98, t)$; $(37, r)$
	$+ Ar^+$	$\rightarrow$	Ar	$\Big\} + C_2H_2^+$	$(98, t)$; $(103, t)$
	$+ Kr^+$	$\rightarrow$	Kr		$(98, t)$
	$+ Xe^+$	$\rightarrow$	Xe		$(98, t)$; $(136, m)$
	$+ Kr^{2+}$	$\rightarrow$	Kr^+		$(98, t)$
	$+ Xe^{2+}$	$\rightarrow$	Xe^+		$(98, t)$
	$+ Xe^*$	$\rightarrow$	$XeC_2H_2^+ + e$		$(34, m)$
	$+ Xe^+$	$\rightarrow$	$XeC_2H_2^+$		$(136, m)$
	$+ Xe^+$	$\rightarrow$	$XeC_2H^+ + H$		$(136, m)$; $(34, m)$
	$+ Xe^+$	$\rightarrow$	$XeC_2^+ + H_2\,(?)$		$(34, m)$
	$+ XeC_2H_2^+$	$\rightarrow$	$Xe + C_4H_3^+ + H$		$(136, m)$
	$+ XeC_2H^+$	$\rightarrow$	$Xe + C_4H_3^+$		$(136, m)$
$XeC_2H_2^+$	$+ Xe$	$\rightarrow$	$2\,Xe + C_2H_2^+$		$(136, m)$
XeC_2H^+	$+ Xe$	$\rightarrow$	$2\,Xe + C_2H^+$		$(136, m)$
C_2H_4	$+ He^*$	$\rightarrow$	$He + e$		$(20, m)$; $(72, r)$
	$+ Ne^*$	$\rightarrow$	$Ne + e$		$(20, m)$; $(70, r)$
	$+ Ar^*$	$\rightarrow$	$Ar + e$		$(20, m)$; $(72, r)$
					$(70, r)$; $(111, r)$
	$+ Kr^*$	$\rightarrow$	$Kr + e$	$\Big\} + C_2H_4^+$	$(20, m)$
	$+ He^+$	$\rightarrow$	He		$(77, m)$
	$+ Ar^+$	$\rightarrow$	Ar		$(19, m)$
	$+ Kr^+$	$\rightarrow$	Kr		$(19, m)$
	$+ Xe^+$	$\rightarrow$	Xe		$(77, m)$; $(19, m)$
					$(91, t)$; $(103, t)$

$$+\ ArH^+ \rightarrow Ar \left.\right\} + C_2H_5^+ \qquad (4,\,\mathrm{r})$$
$$+\ KrH^+ \rightarrow Kr \qquad\qquad\qquad (4,\,\mathrm{r})$$

C_2H_6

$+\ He^*$	$\rightarrow$	$He + e$	$(20,\,\mathrm{m});\quad (118,\,\mathrm{r})$
$+\ Ne^*$	$\rightarrow$	$Ne + e$	$(20,\,\mathrm{m});\quad (118,\,\mathrm{r})$
$+\ Ar^*$	$\rightarrow$	$Ar + e$	$(20,\mathrm{m});\quad (118,\,\mathrm{r})$
			$(111,\,\mathrm{r})$
$+\ He^+$	$\rightarrow$	He	$(83,\,\mathrm{t})$
$+\ Ne^+$	$\rightarrow$	Ne	$(83,\,\mathrm{t})$
$+\ Ar^+$	$\rightarrow$	Ar	$(83,\,\mathrm{t})$
$+\ Kr^+$	$\rightarrow$	Kr $\quad\Big\} + C_2H_6^+$	$(83,\,\mathrm{t})$
$+\ Xe^+$	$\rightarrow$	Xe	$(83,\,\mathrm{t})$
$+\ Ar^{2+}$	$\rightarrow$	Ar^+	$(83,\,\mathrm{t})$
$+\ Kr^{2+}$	$\rightarrow$	Kr^+	$(83,\,\mathrm{t})$
$+\ Xe^{2+}$	$\rightarrow$	Xe^+	$(83,\,\mathrm{t})$

C_2H_5OH

$+\ He^*$	$\rightarrow$	$He + e$	$(20,\,\mathrm{m})$
$+\ Ne^*$	$\rightarrow$	$Ne + e$	$(20,\,\mathrm{m})$
$+\ Ar^*$	$\rightarrow$	$Ar + e$	$(20,\,\mathrm{m});\quad (11,\,\mathrm{r})$
$+\ Kr^*$	$\rightarrow$	$Kr + e$	$(20,\,\mathrm{m})$
$+\ He^+$	$\rightarrow$	He	$(85,\,\mathrm{t})$
$+\ Ne^+$	$\rightarrow$	Ne	$(85,\,\mathrm{t})$
$+\ Ar^+$	$\rightarrow$	Ar	$(85,\,\mathrm{t})$
$+\ Kr^+$	$\rightarrow$	Kr	$(85,\,\mathrm{t})$
$+\ Xe^+$	$\rightarrow$	Xe $\quad\Big\} + C_2H_5OH^+$	$(85,\,\mathrm{t})$
$+\ He^{2+}$	$\rightarrow$	He^+	$(85,\,\mathrm{t})$
$+\ Ne^{2+}$	$\rightarrow$	Ne^+	$(85,\,\mathrm{t})$
$+\ Ar^{2+}$	$\rightarrow$	Ar^+	$(85,\,\mathrm{t})$
$+\ Kr^{2+}$	$\rightarrow$	Kr^+	$(85,\,\mathrm{t})$
$+\ Xe^{2+}$	$\rightarrow$	Xe^+	$(85,\,\mathrm{t})$

C_3H_6

$+\ Xe^+$	$\rightarrow$	$Xe + C_3H_5^+ + H$	$(91,\,\mathrm{t})$
$+\ ArH^+$	$\rightarrow$	$Ar + C_3H_7^+$	$(4,\,\mathrm{r})$
$+\ KrH^+$	$\rightarrow$	$Kr + C_3H_7^+$	$(4,\,\mathrm{r})$

cyclo-C_3H_6

$+\ ArH^+$	$\rightarrow$	$Ar + C_3H_7^+$	$(4,\,\mathrm{r})$
$+\ KrH^+$	$\rightarrow$	$Kr + C_3H_7^+$	$(4,\,\mathrm{r})$

CH_3COCH_3

$+\ Kr^*$	$\rightarrow$	$Kr + CH_3COCH_3^*$	$(150,\,\mathrm{p});\quad (151,\,\mathrm{p})$
$+\ Ar^+$	$\rightarrow$	$Ar + CH_3CO^+ + CH_3$	$(91,\,\mathrm{t})$

C_3H_8

$+\ Xe^*$	$\rightarrow$	Xe $\quad\Big\} + C_3H_8^*$	$(5,\,\mathrm{r})$
$+\ Kr^*$	$\rightarrow$	Kr	$(5,\,\mathrm{r})$
$+\ He^*$	$\rightarrow$	$He + e$	$(20,\,\mathrm{m})$
$+\ Ne^*$	$\rightarrow$	$Ne + e$	$(20,\,\mathrm{m})$
$+\ Ar^*$	$\rightarrow$	$Ar + e$	$(20,\,\mathrm{m})$
$+\ He^+$	$\rightarrow$	He	$(129,\,\mathrm{t})$
$+\ Ne^+$	$\rightarrow$	Ne	$(129,\,\mathrm{t});\quad (19,\,\mathrm{m})$
$+\ Ar^+$	$\rightarrow$	Ar $\quad\Big\} + C_3H_8^+$	$(129,\,\mathrm{t});\quad (19,\,\mathrm{m})$
$+\ Kr^+$	$\rightarrow$	Kr	$(129,\,\mathrm{t});\quad (19,\,\mathrm{m})$
$+\ Xe^+$	$\rightarrow$	Xe	$(129,\,\mathrm{t});\quad (19,\,\mathrm{m})$
$+\ Ne^{2+}$	$\rightarrow$	Ne^+	$(129,\,\mathrm{t})$
$+\ Ar^{2+}$	$\rightarrow$	Ar^+	$(129,\,\mathrm{t})$
$+\ Kr^{2+}$	$\rightarrow$	Kr^+	$(129,\,\mathrm{t})$
$+\ XeC_2H_5^+$	$\rightarrow$	$Xe + C_2H_6 + C_3H_7^+$	$(5,\,\mathrm{r})$

C_3H_7OH	$+ He^+$	$\rightarrow$	He	$(128, t)$
	$+ Ne^+$	$\rightarrow$	Ne	$(128, t)$
	$+ Ar^+$	$\rightarrow$	Ar	$(128, t)$
	$+ Kr^+$	$\rightarrow$	Kr	$(128, t)$
	$+ Xe^+$	$\rightarrow$	Xe $\Big\} + C_3H_7OH^+$	$(128, t)$
	$+ Ne^{++}$	$\rightarrow$	Ne^+	$(128, t)$
	$+ Ar^{++}$	$\rightarrow$	Ar^+	$(128, t)$
	$+ Kr^{++}$	$\rightarrow$	Kr^+	$(128, t)$
	$+ Xe^{++}$	$\rightarrow$	Xe^+	$(128, t)$
C_4H_8	$+ ArH^+$	$\rightarrow$	Ar $\Big\} + C_4H_9^+$	$(4, r)$
	$+ KrH^+$	$\rightarrow$	Kr	$(4, r)$
$n\text{-}C_4H_{10}$	$+ Ne^*$	$\rightarrow$	Ne $\Big\} + C_4H_{10}^*$	$(70, r)$
	$+ Ar^*$	$\rightarrow$	Ar	$(70, r);\quad (26, r)$
	$+ He^*$	$\rightarrow$	$He + e$	$(20, m)$
	$+ Ne^*$	$\rightarrow$	$Ne + e$	$(20, m);\quad (70, r)$
	$+ Ar^*$	$\rightarrow$	$Ar + e$	$(20, m);\quad (130, r)$
				$(111, r);\quad (70, r)$
				$(26, r)$
	$+ He^+$	$\rightarrow$	He	$(22, t)$
	$+ Ne^+$	$\rightarrow$	Ne	$(22, t);\quad (15, r)$
	$+ Ar^+$	$\rightarrow$	Ar	$(22, t);\quad (15, r)$
	$+ Kr^+$	$\rightarrow$	Kr $+ C_4H_{10}^+$	$(22, t);\quad (15, r)$
	$+ Xe^+$	$\rightarrow$	Xe	$(22, t);\quad (15, r)$
	$+ Ne^{++}$	$\rightarrow$	Ne^+	$(22, t)$
	$+ Ar^{++}$	$\rightarrow$	Ar^+	$(22, t)$
	$+ Kr^{++}$	$\rightarrow$	Kr^+	$(22, t)$
	$+ Xe^{++}$	$\rightarrow$	Xe^+	$(22, t)$
$i\text{-}C_4H_{10}$	$+ Ar^+$	$\rightarrow$	Ar $\Big\} + i\text{-}C_4H_{10}^+$	$(14, r)$
	$+ Kr^+$	$\rightarrow$	Kr	$(14, r)$
	$+ Xe^+$	$\rightarrow$	Xe	$(14, r)$
$n\text{-}C_5H_{12}$	$+ Ne^+$	$\rightarrow$	Ne	$(2, r)$
	$+ Ar^+$	$\rightarrow$	Ar $\Big\} + n\text{-}C_5H_{12}^+$	$(2, r)$
	$+ Kr^+$	$\rightarrow$	Kr	$(2, r)$
	$+ Xe^+$	$\rightarrow$	Xe	$(2, r)$
	$+ ArH^+$	$\rightarrow$	Ar	$(4, r)$
	$+ KrH^+$	$\rightarrow$	Kr $\Big\} + C_5H_{13}^+$	$(4, r)$
	$+ XeH^+$	$\rightarrow$	Xe	$(4, r)$
C_6H_6	$+ Ar^*$	$\rightarrow$	$Ar + C_6H_6^+ + e$	$(130, r);\quad (111, r)$
				$(115, r);\quad (11, r)$
C_6H_{14}	$+ Xe^+$	$\rightarrow$	$Xe + C_6H_{14}^+$	$(160, r)$
C_7H_8	$+ Ar^*$	$\rightarrow$	$Ar + C_7H_3^+ + e$	$(130, r);\quad (111, r)$
$C_6H_5OCH_3$	$+ Xe^*$	$\rightarrow$	$Xe + C_6H_5OCH_3^+ + e$	$(150, p);\quad (151, p)$
Cs	$+ Ar^*$	$\rightarrow$	$ArCs^+ + e$	$(58, m)$
	$+ Kr^*$	$\rightarrow$	$KrCs^+ + e$	$(58, m)$
H	$+ Ar^*$	$\rightarrow$	$ArH^+ + e$	$(123, m);\quad (80, m)$
H_2	$+ He^*$	$\rightarrow$	$He + H_2^+ + e$	$(130, r);\quad (140, r)$
	$+ Ne^*$	$\rightarrow$	$Ne + H_2^+ + e$	$(127, r);\quad (124, m)$

	Reaction		References
	$+ Ne^*$	$\rightarrow NeH^+ + e$	$(124, m)$
	$+ Ar^+$	$\rightarrow Ar + H^+$	$(40, t)$
	$+ He^+$	$\rightarrow HeH^+$?	$(36, m)$
	$+ Ne^+$	$\rightarrow NeH^+$?	$(36, m);\quad (144, m)$
	$+ Ar^+$	$\rightarrow ArH^+$	$(40, t);\quad (81, m)$
		$\left.\right\} + H$	$(143, m);\ (42, t)$
			$(137, r);\quad (39, r)$
			$(142, r);\quad (4, r)$
			$(124, m);\ (87, m)$
	$+ Kr^+$	$\rightarrow KrH^+$	$(4, r);\qquad (143, r)$
			$(144, m)$
	$+ Xe^+$	$\rightarrow XeH^+$	$(137, r);\ (105, r)$
	$+ Ar_2^+$	$\rightarrow ArH^+ + Ar$	$(124, m)$
	$+ Ne_2^+$	$\left.\rightarrow 2\,Ne\right\} + H_2^+$	$(124, m)$
	$+ Ar_2^+$	$\rightarrow 2\,Ar$	$(124, m);\ (80, m)$
	$+ HeH^+$	$\rightarrow He$	$(137, r)$
	$+ NeH^+$	$\left.\rightarrow Ne\right\} + H_3^+$	$(137, r)$
	$+ ArH^+$	$\rightarrow Ar$	$(123, m);\ (75, m)$
			$(137, r)$
H_2^+	$+ He$	$\rightarrow HeH^+$	$(137, r);\ (75, m)$
			$(42, t);\quad (62, m)$
			$(40, t);\quad (84, m)$
			$(120, m)$
	$+ Ne$	$\left.\rightarrow NeH^+\right\} + H$	$(137, r);\ (62, m)$
			$(75, m)$
	$+ Ar$	$\rightarrow ArH^+$	$(137, r);\ (42, t)$
	$+ Kr$	$\rightarrow KrH^+$	$(137, r)$
	$+ Xe$	$\rightarrow XeH^+$	$(137, r);\ (105, r)$
H_3^+	$+ Kr$	$\rightarrow KrH^+ + H_2$	$(137, r);\ (4, r)$
	$+ Xe$	$\rightarrow XeH^+ + H_2$	$(137, r);\ (4, r)$
H_2O	$+ Ar^*$	$\rightarrow Ar + H_2O^+ + e$	$(111, r)$
	$+ Ne^+$	$\rightarrow Ne$	$(97, t)$
	$+ Ar^+$	$\rightarrow Ar$	$(97, t)$
	$+ Kr^+$	$\left.\rightarrow Kr\right\} + H_2O^+$	$(97, t)$
	$+ Ar^{2+}$	$\rightarrow Ar^+$	$(97, t)$
	$+ Kr^{2+}$	$\rightarrow Kr^+$	$(97, t)$
	$+ ArH^+$	$\rightarrow Ar + H_3O^+$	$(80, m)$
	$+ Xe^+$	$\rightarrow XeOH^+ + H$	$(34, m)$
H_2S	$+ Ne^+$	$\rightarrow Ne$	$(97, t)$
	$+ Ar^+$	$\rightarrow Ar$	$(97, t)$
	$+ Kr^+$	$\left.\rightarrow Kr\right\} + H_2S^+$	$(97, t)$
	$+ Kr^{2+}$	$\rightarrow Kr^+$	$(97, t)$
H_3N	$+ He^*$	$\rightarrow He + NH_3^+ + e$	$(28, m)$
	$+ Ne^+$	$\rightarrow Ne$	$(97, t)$
	$+ Ar^+$	$\rightarrow Ar$	$(97, t)$
	$+ Kr^+$	$\left.\rightarrow Kr\right\} + H_3N^+$	$(97, t);\quad (90, r)$
	$+ Ar^{2+}$	$\rightarrow Ar^+$	$(97, t)$
	$+ Kr^{2+}$	$\rightarrow Kr^+$	$(97, t)$
	$+ Ne^+$	$\rightarrow Ne + NH_2^+ + H$	$(90, r)$
	$+ Ne^+$	$\rightarrow Ne + NH^+ + H_2$	$(90, r)$

Hg	$+$ He*	$\rightarrow$	He $+$ Hg$^+$ $+$ e	$(13,\ r)$
	$+$ Kr*	$\rightarrow$	Kr $+$ Hg*	$(12,\ r)$
	$+$ Ar*	$\rightarrow$	ArHg$^+$ $+$ e	$(57,\ m)$
	$+$ Kr*	$\rightarrow$	KrHg$^+$ $+$ e	$(57,\ m)$
	$+$ Xe*	$\rightarrow$	XeHg$^+$ $+$ e	$(57,\ m)$
I_2	$+$ Ar*	$\rightarrow$	Ar $+$ I_2^+ $+$ e	$(55,\ m)$
	$+$ Ar*	$\rightarrow$	ArI$^+$ $\Big\}$ $+$ I $+$ e	$(55,\ m)$
	$+$ Kr*	$\rightarrow$	KrI$^+$	$(55,\ m\ )$
	$+$ Ar$^+$	$\rightarrow$	ArI$^+$ $+$ I	$(55,\ m)$
	$+$ Ar$^+$	$\rightarrow$	Ar $+$ I_2^+	$(55,\ m)$
K	$+$ Ne*	$\rightarrow$	NeK$^+$	$(58,\ m)$
	$+$ Ar*	$\rightarrow$	ArK$^+$ $\Bigg\}$ $+$ e	$(58,\ m)$
	$+$ Kr*	$\rightarrow$	KrK$^+$	$(58,\ m)$
	$+$ Xe*	$\rightarrow$	XeK$^+$	$(58,\ m)$
Li	$+$ He*	$\rightarrow$	HeLi$^+$ $\Big\}$ $+$ e	$(58,\ m)$
	$+$ Ar*	$\rightarrow$	ArLi$^+$	$(58,\ m)$
NO	$+$ Kr*	$\rightarrow$	Kr $+$ NO*	$(150,\ p)$; $(151,\ p)$
N_2	$+$ Kr*	$\rightarrow$	Kr $+$ N_2^*	$(48,\ p)$
	$+$ He*	$\rightarrow$	He $+$ N_2^+	$(130,\ r)$
	$+$ Ar*	$\rightarrow$	ArN$_2^+$ $\Big\}$ $+$ e	$(117,\ m)$
	$+$ Kr*	$\rightarrow$	KrN$_2^+$	$(76,\ m)$
	$+$ He$^+$	$\rightarrow$	He	$(28,\ m)$
	$+$ Ne$^+$	$\rightarrow$	Ne	$(102,\ t)$
	$+$ Ar$^+$	$\rightarrow$	Ar $\Bigg\}$ $+$ N_2^+	$(102,\ t)$
	$+$ He$_2^+$	$\rightarrow$	2 He	$(25,\ r)$
	$+$ ArN$_2^+$	$\rightarrow$	Ar $\quad$ $+$ N_4^+	$(117,\ m)$
N_2^+	$+$ Ar	$\rightarrow$	ArN$^+$ $+$ N	$(76,\ m)$; $(74,\ m)$
	$+$ Kr	$\rightarrow$	KrN$^+$ $+$ N	$(76,\ m)$
N_4^+	$+$ Ar	$\rightarrow$	ArN$_2^+$ $+$ N_2	$(117,\ m)$
N_2O	$+$ Ne$^+$	$\rightarrow$	Ne	$(97,\ t)$
	$+$ Ar$^+$	$\rightarrow$	Ar	$(97,\ t)$
	$+$ Kr$^+$	$\rightarrow$	Kr $\Bigg\}$ $+$ N_2O^+	$(97,\ t)$
	$+$ Ar^{2+}	$\rightarrow$	Ar$^+$	$(97,\ t)$
	$+$ Kr^{2+}	$\rightarrow$	Kr$^+$	$(97,\ t)$
	$+$ Ar$^+$	$\rightarrow$	Ar $+$ N $+$ NO$^+$	$(103,\ t)$
	$+$ Kr$^+$	$\rightarrow$	Kr $+$ N $+$ NO$^+$	$(103,\ t)$
	$+$ Kr$^+$	$\rightarrow$	Kr $+$ N_2 $+$ O$^+$	$(102,\ t)$
	$+$ Kr$^+$	$\rightarrow$	Kr $+$ N_2O^+	$(44,\ r)$
Na	$+$ Ar*	$\rightarrow$	ArNa$^+$	$(58,\ m)$
	$+$ Kr*	$\rightarrow$	KrNa$^+$ $\Big\}$ $+$ e	$(58,\ m)$
	$+$ Xe*	$\rightarrow$	XeNa$^+$	$(58,\ m)$
O_2	$+$ He*	$\rightarrow$	He $+$ O_2^+ $+$ e	$(28,\ m)$; $(130,\ r)$ $(118,\ m)$; $(139,\ r)$
	$+$ He*	$\rightarrow$	He $+$ O$^+$ $+$ O$^-$	$(118,\ m)$
	$+$ Ne*	$\rightarrow$	Ne $+$ O $+$ O*	$(126,\ r)$
	$+$ Ar*	$\rightarrow$	Ar $+$ O $+$ O*	$(126,\ r)$
	$+$ Xe*	$\rightarrow$	XeO$_2^+$ $+$ e	$(34,\ m)$
	$+$ Xe$^+$	$\rightarrow$	XeO$^+$ $+$ O	$(34,\ m)$
	$+$ He$_2^+$	$\rightarrow$	2 He $+$ O_2^+	$(25,\ m)$

G. v. Bünau

Herrn Prof. *G. O. Schenck* sei an dieser Stelle für einige wichtige Hinweise und die wohlwollende Förderung der Arbeit herzlich gedankt. Mein besonderer Dank gilt den Herren Dr. *P. Ausloos,* Dr. *R. W. Hummel,* Prof. *E. Lindholm,* Prof. *M. Pahl* und Prof. *A. W. Tickner* für die Überlassung von Sonderdrucken von zum Teil unveröffentlichtem Material. Herrn Dr. *C. H. Krauch* und Herrn Dipl.-Ing. *P. Potzinger* danke ich für anregende Diskussionen und kritische Durchsicht des Manuskripts.

Manuskript abgeschlossen im Juli 1965.

Nachtrag bei der Korrektur: Edelgas-Sensibilisierungen waren bisher ausschließlich als Gasreaktionen oder Matrixreaktionen bekannt geworden. Inzwischen haben *Davis, Libby* und *Kevan* über den Fall der Xenon-sensibilisierten Radiolyse von Hexan in flüssigem Xenon berichtet *(160).* Die Autoren stellten fest, daß die Ausbeuten an Hexenen und C_{12}-Kohlenwasserstoffen bei der sensibilisierten Radiolyse im wesentlichen die gleichen waren wie bei der direkten Radiolyse. Dieser Befund spricht sehr dafür, daß in beiden Fällen die gleichen Zwischenprodukte den Chemismus der Radiolyse bestimmen. *Davis, Libby* und *Kevan* vermuten für diesen Fall, daß auch in flüssigem Xenon die Ladungsaustausch-Reaktion eine ähnlich dominierende Rolle spielt wie bei vielen Gasreaktionen.

Literatur

1. *Ausloos, P.,* and *R. Gorden:* Hydrogen formation in the γ-radiolysis of ethylene. J. chem. Physics *36,* 5 (1962).
2. — and *S. G. Lias:* Gas phase radiolysis of n-pentane. A study of the decomposition of the parent ion and neutral excited pentane molecule. J. chem. Physics *41,* 3962 (1964).
3. — — Radiolysis of methane. J. chem. Physics *38,* 2207 (1963).
4. — — Proton transfer reactions occurring in the gas phase radiolysis. J. chem. Physics (im Druck).
5. — — and *I. B. Sandoval:* Gas-phase radiolysis of propane. Effect of pressure and added inert gases. Discuss. Faraday Soc. *36,* 66 (1963).
6. — *R. E. Rebbert,* and *S. G. Lias:* Direct and inert gas sensitized radiolysis and photolysis of methane in the solid phase. J. chem. Physics *42,* 540 (1965).
7. *Back, R. A.,* and *D. C. Walker:* Photochemistry in the photoionization region. I. Apparatus and techniques. J. chem. Physics *37,* 2348 (1962).
8. *Bardwell, D. C.,* and *D. K. Naylor:* Efficient transfer of energy from xenon energized by soft X-rays to polymerize admixed cyanogen or hydrogen cyanide which have higher ionization potentials. Radiat. Res. *11,* 432 (1959).
9. *Baxendale, J. H.,* and *R. D. Sedgwick:* Radiolysis of methanol vapour. Trans. Faraday Soc. *57,* 2157 (1961).
10. *Beck, D.:* Neutral fragments from hydrocarbons under electron impact. Discuss. Faraday Soc. *36,* 56 (1963).
11. *Bertolini, G., M. Bettoni,* and *A. Bisi:* Total ionization of α particles of Po in mixtures of gases. Physic. Rev. *92,* 1586 (1953).

12. *Beutler, H.*, u. *W. Eisenschimmel:* Über Austausch von Energie und Elektronen zwischen neutralen Teilchen in der Resonanz bei Stößen zweiter Art. Z. physik. Chem. B *10*, 89 (1930).
13. *Biondi, M. A.:* Diffusion, de-excitation, and ionization cross sections for metastable atoms. Physic. Rev. *88*, 660 (1952).
14. *Borkowski, R. P.*, and *P. J. Ausloos:* Gas-phase radiolysis of isobutane. J. chem. Physics *38*, 36 (1963).
15. – – Gas-phase radiolysis of n-butane. J. chem. Physics *39*, 818 (1963).
16. *Bortner, T. E.*, and *G. S. Hurst:* Ionization of pure gases and mixtures of gases by 5-MeV alpha particles. Physic. Rev. *93*, 1236 (1954).
17. *Bünau, G. v.*, and *R. N. Schindler:* Rare gas sensitized vacuum UV photolysis of some aliphatic hydrocarbons. J. chem. Physics (im Druck).
18. – Über den Einfluß von Edelgasen auf die Strahlenchemie des Äthans. Ber. Bunsenges. physik. Chem. *69*, 16 (1965).
19. *Cermak, V.*, and *Z. Herman:* Molecular dissociation in charge-transfer reactions. Nucleonics *19*, Nr. 9, 106 (1961).
20. – – Ionizing reactions of noble gas atoms in metastable states with polyatomic molecules. Collect. czechoslov. chem. Commun. *30*, 169 (1965).
21. *Chantry, P. J.:* Afterglow measurements in xenon and xenon—water vapour mixtures. *M. R. C. McDowell*, Ed., „Atomic Collision Processes", S. 565, North Holland Publ. Comp., Amsterdam 1964.
22. *Chupka, W. A.*, and *E. Lindholm:* Dissociation of butane molecule ions formed in charge exchange collisions with positive ions. Ark. Fysik *25*, 349 (1963).
23. *Cipollini, R.*, *A. Guarino*, e *G. Perez:* Radiolisi di miscele di metano e gas inerti ad alta conversione. Gazz. chim. ital. *95*, 43 (1965).
24. *Clay, P. G.*, *G. R. A. Johnson*, and *J. M. Warman:* γ-ray induced oxidation of carbon monoxide: evidence for an ionic chain reaction. Discuss. Faraday Soc. *36*, 46 (1963).
25. *Collins, C. B.*, *W. B. Hurt*, and *W. W. Robertson:* The molecular spectrum in a helium afterglow. *M. R. C. McDowell*, Ed., „Atomic Collision Processes", S. 517, North Holland Publ. Comp., Amsterdam 1964.
26. *Collinson, E.*, *J. F. J. Todd*, and *F. Wilkinson:* Electron multiplication in argon as a guide to mechanism in the radiation chemistry of n-butane. Discuss. Faraday Soc. *36*, 83 (1963).
27. *Cooper, C. D.*, and *M. Lichtenstein:* Spectra of argon, oxygen, and nitrogen mixtures. Physic. Rev. *109*, 2026 (1958).
28. *Dawson, P. H.*, and *A. W. Tickner:* Mass spectrometry of ions in glow discharges. VI. Ionization by metastable He atoms. J. chem. Physics (im Druck).
29. *Dondes, S.*, *P. Harteck*, and *H. v. Weyssenhoff:* The gamma radiolysis of carbon monoxide in the presence of rare gases. Z. Naturforsch. *19*a, 13 (1964).
30. *Dorfman, L. M.*, and *A. C. Wahl:* The radiation chemistry of acetylene. I. Rare gas sensitization. II. Wall effect in benzene formation. Radiat. Res. *10*, 680 (1959).
31. *Evett, A. A.:* Ground state of the helium-hydride ion. J. chem. Physics *24*, 150 (1956).
32. *Field, F. H.:* Benzene production in the radiation chemistry of acetylene. J. physic. Chem. *68*, 1039 (1964).

33. – *H. N. Head*, and *J. L. Franklin:* Reactions of gaseous ions. XI. Ionic reactions in krypton—methane and argon—methane mixtures. J. Amer. chem. Soc. *84*, 1118 (1962).
34. – and *J. L. Franklin:* Reactions of gaseous ions. X. Ionic reactions in xenon—methane mixtures. J. Amer. chem. Soc. *83*, 4509 (1961).
35. *Franklin, J. L.*, and *F. H. Field:* Reactions of gaseous ions. IX. Charge exchange reactions of rare gas ions with ethylene. J. Amer. chem. Soc. *83*, 3555 (1961).
36. *Friedman, L.*, and *T. F. Moran:* Small-cross-section exothermic ion-molecule reactions. He^+-H_2, Ne^+-H_2. J. chem. Physics *42*, 2624 (1965).
37. *Futrell, J. H.*, and *L. W. Sieck:* Rare gas sensitized radiolysis of acetylene. J. physic. Chem. *69*, 892 (1965).
38. – and *T. O. Tiernan:* Rare-gas sensitized radiolysis of propane. J. chem. Physics *37*, 1694 (1962).
39. – – Inhibition of the argon-sensitized radiolysis of propane by hydrogen. J. chem. Physics *38*, 150 (1963).
40. *Giese, C. F.*, and *W. B. Maier II:* Ion-molecule reactions studied with mass analysis of primary ion beam. J. chem. Physics *35*, 1913 (1961).
41. – – Dissociative ionization of CO by ion impact. J. chem. Physics *39*, 197 (1963).
42. – – Energy dependence of cross sections for ion-molecule reactions. Transfer of hydrogen atoms and hydrogen ions. J. chem. Physics *39*, 739 (1963).
43. *Gioumousis, G.*, and *D. P. Stevenson:* Reactions of gaseous molecule ions with gaseous molecules. V. Theory. J. chem. Physics *29*, 294 (1958).
44. *Gorden, R. Jr.*, and *P. Ausloos:* Radiolysis of $N^{15}N^{14}O$. J. Res. nat. Bur. Standards *69* A, 79 (1965).
45. *Groth, W.:* Photochemische Untersuchungen im extremen Ultraviolett. Z. Elektrochem. angew. physik. Chem. *42*, 533 (1936).
46. – Photochemische Untersuchungen im Schumann-Ultraviolett Nr. 3. Z. physik. Chem. B *37*, 307 (1937).
47. – Photochemische Untersuchungen im Schuman-Ultraviolett Nr. 9. Z. physik. Chem. N.F. *1*, 300 (1954).
48. – Photochemische Untersuchungen im Schumann-Ultraviolett. Z. Elektrochem., Ber. Bunsenges. physik. Chem. *58*, 752 (1954).
49. *Gustafsson, E.*, and *E. Lindholm:* Ionization and dissociation of H_2, N_2, and CO in charge exchange collisions with positive ions. Ark. Fysik *18*, 219 (1960).
50. *Gutbier, H.:* Massenspektrometrische Untersuchungen der Reaktion $X^+ + H_2 \rightarrow HX^+ + H$. Z. Naturforsch. *12*a, 499 (1957).
51. *Haeberli, W., P. Huber* u. *E. Baldinger:* Absolutwerte der Arbeit pro Ionenpaar von Po-α-Teilchen in den Gasen He, N_2, A, O_2, CO_2. Helv. physica Acta *25*, 467 (1952).
52. – – – Arbeit pro Ionenpaar von Gasen und Gasmischungen für α-Teilchen. Helv. physica Acta *26*, 145 (1953).
53. *Harteck, P.*, u. *F. Oppenheimer:* Die Xenonlampe, eine Lichtquelle für äußerstes Ultraviolett. Z. physik. Chem. B *16*, 77 (1932).
54. *Hasted, J. B.:* Physics of atomic collisions. Butterworths, London 1964.
55. *Henglein, A.*, and *G. A. Muccini:* Mass spectrometric studies of ion-molecule reactions in mixtures of methane, methanol, water, argon and krypton with iodine: participation of excited ions and atoms and some radiation chemical considerations. Z. Naturforsch. *15*a, 584 (1960).

56. – *K. Lacmann* u. *G. Jacobs:* Zum Stoßmechanismus bimolekularer Reaktionen. Z. Elektrochem., Ber. Bunsenges. physik. Chem. *69*, 279 (1965).

57. *Herman, Z.,* and *V. Cermak:* Mass spectrometric investigation of the reactions of ions and excited neutral particles in mixtures containing mercury vapour. Collect. czechoslov. chem. Commun. *28*, 799 (1963).

58. – – Mass spectrometric investigation of reactions of eletronically excited neutral particles with alkali metal atoms. Nature [London] *199*, 588 (1963).

59. – – The mass spectrometric detection of highly excited long-lived states of noble gas atoms. Collect. czechoslov. chem. Commun. *29*, 953 (1964).

60. *Herman, R.:* Spectre d'emission de l'oxygène dans le xénon. C. R. hebd. Séances Acad. Sci. *222*, 492 (1946).

61. *Hertel, G. R.,* and *W. S. Koski:* Rare gas ion reactions with pentaborane-9. J. Amer. chem. Soc. *87*, 404 (1965).

62. *Hertzberg, M., D. Rapp, I. B. Ortenburger,* and *D. D. Briglia:* Ion-neutral reactions in the helium-hydrogen system. J. chem. Physics *34*, 343 (1961).

63. *Herzberg, G.:* Spectra of diatomic molecules. Van Nostrand Comp., New York 1950.

64. *Hoppe,* Fortschr. d. chem. Forsch. Bd. 5, S. 213.

65. *Hornbeck, J. A.,* and *J. P. Molnar:* Mass spectrometric studies of molecular ions in the noble gases. Physic. Rev. *84*, 621 (1951).

66. *Hummel, R. W.:* Production of high molecular weight products from the irradiation of methane with 4-MeV electrons. Nature [London] *192*, 1178 (1961).

67. – Radiolysis of gaseous mixtures of methane with argon and xenon. Trans. Faraday Soc. (im Druck).

68. *Hylleraas, E. A.:* Über die Elektronenterme des Wasserstoffmoleküls. Z. Physik *71*, 739 (1931).

69. *Hyman, H. H.* (Editor): Noble-Gas Compounds. The University of Chicago Press, Chicago 1963.

70. *Jesse, W. P.,* and *R. L. Platzman:* An isotope effect in the probability of ionizing a molecule by energy transfer from a metastable noble-gas atom. Nature [London] *195*, 790 (1962).

71. – and *J. Sadauskis:* Alpha-particle ionization in pure gases and the average energy to make an ion pair. Physic. Rev. *90*, 1120 (1953).

72. – – Ionization by alpha particles in mixtures of gases. Physic. Rev. *100*, 1755 (1955).

73. – – Absolute energy to produce an ion pair by beta particles from S^{35}. Physic. Rev. *107*, 766 (1957).

74. *Kaul, W.,* u. *R. Fuchs:* Massenspektrometrische Untersuchungen von Argon-Stickstoff-Gemischen und Stickstoff. Z. Naturforsch. *15*a, 326 (1960).

75. – *Lauterbach* u. *R. Taubert:* Die Auftrittspotentiale von HeH^+, NeH^+, ArH^+, KrH^+, KrD^+ und H^+. Z. Naturforsch. *16*a, 624 (1961).

76. – u. *R. Taubert:* Sekundärreaktionen in Edelgas-Edelgas- und Edelgas-Stickstoff-Gemischen. Z. Naturforsch. *17*a, 88 (1962).

77. *Kebarle, P.,* and *A. M. Hogg:* Mass spectrometric study of ions at near atmospheric pressures. I. The ionic polymerization of ethylene. J. chem. Physics *42*, 668 (1965).

78. *Kenty, C., J. O. Aicher, E. B. Noel, A. Poritsky* and *V. Paolino:* A new band system in the green excited in a mixture of xenon and oxygen and the energy of dissociation of CO. Physic. Rev. *69*, 36 (1946).

79. *Kevan, L.,* and *P. Hamlet:* Radiolysis of hexafluoroethane. J. chem. Physics *42,* 2255 (1965).
80. *Knewstubb, P. F.,* and *A. W. Tickner:* Mass spectrometry of ions in glow discharges. I. Apparatus and its application to the positive column in rare gases. J. chem. Physics *36,* 674 (1962).
81. – – II. Negative glow in rare gases. J. chem. Physics *36,* 684 (1962).
82. *Koch, H. v.:* Dissociation of methane molecule ions formed in charge exchange collisions with positive ions. Ion-molecule reactions of methane. Ark. Fysik *28,* 529 (1965).
83. – Dissociation of ethane molecule ions formed in charge exchange collisions with positive ions. Ion-molecule reactions of ethane. Ark. Fysik *28,* 559 (1965).
84. – and *L. Friedman:* Hydrogen-helium ion-molecule reactions. J. chem. Physics *38,* 1115 (1963).
85. – and *E. Lindholm:* Dissociation of ethanol molecule ions formed in charge exchange collisions with positive ions. Ark. Fysik *19,* 123 (1961).
86. *Kugler, E.:* Über die Lumineszenz der Edelgasgemische Ar/Xe, Kr/Xe, Ar/Kr und der Gemische Xe/N_2 und Kr/N_2 bei Anregung mit schnellen Elektronen. Ann. Physik 7. Folge *14,* 137 (1964).
87. *Lacmann, K.,* u. *A. Henglein:* Der Abstreifmechanismus der Reaktion $Ar^+ + H_2$ (D_2) → $ArH^+ + H$ $(ArD^+ + D)$ bei Energien >20 eV. Z. Elektrochem., Ber. Bunsenges. physik. Chem. *69,* 286 (1965).
88. *Lampe, F. W.:* The gaseous-ion sensitized formation of hydrogen atoms. J. Amer. chem. Soc. *82,* 1551 (1960).
89. – *J. L. Franklin,* and *F. H. Field:* Kinetics of the reactions of ions with molecules. In: *G. Porter,* Ed., Progr. in Reaction Kinetics, Vol. 1, 67, Pergamon Press, Oxford 1961.
90. – *E. R. Weiner, W. H. Johnston,* and *W. S. Koski:* Hydrazine formation in the gas phase radiolysis of ammonia. Int. J. Appl. Radiation and Isotopes *14,* 231 (1963).
91. *Lavrovskaya, G. K., M. I. Markin,* and *V. L. Tal'roze:* Elementary charge exchange processes between slow ions and polyatomic molecules. Proc. 2nd All Union Conf. Rad. Chem., 1962, AEC-TR-6228, S. 46.
92. *Lind, S. C.,* and *D. C. Bardwell:* The chemical action of gaseous ions produced by alpha particles. VIII. The catalytic influence of ions of inert gases. J. Amer. chem. Soc. *48,* 1575 (1926).
93. – – and *J. H. Perry:* VII. Unsaturated carbon compounds. J. Amer. chem. Soc. *48,* 1556 (1926).
94. – and *M. Vanpee:* The effect of xenon ions in chemical action by alpha particles. J. physic. Colloid Chem. *53,* 898 (1949).
95. – Radiation chemistry of gases. Reinhold Publ. Comp., New York 1961.
96. *Lindholm, E.:* Ionization and fragmentation of CO by bombardement with atomic ions. Dissociation energy of CO. Heat of sublimation of carbon. Ark. Fysik *8,* 433 (1954).
97. – Ionisierung und Zerfall von Molekülen durch Stöße mit Atomionen. Z. Naturforsch. *9*a, 535 (1954).
98. – *I. Szabo,* and *P. Wilmenius:* Dissociation of acetylene molecule ions formed in charge exchange collisions with positive ions. Ion-molecule reactions of acetylene. Ark. Fysik *25,* 417 (1963).
99. – and *P. Wilmenius:* Ion-molecule reactions in the radiolysis of methanol. Ark. Kemi *20,* 255 (1963).
100. *Lovelock, J. E.:* Measurement of low vapour concentrations by collision with excited rare gas atoms. Nature [London] *181,* 1460 (1958).

101. *MacKenzie, D. R.,* and *R. H. Wiswall:* The synthesis of xenon compounds in ionizing radiation. In *H. H. Hyman,* Ed., Noble-Gas Compounds, S. 81, The University of Chicago Press, Chicago 1963.
102. *Maier II, W. B.:* Dissociative ionization of N_2 and N_2O by rare gas ion impact. J. chem. Physics *41,* 2174 (1964).
103. – Dissociative ionization of molecules by rare-gas ion impact. J. chem. Physics *42,* 1790 (1965).
104. *Mains, G. J., H. Niki,* and *M. H. J. Wijnen:* The formation of benzene in the radiolysis of acetylene. J. physic. Chem. *67,* 11 (1963).
105. *Maschke, A.,* and *F. W. Lampe:* The xenon-radiosensitized deuterium-methane exchange. Recombination rate constant for deuterium atoms and methyl radicals. J. Amer. chem. Soc. *86,* 569 (1964).
106. *Maurin, J.:* Étude de la radiolyse du méthane en phase gazeuse. J. Chim. physique *59,* 15 (1962).
107. *McNesby, J. R.,* and *H. Okabe:* Vacuum ultraviolet photochemistry. Adv. in Photochem. Vol. 3, 157 (1964), Interscience Publ., New York.
108. *Meisels, G. G., W. H. Hamill,* and *R. R. Williams, Jr.:* Ion-molecule reactions in radiation chemistry. J. chem. Physics *25,* 790 (1956).
109. – – – The radiation chemistry of methane. J. physic Chem. *61,* 1456 (1957).
110. *Melton, C. E.:* Charge transfer reactions producing intrinsic chemical change: methyl, methylene, and hydrogen radicals produced from argon and methane reactions. J. chem. Physics *33,* 647 (1960).
111. – *G. S. Hurst,* and *T. E. Bortner:* Ionization produced by 5-MeV alpha particles in argon mixtures. Physic. Rev. *96,* 643 (1954).
112. – *P. S. Rudolph:* Mass spectrum of acetylene produced by 5.1-MeV alpha particles. J. chem. Physics *30,* 847 (1959).
113. – – Transient species in the radiolytic polymerization of cyanogen. J. chem. Physics *33,* 1594 (1960).
114. *Miller, W. F.:* Mean energy per ion pair for electrons in helium. Bull. Amer physic. Soc. *1,* 202 (1956).
115. *Moe, H. J., T. E. Bortner,* and *G. S. Hurst:* Ionization of acetylene mixtures and other mixtures by Pu^{239} α-particles. J. physic. Chem. *61,* 422 (1957).
116. *Mund, W., C. Velghe, C. Devos* et *M. Vanpee:* Expériences complémentaires sur la polymérisation radiochimique de l'acétylène. Bull. Soc. chim. Belgique *48,* 269 (1939).
117. *Munson, M. S. B., F. H. Field,* and *J. L. Franklin:* High pressure mass spectrometric study of reactions of rare gases with N_2 and CO. J. chem. Physics *37,* 1790 (1962).
118. *Muschlitz, E. E., Jr.,* and *M. J. Weiss:* Inelastic collisions of metastable atoms in gases. Dissociative ionization. In *M. R. C. McDowell,* Ed., „Atomic Collision Processes", S. 1073, North-Holland Publ. Comp., Amsterdam 1964.
119. *Okabe, H.:* Intense resonance line sources for photochemical work in the vacuum ultraviolet region. J. opt. Soc. America *54,* 478 (1964).
120. *Ortenburger, I. B., M. Hertzberg,* and *R. A. Ogg, Jr.:* Secondary reactions in a gas discharge. J. chem. Physics *33,* 579 (1960).
121. *Pahl, M.,* u. *U. Weimer:* Zur Massenspektrometrie an Glimmentladungen. Z. Naturforsch. *13*a, 745 (1958).
122. – Neuere Ergebnisse über Sekundärprozesse langsamer Ionen in Gasen. Ergebn. exakt. Naturwiss. *34,* 182 (1962).

123. – Massenspektrometrische Untersuchungen an der positiven Säule in Ar, Ar–He- und Ar–H$_2$-Gemischen. Z. Naturforsch. *18*a, 1276 (1963).

124. – u. *U. Weimer:* Ionenbildung in Edelgasentladungen mit H$_2$-Zusatz. Proc. IV. Int. Conf. Ionization Phenomena in Gases, II A, S. 293, Uppsala 1959, North-Holland Publ. Comp., Amsterdam.

125. *Palmer, R. C., D. C. Bardwell,* and *M. D. Peterson:* Acceleration of X-ray energized chemical reactions of organic gases by energy transfer from noble gases. J. chem. Physics *28*, 167 (1958).

126. *Patel, C. K. N.:* Collision processes leading to optical masers in gases. In *M. R. C. McDowell,* Ed., „Atomic Collision Processes", S. 1009, North-Holland Publ. Comp., Amsterdam 1964.

127. *Penning, F. M.:* Über Ionisation durch metastabile Atome. Naturwissenschaften *15*, 818 (1927).

128. *Pettersson, E.:* Dissociation of n-propanol molecule ions formed in charge exchange collisions with positive ions. Ark. Fysik *25*, 181 (1963).

129. – and *E. Lindholm:* Dissociation of propane molecule ions formed in charge exchange collisions with positive ions. Ion-molecule reactions of propane. Ark. Fysik *24*, 49 (1963).

130. *Platzman, R. L.:* Probabilité d'ionisation par transfert d'énergie d'atomes excités a des molécules. J. Physique Radium *21*, 853 (1960).

131. — Total ionization in gases by high-energy particles: an appraisal of our understanding. Intern. J. Appl. Radiation and Isotopes *10*, 116 (1961).

132. *Pratt, T. H.,* and *R. Wolfgang:* The self-induced exchange of tritium gas with methane. J. Amer. chem. Soc. *83*, 10 (1961).

133. *Rosenblum, C.:* The efficiency of argon as a radiochemical catalyst. J. physic. Chem. *38*, 683 (1934).

134. – Benzene formation in the radiochemical polymerization of acetylene. J. physic. Chem. *52*, 474 (1948).

135. *Rudolph, P. S.,* and *S. C. Lind:* Alpha radiolysis of CO with and without Xe. J. chem. Physics *32*, 1572 (1960).

136. – – and *C. E. Melton:* Ionic complexes of Xe and C$_2$H$_2$ produced by these radiolysis of the gases. J. chem. Physics *36*, 1031 (1962).

137. *Schaeffer, O. A.,* and *S. O. Thompson:* The exchange of hydrogen and deuterium in the presence of electrons and ultraviolet radiation. Radiat. Res. *10*, 671 (1959).

138. *Schissler, D. O.,* and *D. P. Stevenson:* Reactions of gaseous molecule ions with gaseous molecules. II. J. chem. Physics *24*, 926 (1956).

139. *Sharpe, J.:* Energy per ion pair for argon with small admixture of other gases. Proc. physic. Soc. [London] A *65*, 859 (1952).

140. *Sholette, W. P.,* and *E. E. Muschlitz, Jr.:* Ionizing collisions of metastable helium atoms in gases. J. chem. Physics *36*, 3368 (1962).

141. *Sjögren, H.:* Dissociation of methylamine molecule ions formed in charge exchange collisions with positive ions. Ark. Fysik (im Druck).

142. *Smith, C. F., B. G. Corman,* and *F. W. Lampe:* Hydrogen inhibition of the rare gas sensitized radiolysis of cyclopropan. J. Amer. chem. Soc. *83*, 3559 (1961).

143. *Stevenson, D. P.,* and *D. O. Schissler:* Rate of the gaseous reactions, X$^+$ + YH = XH$^+$ + Y. J. chem. Physics *23*, 1353 (1955).

144. – – Reactions of gaseous molecule ions with gaseous molecules. IV. Experimental method and results. J. chem. Physics *29*, 282 (1958).

145. – – Mass spectrometry and radiation chemistry. In *M. Haissinsky*, Ed., „Actions Chimiques et Biologiques des Radiations", 5. Serie, S. 167, Masson et Cie., Paris 1961.
146. *Stewart, A. C.*, and *H. J. Bowlden:* α-particle radiolysis of carbon monoxide. J. physic. Chem. *64*, 212 (1960).
147. *Stief, L. J.*, and *P. Ausloos:* Radiolysis of ethane-1,1,1-d₃. J. chem. Physics *36*, 2904 (1962).
148. *Streng, A. G., A. D. Kirshenbaum, L. V. Streng*, and *A. V. Grosse:* Preparation of rare-gas fluorides and oxyfluorides by the electric-discharge method and their properties. In: *H. H. Hyman*, Ed., „Noble-Gas Compounds", S. 73, University of Chicago Press, Chicago 1963.
149. *Subbanna, V. V., L. H. Hall*, and *W. S. Koski:* Gas phase radiolysis of pentaborane-9. J. Amer. chem. Soc. *86*, 1304 (1964).
150. *Tanaka, I.*, and *E. W. R. Steacie:* Sensitized photoionization in far ultraviolet. J. chem. Physics *26*, 715 (1957).
151. – – Sensitized photoionization. Canad. J. Chem. *35*, 821 (1957).
152. *Thompson, S. O.*, and *O. A. Schaeffer:* The role of ions in the radiation induced exchange of hydrogen and deuterium. J. Amer. chem. Soc. *80*, 553 (1958).
153. *Walker, D. C.*, and *R. A. Back:* Photochemistry in the photo-ionization region. II. Photochemistry of methane, ethane, and ethylene at wavelengths below 900 Å. J. chem. Physics *38*, 1526 (1963).
154. *Weeks, J. L.*, and *M. S. Matheson:* Photochemistry of the formation of xenon difluoride. In: *H. H. Hyman*, Ed., „Noble-Gas Compounds", S. 89, The University of Chicago Press, Chicago 1963.
155. *Weiner, E. R., G. R. Hertel*, and *W. S. Koski:* Gas phase reactions between carbon tetrachloride and mass analyzed ions of nitrogen between 3 and 200 E.v. J. Amer. chem. Soc. *86*, 788 (1964).
156. *Weiss, J.*, and *W. Bernstein:* Energy required to produce one ion pair in several noble gases. Physic. Rev. *103*, 1253 (1956).
157. – – The current status of W, the energy to produce one ion pair in a gas. Radiat. Res. *6*, 603 (1957).
158. *Wilmenius, P.*, and *E. Lindholm:* Dissociation of methanol molecule ions formed in charge exchange collisions with positive ions. Ion-molecule reactions of methanol with very slow positive ions. Ark. Fysik *21*, 97 (1962).
159. *Zubler, E. G., W. H. Hamill*, and *R. R. Williams, Jr.:* Ion pair yields in the X-ray decomposition of hydrogen bromide in rare gas atmospheres. J. chem. Physics *23*, 1263 (1955).
160. *Davis, D. R., W. F. Libby*, and *L. Kevan:* Electron and energy transfer in irradiated xenon–hexane liquid solutions. J. Amer. chem. Soc. *87*, 2766 (1965).

(Eingegangen am 22. Juli 1965).

ISBN 978-3-662-23875-2   ISBN 978-3-662-25978-8 (eBook)
DOI 10.1007/978-3-662-25978-8

Library of Congress Catalog Card Number 51 - 5497